高等职业教育精品工程系列教材

西门子 S7-1200 PLC 编程与应用

（岗课赛证一体化教程）

主　编　万　云　柯强挺
副主编　曹志文　韩亚军　黄贵川

電子工業出版社
Publishing House of Electronics Industry
北京•BEIJING

内 容 简 介

本书依据高素质技术技能人才的培养要求和高职教育办学特点，突破传统的学科教育对学生技术应用能力培养的局限，以模块构建实训教学体系，以企业真实项目形成教学内容，将培养学生 PLC 设计、安装与调试的基本技能作为教学重点，内容包括西门子 S7-1200 PLC 概述、西门子 S7-1200 PLC 的初级应用、西门子 S7-1200 PLC 的进阶应用和西门子 S7-1200 PLC 的高级应用 4 个模块。每个模块包含若干项目，项目 3～项目 17 从提出知识目标、能力目标和素质目标开始，通过岗位派工设定实训内容，结合所用到的知识点，辅以必要的理论分析，以理论指导实践；在项目后半部分，以实训工单的形式明确操作步骤和成绩评定标准，岗课赛证充分融通，使学生通过本书对 PLC 应用编程有一个较为全面的了解。

本书可作为高等职业院校和应用型本科院校工业机器人技术专业、机电一体化技术专业、机械制造及自动化专业、智能控制技术专业及其相关专业高素质技术技能人才培养的教材，也可供企业工程技术人员参考。

图书在版编目（CIP）数据

西门子 S7-1200 PLC 编程与应用：岗课赛证一体化教程 / 万云，柯强挺主编. —北京：电子工业出版社，2023.9

ISBN 978-7-121-46432-4

Ⅰ. ①西… Ⅱ. ①万… ②柯… Ⅲ. ①PLC 技术－程序设计 Ⅳ. ①TM571.61

中国国家版本馆 CIP 数据核字（2023）第 183059 号

责任编辑：郭乃明　　　　特约编辑：田学清
印　　刷：涿州市般润文化传播有限公司
装　　订：涿州市般润文化传播有限公司
出版发行：电子工业出版社
　　　　　北京市海淀区万寿路 173 信箱　　　　邮编：100036
开　　本：787×1092　1/16　印张：23.5　字数：602 千字
版　　次：2023 年 9 月第 1 版
印　　次：2024 年 1 月第 3 次印刷
定　　价：59.00 元

凡所购买电子工业出版社图书有缺损问题，请向购买书店调换。若书店售缺，请与本社发行部联系，联系及邮购电话：（010）88254888，88258888。

质量投诉请发邮件至 zlts@phei.com.cn，盗版侵权举报请发邮件至 dbqq@phei.com.cn。

本书咨询联系方式：guonm@phei.com.cn，QQ34825072。

反侵权盗版声明

前　　言

教育部印发的《“十四五”职业教育规划教材建设实施方案》要求以真实生产项目、典型工作任务、案例等为载体组织教学单元，并要求开展“岗课赛证”融通教材建设，结合订单培养、学徒制、1+X 证书制度等，将岗位技能要求、职业技能竞赛、职业技能等级证书标准有关内容有机融入教材。

PLC 是机械、电子、控制、传感、人工智能等多学科先进技术集成的智能装备，具有适用性强、可靠性高等特点，是扶持传统产业转型升级、推进智能制造发展的关键突破点。本书吸收了大量已经出版的西门子 S7-1200 PLC 技术教材的优点，参照了自动化类相关专业 PLC 课程的考核要求，从实际应用出发，以提升学生的 PLC 应用编程能力为目标进行编写。本书具有以下特色。

1．适用性广

本书强调基本理论和概念，更注重生产操作技能的培养，是在对专业职业工作岗位进行整体调研与分析的基础上，参照工业机器人技术人员、机电一体化技术人员、机械制造及自动化技术人员和智能控制技术人员的职业、岗位标准而编写的，适合自动化类专业师生和企业工程技术人员使用。

2．项目内容真

本书由重庆城市职业学院、宜宾职业技术学院的一线教师和亚龙智能装备集团股份有限公司的工程技术人员根据工作岗位标准、操作流程共同设计、确定项目任务并编写。项目内容以岗位任务为主线，通过工作任务的实施，引导学生学习，从而达到 PLC 课程的教学目标。全书以模块构建教学体系，内容包括西门子 S7-1200 PLC 概述、西门子 S7-1200 PLC 的初级应用、西门子 S7-1200 PLC 的进阶应用和西门子 S7-1200 PLC 的高级应用 4 个模块。每个模块把 PLC 必需、够用的理论知识融入项目工作任务中，使学生通过学习、训练而掌握 PLC 的基础知识和基本技能，从而达到培养学生专业技能和提升学生职业素质的目的。

3．岗课赛证实

本书对接职业资格认证及 PLC 应用编程 1+X 认证，无缝衔接行业发展现实性和前沿性，零距离现场接轨“机电一体化技术”“生产单元数字化改造”“机器人系统集成应用技术”“工业网络智能控制与维护”等国家级、省级、市级竞赛赛项内容，嵌入工作岗位实操内容，可为学生今后走上工作岗位奠定良好的基础。

本书由重庆城市职业学院万云和亚龙智能装备集团股份有限公司柯强挺担任主编，重庆城市职业学院曹志文、韩亚军、黄贵川担任副主编。参加本书编写的还有宜宾职业技术学院赖华。全书由万云统稿。

编者在编写本书的过程中采纳了很多老师的建议，参考了大量同类教材和其他文献资料，以及互联网上的部分资料和图片，在此对给予本书建议的老师和参考文献的作者表示衷心的感谢。

由于编者水平有限，书中难免存在不足之处，敬请广大读者批评、指正。

编　者

2023 年 5 月

目 录

模块 1 西门子 S7-1200 PLC 概述

项目 1 初识西门子 S7-1200 PLC 1

1.1 S7-1200 PLC 简介 1

1.2 S7-1200 PLC 的程序结构和工作原理 3

1.3 CPU 的扩展功能 7

1.4 PLC 的编程语言 9

项目 2 TIA 博途软件的使用 11

2.1 TIA 博途软件的操作界面 11

2.2 使用 TIA 博途软件的入门实例 15

模块 2 西门子 S7-1200 PLC 的初级应用

项目 3 三相异步电动机连续运行控制 23

3.1 项目导入 23

3.2 项目分析 24

3.3 相关知识 24

3.4 项目实施 25

3.5 实训工单 29

项目 3 实训工单（1） 29

项目 3 实训工单（2） 33

项目 3 实训工单（3） 35

项目 3 实训工单（4） 37

项目 4 三相异步电动机正反转控制 41

4.1 项目导入 41

4.2 项目分析 42

4.3 相关知识 42

4.4 项目实施 45

4.5 实训工单 49

项目 4　实训工单（1）......49
项目 4　实训工单（2）......53
项目 4　实训工单（3）......55
项目 4　实训工单（4）......57

项目 5　三相异步电动机 Y-△降压启动控制......59
5.1　项目导入......59
5.2　项目分析......60
5.3　相关知识......60
5.4　项目实施......61
5.5　实训工单......65
项目 5　实训工单（1）......65
项目 5　实训工单（2）......69
项目 5　实训工单（3）......73
项目 5　实训工单（4）......77

项目 6　两台三相异步电动机循环启停控制......81
6.1　项目导入......81
6.2　项目分析......82
6.3　相关知识......82
6.4　项目实施......83
6.5　实训工单......89
项目 6　实训工单（1）......89
项目 6　实训工单（2）......93
项目 6　实训工单（3）......95
项目 6　实训工单（4）......97

模块 3　西门子 S7-1200 PLC 的进阶应用

项目 7　3 台三相异步电动机的运行控制......99
7.1　项目导入......99
7.2　项目分析......100
7.3　相关知识......100
7.4　项目实施......104
7.5　实训工单......109
项目 7　实训工单（1）......109
项目 7　实训工单（2）......113
项目 7　实训工单（3）......115

项目 7　实训工单（4）......117

项目 8　交通灯控制......119

8.1　项目导入......119
8.2　项目分析......120
8.3　相关知识......120
8.4　项目实施......123
8.5　实训工单......129
项目 8　实训工单（1）......129
项目 8　实训工单（2）......133
项目 8　实训工单（3）......135
项目 8　实训工单（4）......137

项目 9　4 位数字电子密码锁控制......139

9.1　项目导入......139
9.2　项目分析......139
9.3　相关知识......140
9.4　项目实施......141
9.5　实训工单......149
项目 9　实训工单（1）......149
项目 9　实训工单（2）......153
项目 9　实训工单（3）......155
项目 9　实训工单（4）......157

项目 10　双向可调跑马灯控制......159

10.1　项目导入......159
10.2　项目分析......159
10.3　相关知识......160
10.4　项目实施......161
10.5　实训工单......167
项目 10　实训工单（1）......167
项目 10　实训工单（2）......171
项目 10　实训工单（3）......173
项目 10　实训工单（4）......175

项目 11　基于顺序控制设计法的运料小车往返控制......177

11.1　项目导入......177
11.2　项目分析......178
11.3　相关知识......178
11.4　项目实施......180

11.5　实训工单……189
项目 11　实训工单（1）……189
项目 11　实训工单（2）……193
项目 11　实训工单（3）……195
项目 11　实训工单（4）……197

项目 12　基于函数（FC）的电动机组启停控制……199
12.1　项目导入……199
12.2　项目分析……199
12.3　相关知识……200
12.4　项目实施……201
12.5　实训工单……209
项目 12　实训工单（1）……209
项目 12　实训工单（2）……213
项目 12　实训工单（3）……215
项目 12　实训工单（4）……217

项目 13　基于函数块（FB）的电动机组启停控制……219
13.1　项目导入……219
13.2　项目分析……220
13.3　相关知识……220
13.4　项目实施……222
13.5　实训工单……231
项目 13　实训工单（1）……231
项目 13　实训工单（2）……235
项目 13　实训工单（3）……237
项目 13　实训工单（4）……239

模块 4　西门子 S7-1200 PLC 的高级应用

项目 14　步进电动机运动控制……241
14.1　项目导入……241
14.2　项目分析……242
14.3　相关知识……242
14.4　项目实施……249
14.5　实训工单……257
项目 14　实训工单（1）……257
项目 14　实训工单（2）……259

项目 14　实训工单（3）......261
项目 14　实训工单（4）......263
项目 15　伺服电动机运动控制......265
15.1　项目导入......265
15.2　项目分析......266
15.3　相关知识......266
15.4　项目实施......271
15.5　实训工单......281
项目 15　实训工单（1）......281
项目 15　实训工单（2）......285
项目 15　实训工单（3）......287
项目 15　实训工单（4）......289
项目 16　G120 变频器的电动机控制......291
16.1　项目导入......291
16.2　项目分析......292
16.3　相关知识......292
16.4　项目实施......295
16.5　实训工单......311
项目 16　实训工单（1）......311
项目 16　实训工单（2）......315
项目 16　实训工单（3）......317
项目 16　实训工单（4）......319
项目 17　西门子 S7-1200 PLC 的以太网通信......321
17.1　项目导入......321
17.2　项目分析......322
17.3　相关知识......322
17.4　项目实施......323
17.5　实训工单......351
项目 17　实训工单（1）......351
项目 17　实训工单（2）......355
项目 17　实训工单（3）......357
项目 17　实训工单（4）......359
参考文献......363

模块1　西门子 S7–1200 PLC 概述

项目 1　初识西门子 S7-1200 PLC

知识目标

（1）了解西门子 S7-1200 PLC（以下简称 S7-1200 PLC）的基本知识。
（2）熟悉 S7-1200 PLC 的各种型号的特点。
（3）掌握 S7-1200 PLC 的程序结构、工作原理。
（4）熟悉 PLC 的编程语言。

能力目标

（1）能说出 PLC 的组成结构。
（2）了解 S7-1200 PLC 的参数。

素质目标

（1）激发学生在学习过程中的自主探究意识。
（2）培养学生按国家标准或行业标准从事专业技术活动的职业习惯。
（3）提升学生综合运用专业知识的能力，培养学生精益求精的工匠精神。
（4）提升学生的团队协作能力和沟通能力。

1.1　S7–1200 PLC 简介

西门子 PLC 以其极高的性价比，在国内外占有很大的市场份额，在我国得到了广泛应用。

S7-1200 PLC 是西门子 PLC 的新产品，其因设计紧凑、组态灵活、扩展方便、功能强大，可用于控制各种各样的设备，以满足自动化需求。S7-1200 PLC 的 CPU 将微处理器、集成电源、输入/输出（I/O）电路、PROFINET 接口、高速运动控制输入/输出接口及模拟量输入接口紧凑地组合到一个外壳中，形成功能强大的控制器，这些特点使它适用于各种控制系统。S7-1200 PLC 由于在西门子 PLC 家族中属于模块化小型 PLC，因此适用于各种独立自动化系统，如图 1.1 所示。

S7-1200 PLC 的外形如图 1.2 所示。S7-1200 PLC 带有一个 PROFINET 接口，用于与编程计算机、触摸屏、其他 PLC 及带以太网接口的设备进行通信，还可使用附加模块通过 PROFIBUS 接口、GPRS 接口、RS-485 接口或 RS-232 接口等与外界进行通信。为了与编程设备通信，CPU 提供了内置 PROFINET 接口。借助 PROFINET 网络，CPU 可以与 HMI 或其他 CPU 通信。

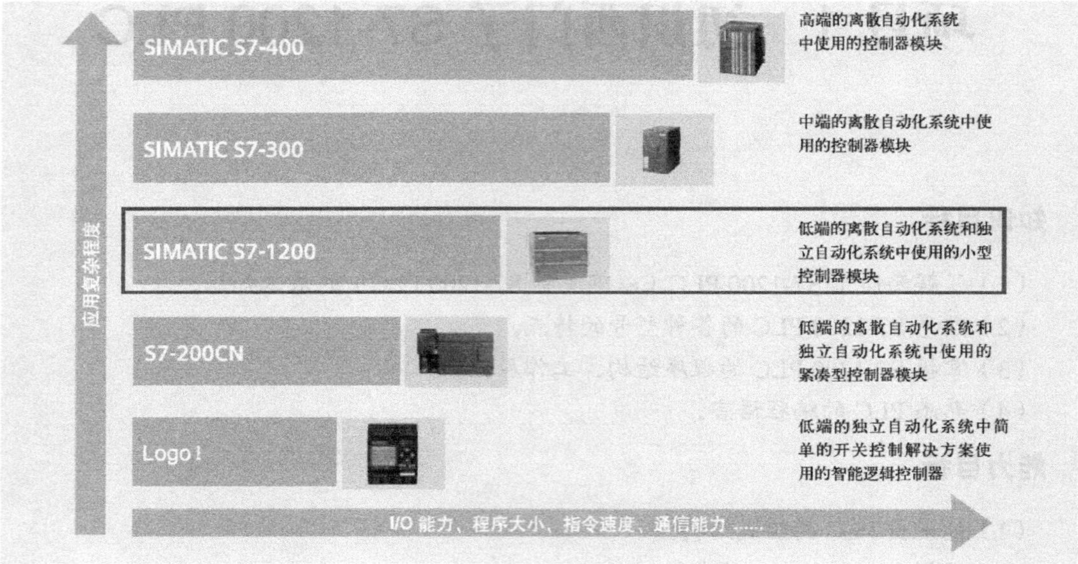

图 1.1 S7-1200 PLC 的应用定位

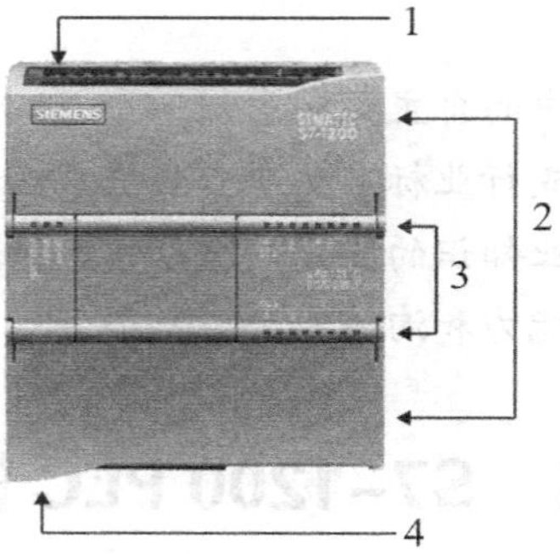

1—电源连接器；2—可拆卸用户接线连接器；3—板载 I/O 的状态 LED；4—PROFINET 连接器

图 1.2 S7-1200 PLC 的外形

S7-1200 PLC 目前有 4 种 CPU 型号，分别为 CPU 1211C、CPU 1212C、CPU 1214C、CPU 1215C，其参数比较如表 1.1 所示。

表 1.1　S7-1200 PLC 4 种 CPU 型号的参数比较

CPU 的功能	CPU 1211C	CPU 1212C	CPU 1214C	CPU 1215C
本机数字量输入/输出（DI/DQ）	6 输入/4 输出	8 输入/6 输出	14 输入/10 输出	14 输入/10 输出
本机模拟量输入/输出	2 输入	2 输入	2 输入	2 输入/2 输出
扩展板块个数	—	2	8	8
高速计算器个数	3（总计）	4（总计）	6（总计）	6（总计）
集成/可扩展的工作存储器	25KB/不可扩展	25KB/不可扩展	50KB/不可扩展	100KB/不可扩展
集成/可扩展的装载存储器	1MB/24MB	1MB/24MB	2MB/24MB	2MB/24MB
单相计算器	3 个（100kHz）	4 个（3 个 100kHz，1 个 30Hz）	6 个（3 个 100kHz，3 个 30kHz）	6 个（3 个 100kHz，3 个 30kHz）
正交计算器	3 个（80kHz）	4 个（3 个 80kHz，1 个 30Hz）	6 个（3 个 80kHz，3 个 30kHz）	6 个（3 个 80kHz，3 个 30kHz）
脉冲输出	2 个（100kHz/DC 输出或 1Hz/Rly 输出）			
脉冲同步输入个数	6	8	14	14
延时/循环中断	总计 4 个，分辨力为 1ms			
边沿触发式中断	6 个上升沿和 6 个下降沿	8 个上升沿和 8 个下降沿	12 个上升沿和 12 个下降沿	12 个上升沿和 12 个下降沿
实时时钟精度	±60s/月			
PROFINET	1 个以太网接口			2 个以太网接口
实时时钟保持时间	典型 10 天/最低 6 天，40℃时			
数学运算的执行速度	2.3μs/条指令			
逻辑运算的执行速度	0.08μs/条指令			

1.2　S7-1200 PLC 的程序结构和工作原理

1．S7-1200 PLC 的程序结构

S7-1200 PLC 与 S7-300/400 PLC 的程序结构基本相同，都采用模块化方式编程。S7-1200 PLC 用户程序中的块包括组织块（OB）、函数块（FB）、函数（FC）和数据块（DB），其中，数据块又包括背景数据块（也叫局部数据块）和全局数据块两种。模块化结构的程序易于阅读、调试与维护，且可移植性强。S7-1200 PLC 用户程序块如表 1.2 所示。

表 1.2　S7-1200 PLC 用户程序块

块	描述
组织块	操作系统与用户程序之间的接口，用户可以对组织块编程
函数块	用户编写的包含常用功能的子程序，有专用的背景数据块
函数	用户编写的包含常用功能的子程序，没有专用的背景数据块
背景数据块	用于存储函数块的输入参数、输出参数、输入/输出参数和静态参数，其数据在编译时自动生成
全局数据块	存储用户数据的数据区，供所有程序使用

1）组织块

组织块是操作系统与用户程序之间的接口，用户可以对组织块编程，据此可以明确定

义 CPU 的响应行为。组织块由操作系统调用，用于处理启动行为，执行循环程序，以及中断驱动程序的运行和处理错误，相应的有启动组织块、循环组织块和中断组织块。

（1）启动组织块。

在运行模式从 STOP 切换为 RUN 时，启动组织块用来初始化程序中的变量，启动组织块运行结束之后，开始运行循环组织块。

（2）循环组织块。

循环组织块是程序中较高层的程序块，可以调用其他块。OB1 是用户程序中的主程序，允许有多个循环组织块，但其编号应大于或等于 123。CPU 按照循环组织块的编号，从小到大循环执行循环组织块。

（3）中断组织块。

中断组织块用来对内部或外部事件做出快速反应。如果出现中断事件，那么将执行中断组织块。中断组织块包括延时中断（Time Delay Interrupt）组织块、循环中断（Cyclic Interrupt）组织块、硬件中断（Hardware Interrupt）组织块、诊断错误中断（Diagnostic Error Interrupt）组织块和时间错误中断（Time Error Interrupt）组织块。

① 延时中断组织块：在指定的时间过后，执行中断循环程序，延迟时间通过扩展指令 SRT_DINT 的输入参数指定。

② 循环中断组织块：在特定的时间段，执行中断循环程序，可以通过对话框或者组织块的属性来指定该类时间段。

③ 硬件中断组织块：根据硬件事件触发并执行中断循环程序，事件在硬件属性中定义。

④ 诊断错误中断组织块：在具备诊断功能的模块已被启动，用于诊断中断并检测到错误时执行中断循环程序。

⑤ 时间错误中断组织块：在超过最大循环时间时，执行中断循环程序，最大循环时间在 CPU 的属性中定义。

2）函数

函数是用户编写的一种可以快速执行的子程序块，通常用于根据输入参数执行指令。使用函数可以完成以下任务：

① 创建一个可重复使用的操作，如公式计算。

② 创建一个可重复使用的功能，如阀门控制程序。在程序中的不同点处，可以多次调用同一功能。若没有分配给功能的背景数据块，则功能使用临时堆栈临时保存数据。在功能退出运行后，临时堆栈中的变量将丢失。要长期存储数据，可将输出值赋给全局存储器，如位存储器或全局数据块。

3）函数块

函数块是用户编写的一种用参数来调用的程序块，其参数存储在背景数据块中。函数块退出运行后，保存在背景数据块中的数据不会丢失。函数块可以多次调用。每次调用都可以给函数块分配一个独立的背景数据块，多个独立的背景数据块也可以组合成一个多重背景数据块。

4）数据块

数据块用于保存用户数据，数据块的大小由 CPU 的工作存储器决定。数据块分为全局数据块和背景数据块两种。用户程序中的所有程序块都可访问全局数据块中的数据，而背景数据块中仅存储特定函数块的数据，背景数据块中数据的结构反映出函数块的参数类型（输入、输出、输入/输出和静态），但函数块的临时变量不存储在背景数据块中。

综上所述，S7-1200 PLC 的程序结构框图如图 1.3 所示。其中，OS 为操作系统，OB 为组织块，FB 为函数块，FC 为函数。

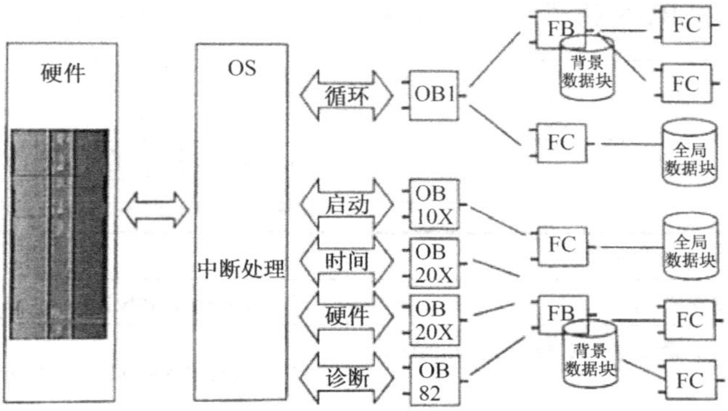

图 1.3　S7-1200 PLC 的程序结构框图

2．S7-1200 PLC 的工作原理

1）CPU 的工作模式

CPU 有 3 种工作模式，即 STOP 模式、START-UP 模式和 RUN 模式。CPU 前面的状态指示灯用于指示当前工作模式。

（1）在 STOP 模式下，CPU 不执行程序，所有的输出被禁止，或按组态时的设置提供替代值，或保持最后的输出值，以保证系统处于安全状态，只有在 STOP 模式下才可以下载项目。

（2）在 START-UP 模式下，CPU 执行一次启动组织块操作（如果存在），并且不处理任何中断事件。如果系统检测到某种错误，那么 CPU 将不能进入 RUN 模式，并保持在 STOP 模式。

（3）在 RUN 模式下，CPU 会重复执行循环组织块，在此过程中，一旦发生中断事件，CPU 就会对其进行处理。CPU 支持通过热启动进入 RUN 模式。热启动不包括存储器复位。在热启动时，所有非保持性系统及用户数据都将被初始化，仅保留保持性用户数据。存储器复位将清除所有工作存储器、保持性及非保持性存储区，并将装载存储器中的信息复制到工作存储器中。存储器复位不会清除诊断缓冲区，也不会清除永久保存的 IP 地址。

可组态 CPU 中的“上电后启动”（START-UP after POWER ON）组态选项在 CPU“设备组态”（Device Configuration）的“启动”（START-UP）项下。通电后，CPU 将执行一系列上电诊断检查和系统初始化操作。在系统初始化过程中，CPU 将删除所有非保持性位存储器，并将所有非保持性数据块中的内容重置为装载存储器的初始值。CPU 将保留保持性位存储器和保持性数据块中的内容，并切换到相应的工作模式。若系统检测到某些错误，则会阻止 CPU 进入 RUN 模式。

CPU 支持的组态选项还有不重新启动（保持为 STOP 模式）、热启动（RUN 模式）、热启动（断电前的模式）。

可以使用编程软件在线工具中的“STOP”或“RUN”命令更改当前工作模式，也可以在程序中包含 STP 指令，以使 CPU 切换到 STOP 模式。这样就可以根据程序逻辑停止程序的执行。

在 START-UP 和 RUN 模式下，CPU 执行的任务如图 1.4 所示。

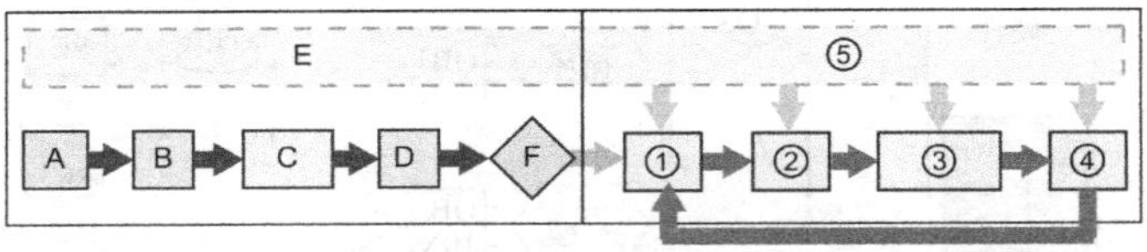

START-UP	RUN
A 清除输入过程映像寄存器（I）	① 将输出过程映像寄存器的值写到物理输出点
B 使用上一次 RUN 模式最后的值或替换值对输出值进行初始化	② 将物理输入的状态复制到输入过程映像寄存器
C 执行启动组织块	③ 执行循环组织块
D 将物理输入的状态复制到输入过程映像寄存器	④ 进行自诊断检查和处理通信请求
E 将所有中断事件存储到要在进入 RUN 模式后处理的队列	⑤ 在扫描周期的任何阶段处理中断事件和通信请求
F 将输出过程映像寄存器（Q）的值写到物理输出点	

图 1.4　CPU 执行的任务

2）START-UP 过程

只要工作模式从 STOP 切换到 RUN，CPU 就会清除输入过程映像寄存器、初始化输出过程映像寄存器，并处理启动组织块。通过“启动 OB”中的指令对输入过程映像寄存器进行任何读访问，都只会读取零值，而不是读取当前物理输入值。因此，要在 START-UP 模式下读取物理输入的当前状态，必须先执行立即读取操作，接着执行启动组织块及所有相关的函数和函数块。如果存在多个启动组织块，则按照启动组织块的编号依次执行各启动组织块，编号小的先执行。

3）在 RUN 模式下处理扫描周期

在每个扫描周期中，CPU 都会写入输出、读取输入、执行用户程序、更新通信模块及响应用户中断事件和通信请求。以上操作（用户中断事件除外）按先后顺序定期进行，对于已启用的用户中断事件，将根据优先级按其发生的顺序进行处理。系统要保证扫描在一定的时间（最大循环时间）内完成，否则将生成时间错误事件。

在每个扫描周期开始时，从输出过程映像寄存器中重新获取数字量及模拟量输出的当前值，并将其写到 CPU、信号板和信号模块上，自动输入/输出更新（默认组态）的物理输出。当通过指令访问物理输出时，输出过程映像寄存器和物理输出本身都将被更新。

随后，在该扫描周期中，将读取 CPU、信号板和信号模块上组态为自动输入/输出更新

（默认组态）的数字量及模拟量输入的当前值，并将这些值写入输入过程映像寄存器。当通过指令访问物理输入时，指令将访问物理输入的值，但输入过程映像寄存器不会更新。

在读取输入后，系统将从第一条指令开始执行用户程序，一直执行到最后一条指令，其中包括所有的循环组织块及所有相关的函数和函数块。循环组织块根据编号依次执行，编号最小的先执行。

CPU 在扫描期间会定期处理通信请求，这可能会中断用户程序的执行。自诊断检查包括定期检查系统和输入/输出模块的状态。中断可能发生在扫描周期的任何阶段，并且由事件驱动，当事件发生时，CPU 将中断扫描循环，并调用被组态用于处理该事件的组织块。在处理完该事件后，CPU 从中断点继续执行用户程序。

1.3　CPU 的扩展功能

1. 信号板

CPU 支持一个插入式扩展板，即信号板（SB）。信号板可为 CPU 提供附加的输入/输出功能，安装信号板不会改变 CPU 的外形和体积。信号板有 8 种型号，包括一点模拟量输出信号板、两点数字量输入/输出信号板及 6 种 200kHz 的数字量输入和数字量输出信号板。信号板的外形如图 1.5 所示。

图 1.5　信号板的外形

2. 信号模块

信号模块（SM）可以为 CPU 增加其他功能，其被安装在 CPU 右侧，分为数字量输入/输出模块、模拟量输入/输出模块、热电阻信号模块和热电偶信号模块。

数字量输入/输出模块的输入/输出点数可以为 8、16 和 32，部分数字量输入/ 输出模块如表 1.3 所示。

表 1.3　部分数字量输入/输出模块

型号	各组输入点数	各组输出点数
SM1221，8 输入，DC 24V	4，4	
SM1221，16 输入，DC 24V	4，4，4，4	
SM1222，8Rly 输出，2A		3，5
SM1222，16Rly 输出，2A		4，4，2，6
SM1222，8 输出，DC 24V，0.5A		4，4
SM1222，16 输出，DC 24V，0.5A		4，4，4，4
SM1223，8 输入，DC 24V/8Rly 输出，2A	4，4	4，4
SM1223，16 输入，DC 24V/16Rly 输出，2A	8，8	4，4，4，4
SM1223，8 输入，DC 24V/8 输出，DC 24V，0.5A	4，4	4，4
SM1223，16 输入，DC 24V/16 输出，DC 24V，0.5A	8，8	8，8

模拟量输入/输出模块包括 4 路模拟量输入模块（如 SM1231AI）和 8 路模拟量输入模块，输入电压可以选择-10～+10V、-5～+5V、-2.5～+2.5V，转换后对应的数字量为-27648～+27648；输入电流为 0～20mA，转换后对应的数字量为 0～27648。模拟量输入/输出模块包括 2 路模拟量输出模块（如 SM1232AQ）和 4 路模拟量输出模块，输出电压为-10～+10V，转换后对应的数字量为-27648～+27648；输出电流为 0～20mA，转换后对应的数字量为 0～27648。模拟量输入/输出模块还包括 4 路模拟量输入/2 路模拟量输出模块（如 SM1234AI/AQ），其参数与模拟量输入模块、模拟量输出模块的参数相同。

3．通信模块

通信模块（CM）增加了 CPU 的通信选项，如 PROFIBUS 或 RS-232/RS-485 的连接性［适用于点对点（Point to Point，PtP）通信、Modbus 或通用串行接口（USS）通信协议］及 AS-i 主站。CPU 可以提供其他类型的通信功能，如通过 GPRS 网络连接 CPU。CPU 最多支持 3 个通信模块，并且要将通信模块安装在 CPU 左侧。

4．S7-1200 PLC 新模块

S7-1200 PLC 新模块扩展了 S7-1200 PLC CPU 的功能，因而能够灵活地满足自动化的需求，新的和改进的 CPU 包括以下几种：

（1）新的 CPU 1215C DC/DC/DC、CPU 1215C DC/DC/Rly 和 CPU 1215C AC/DC/Rly 提供了 100KB 的工作存储器、双以太网接口和模拟量输出接口。

（2）新的 CPU 1211C、CPU 1212C 和 CPU 1214C 具有更短的数据处理时间，可使用 4 路脉冲列输出（PTO，CPU 1211C 需要使用信号板），具有更大的保持性存储器（10KB）及更长的保持时间（20 天）。

（3）改进后的 CPU 内置了 PROFINET 接口，用于编程、触摸屏连接和 CPU 之间的通信。通过开放式以太网协议与第三方设备进行通信，最多支持 8 个以太网的连接。

5．集成技术

集成技术的作用如下：

（1）计数和测量，设计了 6 个高速计数器，其中 3 个的工作频率为 100kHz，另外 3 个的工作频率为 30kHz。

（2）准确地监控增量编码器和过程事件的频率计数或高速计数。

（3）控制速度、位置和占空比，总共有 4 路脉宽调制（PWM）输出，应用实例包括电动机速度控制、阀门位置控制或者加热元件占空比控制。

（4）速度和位置控制，总共有 4 路 PTO，脉冲频率可达 100kHz。

（5）控制步进或者伺服电动机的速度和位置，PLCopen 是国际公认的运动控制标准，支持绝对运动、相对运动、速度控制及运动控制中的功能切换。

集成技术还可用于简单的过程仪表控制：有 16 个比例积分微分控制（Proportional Integral Differential Control，又称 PID 控制）循环，支持 PID 自动调节功能，带有调节控制面板。

1.4 PLC 的编程语言

PLC 的编程语言标准（IEC 61131-3）中有 5 种编程语言：梯形图（LAdder Diagram, LAD)、顺序功能图（Sequential Function Chart，SFC)、功能块图（Function Block Diagram，FBD)、指令表（Instruction List）及结构文本（Structured Text，ST)。其中，梯形图以其直观、形象、实用、简单等特点为广大用户所熟悉和掌握。S7-1200 PLC 编程语言常采用梯形图和功能块图这两种语言。

1．梯形图

梯形图由原接触器、继电器构成的电气控制系统二次展开图演变而来，与电气控制系统的电路图相呼应，融逻辑操作、控制于一体，是面向对象的、实时的、图形化的编程语言，特别适合用于数字量逻辑控制，是应用最多的 PLC 编程语言，但不适合用于编写大型控制程序。

梯形图由触点、线圈或功能方框等基本编程元素构成。左、右垂线类似继电器控制接线图的电源线，称为左、右母线（Busbar)。左母线可看成能量提供者，触点闭合，则能量通过；触点断开，则能量阻断。形成的能量流称为能流（Power Flow)。来自能源的能流通过一系列逻辑控制条件，根据运算结果决定逻辑输出。

触点：代表逻辑控制条件，有常开触点和常闭触点两种形式。

线圈：代表逻辑输出结果，能流流到时，线圈一一被激励。

功能方框：代表某种特定功能的指令，能流通过功能方框，则执行其功能，如定时、计数、数据运算等。

S7-1200 PLC 的梯形图中省略了右母线，如图 1.6 所示，I0.4 触点接通，有能流流过 Q0.2 的线圈，Q0.2 所驱动的红灯会亮。利用能流这一概念，可以帮助我们更好地理解和分析梯形图，能流只能从上至下、从左至右流动，左侧总是安排输入触点，并且使并联触点多的支路靠近最左端，输入触点不论是外部的按钮、行程开关，还是继电器触点，在图形符号方面只有常开触点和常闭触点两种表示方式，输出线圈用圆形或椭圆形表示。

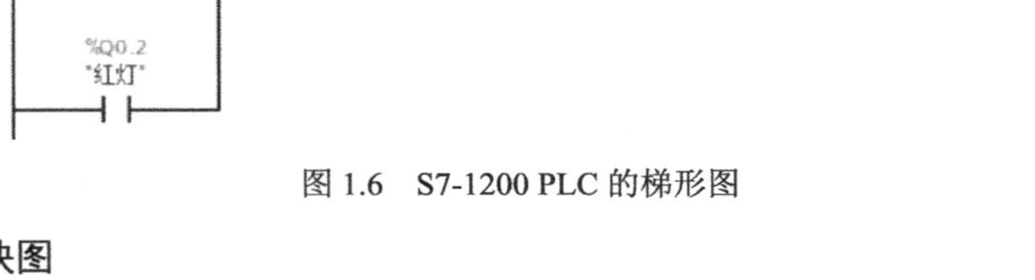

图 1.6 S7-1200 PLC 的梯形图

2．功能块图

功能块图是一种类似于数字逻辑门电路的编程语言，有数字电路基础的人很容易掌握它。该编程语言用类似与门、或门的方框来表示逻辑运算关系，方框的左侧为逻辑运算的输入量，右侧为逻辑运算的输出量，输入端、输出端的小圆圈表示“非”运算，方框被“导线”连接在一起，信号自左向右流动。图 1.7 中的控制逻辑与图 1.6 中的相同。

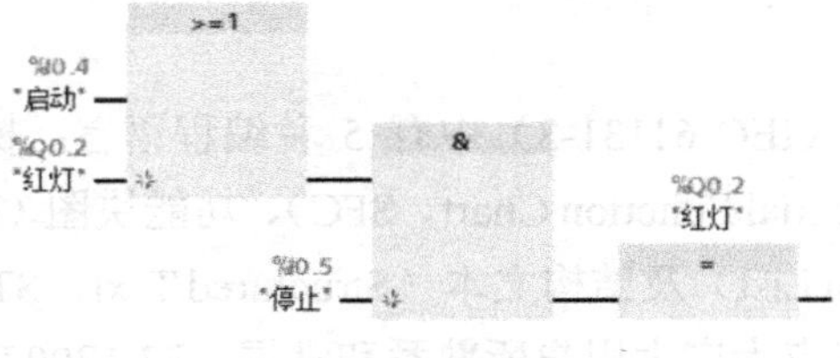

图 1.7　功能块图

项目 2　TIA 博途软件的使用

知识目标

（1）熟悉 TIA 博途软件操作界面。

（2）掌握 TIA 博途软件的基本操作方法。

能力目标

（1）能使用 TIA 博途软件进行编程。

（2）能使用 TIA 博途软件对程序进行上传和下载。

素质目标

（1）激发学生在学习过程中的自主探究意识。

（2）培养学生按国家标准或行业标准从事专业技术活动的职业习惯。

（3）提升学生综合运用专业知识的能力，培养学生精益求精的工匠精神。

（4）提升学生的团队协作能力和沟通能力。

2.1　TIA 博途软件的操作界面

全集成自动化系统 TIA 将 PLC 技术融于全部自动化领域，具有开放系统的基本结构，扩展方便，是解决自动化任务的一套全新的方法。

TIA 博途软件有博途视图和项目视图，可以通过单击图 2.1 左下角的按钮进行视图切换。博途视图是面向任务的工作模式，简单、直观，可以更快地开始项目设计。项目视图能显示项目的全部组件，可以方便地访问设备和块，如图 2.2 所示。项目的层次化结构，编辑器、参数和数据等全部显示在一个视图中。

1．博途视图

博途视图的布局为左、中、右三栏，左边栏是启动选项，列出了安装软件包所涵盖的功能，根据不同的选择，中间栏会自动筛选出可以进行的操作，如图 2.1 所示；右边栏会更详细地列出具体的操作项目。

2．项目视图

项目视图如图 2.2 所示。

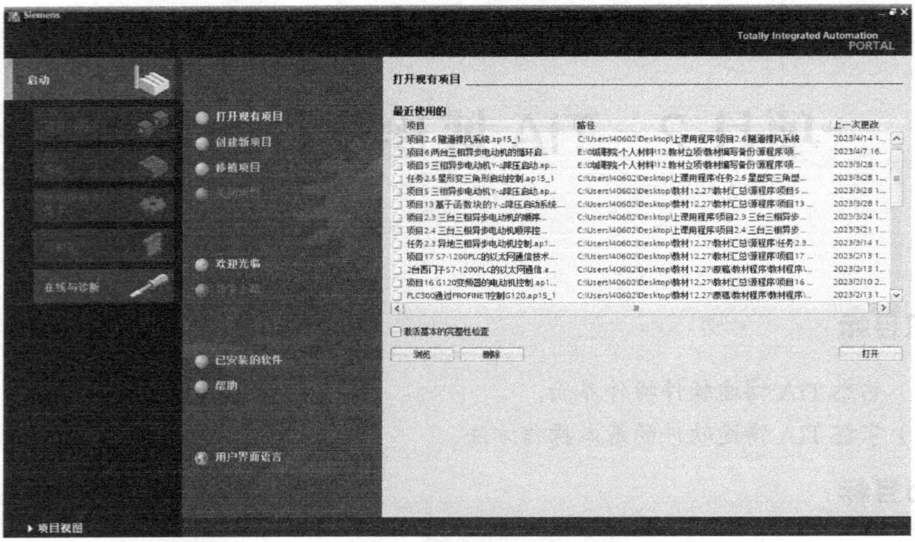

图 2.1　博途视图

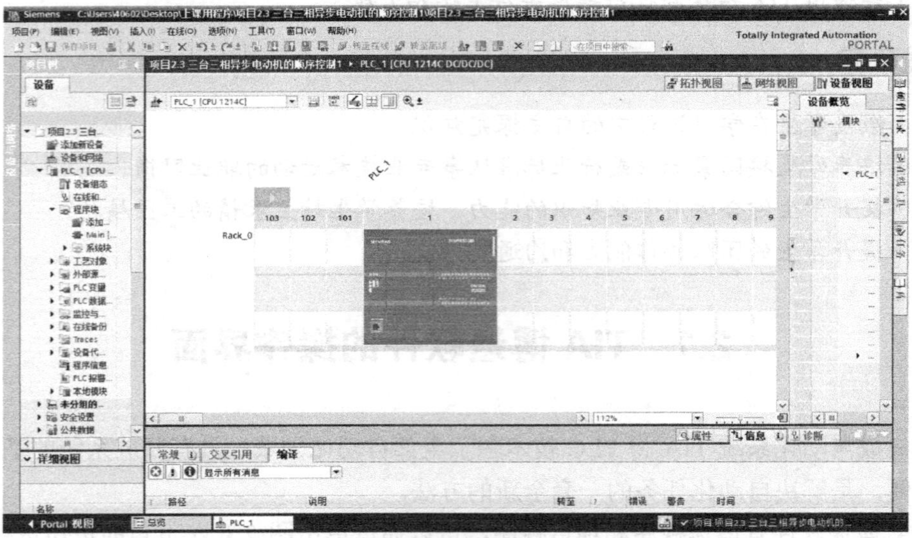

图 2.2　项目视图

（1）项目树：用于显示整个项目的各种元素。可以通过项目树访问所有的设备和项目数据。在项目树中可添加新设备，编辑现有的设备，扫描并更改现有项目数据的属性。

（2）工作区：用于显示可以打开并进行编辑的对象。

（3）检查器窗口：用于显示与已选对象或者已执行活动等有关的附加信息。

（4）编辑器栏：用于显示已打开的编辑器，可以使用编辑器栏在打开的对象之间快速切换。

（5）任务卡：根据被编辑或被选定对象的不同使用任务卡，可以自动提供需要执行的附加操作。这些操作包括从库或者硬件目录中选择对象等。

（6）详细视图：用于显示总览窗口和项目树中所选对象的特定内容。

3．选择语言

更改用户界面语言的操作步骤如下：在“选项”菜单中选择“设置”命令，打开“设置”窗口，如图 2.3 所示。在导航区中选择“常规”选项，在“常规设置”区中，从“用户界面语言”下拉列表中选择所需要的语言。下次打开该程序时，将显示已经选定的用户界面语言。

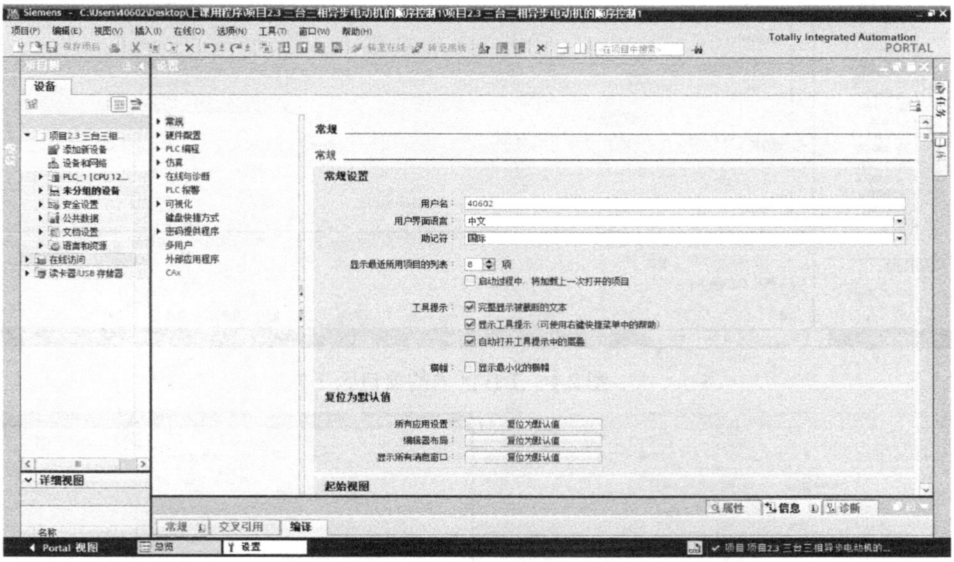

图 2.3　“设置”窗口

4．工作区内的窗口区

主要的工作（如编程等）在工作区内的窗口区进行，这个区域有分割线，用于分隔界面的各个组件，可以用分割线上的箭头来显示或隐藏相邻的部分。

可以同时打开多个对象，在正常情况下，工作区中一次只能显示多个已打开对象中的某一个对象，其余对象则以选项卡的形式显示在编辑器栏上，工作区内的窗口区如图 2.4 所示。如果某个任务要求同时显示两个对象，则可以水平或垂直拆分工作区。在没有打开编辑器时，工作区是空的。

编辑器区域的拆分：在“窗口”菜单中选择“垂直拆分编辑区”或“水平拆分编辑区”命令，所单击选择的对象及编辑器栏内的下一个对象将会彼此相邻或者彼此重叠地显示出来，如图 2.5 所示。

为快速定制自己的界面，需要采用快捷操作，常用的快捷操作如下：

（1）折叠窗口。单击相应窗口的“折叠”图标，即可将暂时不用的窗口折叠起来，这时工作区就会变大；单击相应窗口的“展开”图标，即可将折叠的窗口重新展开。或者双击工作区的标题栏，窗口自动折叠，再次双击则恢复。

（2）窗口自动折叠。单击“自动折叠”图标，在鼠标指针回到工作区时，相应的窗口会自动折叠起来；单击“永久展开”图标，可以将自动折叠的窗口恢复为永久展开状态。

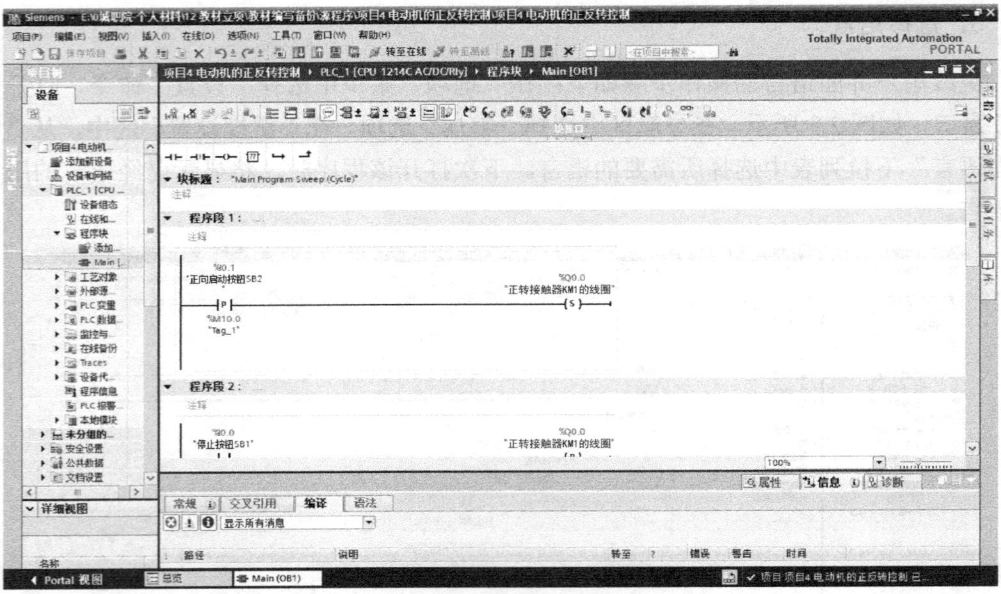

图 2.4　工作区内的窗口区

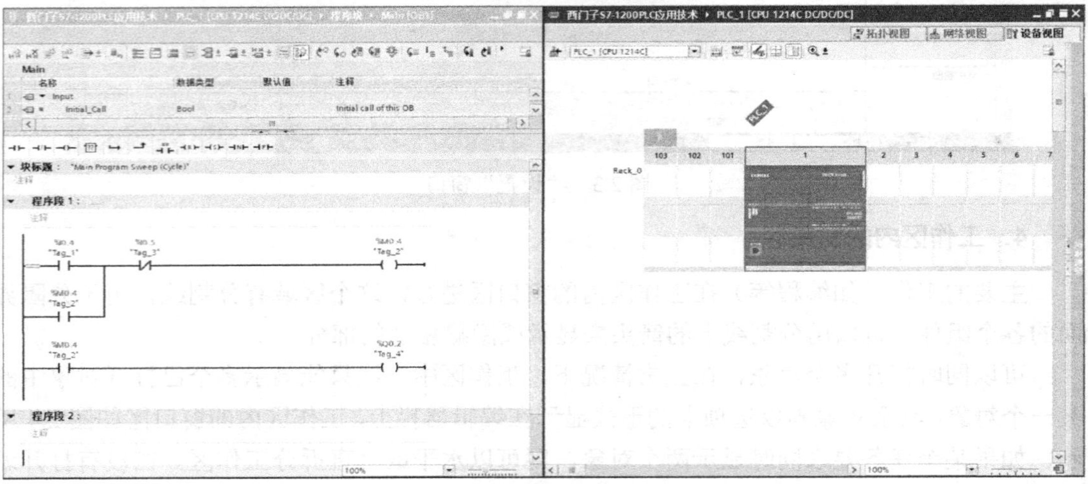

图 2.5　编辑器区域的拆分

（3）窗口浮动。单击“浮动”图标，可以使窗口浮动起来，浮动的窗口可以被拖动到其他地方。对于多屏显示的情况，可以将窗口拖动到其他屏幕，实现多屏编程。单击“嵌入”图标，可以将已浮动的窗口还原。

（4）恢复默认布局。选择“窗口”菜单中的“默认的窗口布局”命令，即可将定制过的窗口恢复为原来的默认布局。

5．保存项目

在当前状态下，仅需要单击工具栏中的“保存项目”按钮，就可以保存完整的项目，即使项目中有错误也可以保存，如图 2.6 所示。

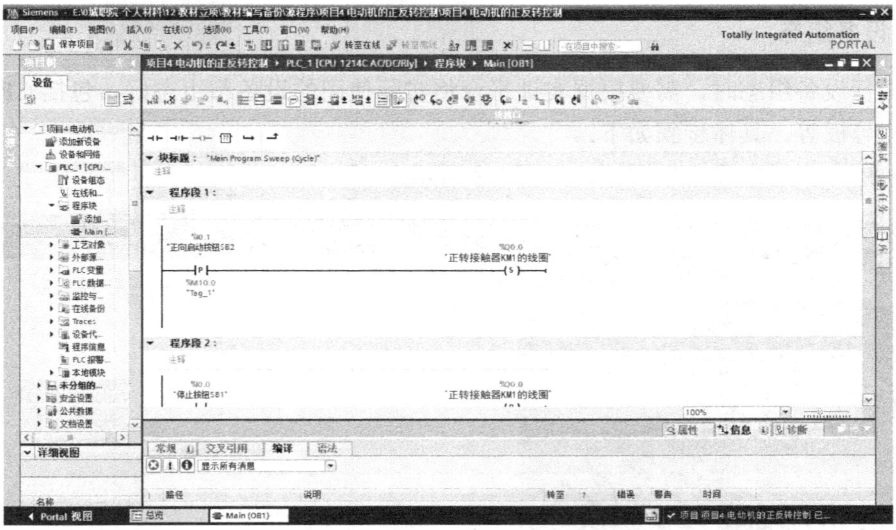

图 2.6　保存项目

2.2　使用 TIA 博途软件的入门实例

对于电动机的控制，有以下要求：按下启动按钮 I0.0，接触器 KM1 的线圈得电，电动机运转；松开启动按钮 I0.0，电动机停转。

采用 TIA 博途软件的设计步骤包括新建项目、设备组态、编辑变量、编写程序、下载程序、调试程序和上传项目。

1. 新建项目

在博途视图中单击“创建新项目”图标，在“项目名称”文本框中输入要设计的项目名称，并选择该项目的保存路径，单击“创建”按钮，如图 2.7 所示。

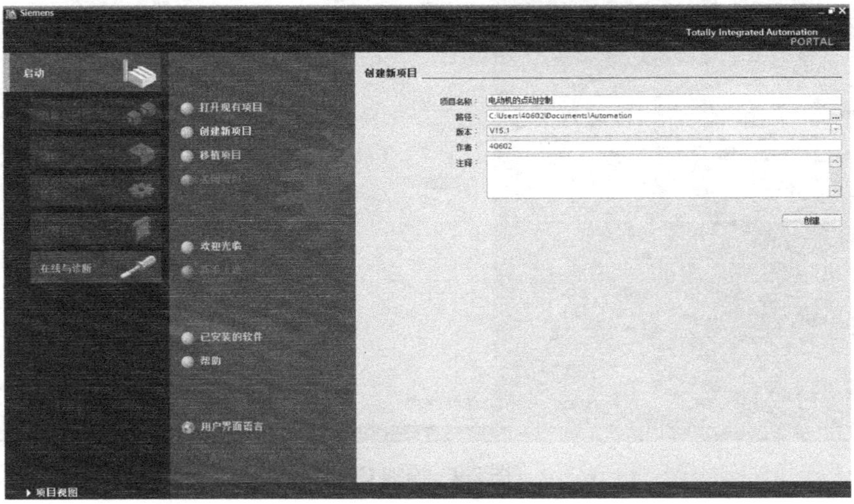

图 2.7　新建项目

2. 设备组态

在进行设备组态时，需要根据实训平台将实际使用的设备都组态好，包括 CPU、通信模块和信号板等，具体步骤如下：

（1）单击“组态设备”图标，如图 2.8 所示。

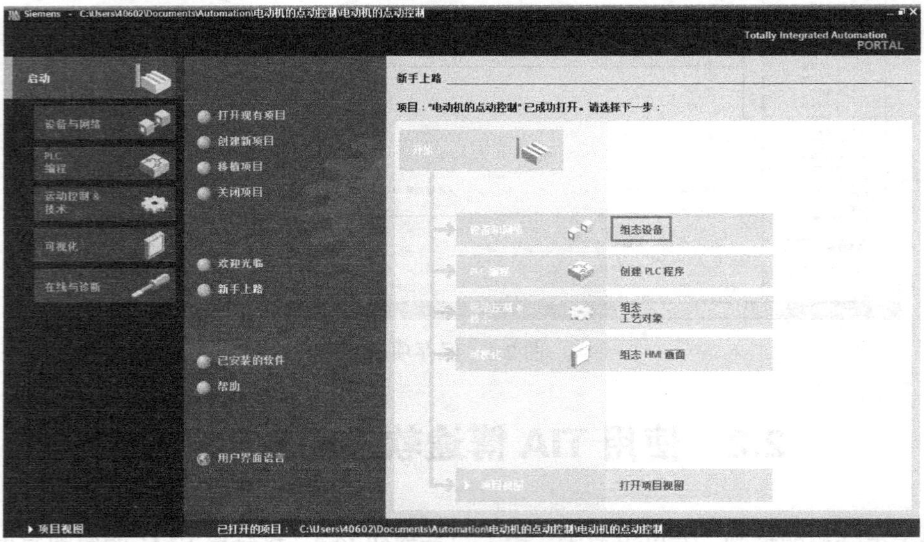

图 2.8　单击“组态设备”图标

（2）添加 CPU。单击“添加新设备”图标，根据所使用的实训平台，选择与硬件一致的 CPU 型号和订货号。本案例中的 CPU 型号选择“CPU 1214C AC/DC/Rly”，订货号选择“6ES7 214-1BG40-0XB0”，选择好后，单击“添加”按钮，如图 2.9 所示。

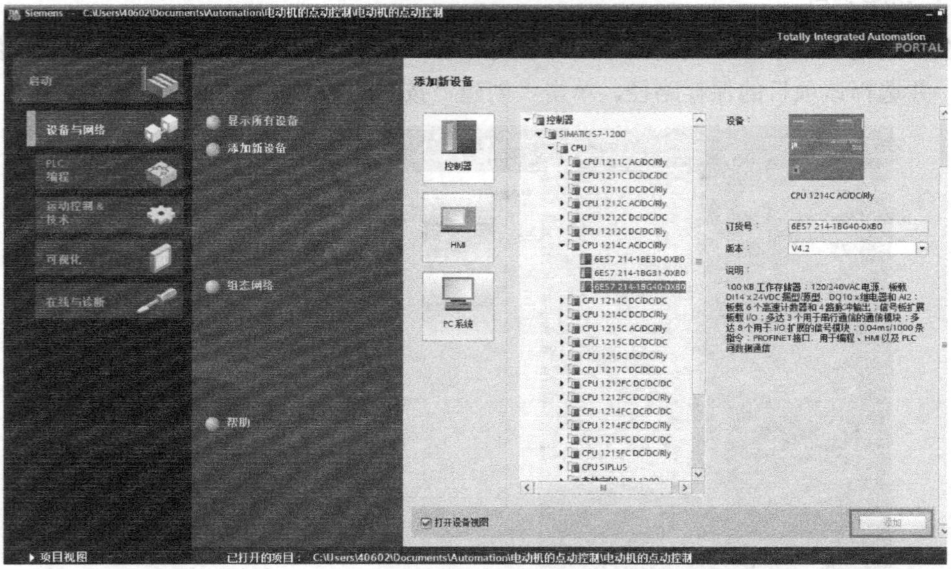

图 2.9　添加 CPU

（3）添加通信板。在进入界面后，需对通信板继续进行组态，在右侧“硬件目录”列表中选择“通信板”选项，型号选择“CB 1241(RS485)”，订货号选择“6ES7 241-1CH30-1XBO”，如图 2.10 所示，双击该订货号。

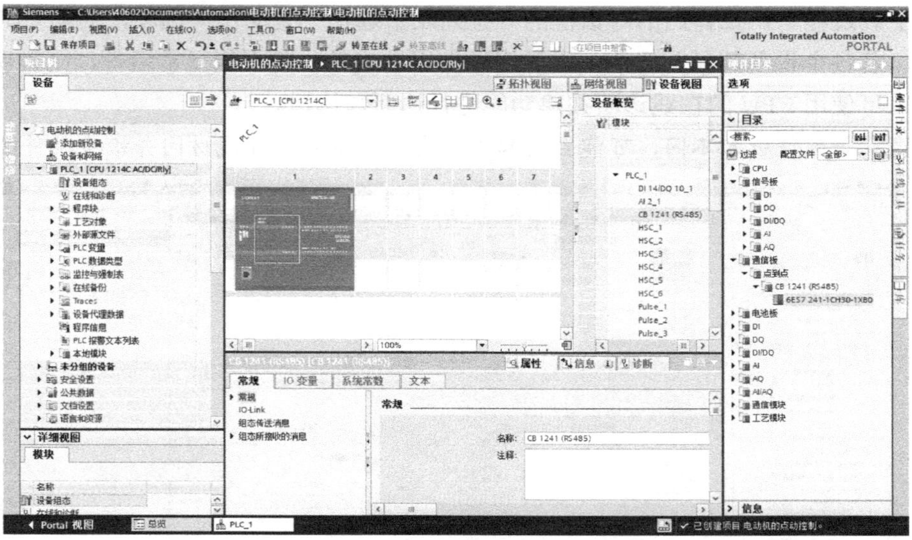

图 2.10　添加通信板

（4）设置以太网地址。在“项目树”窗格中选择“PLC_1”选项，再单击检查器窗口的“属性”选项卡，在“常规”列表中选择“以太网地址”选项，并配置网络，将 IP 地址设置为“192.168.0.1”，将子网掩码设置为“255.255.255.0”，如图 2.11 所示。

注意：在与其他 PLC 通信时，2 个 PLC 网址的前 3 个数字应相同，最后 1 个数字应不同。

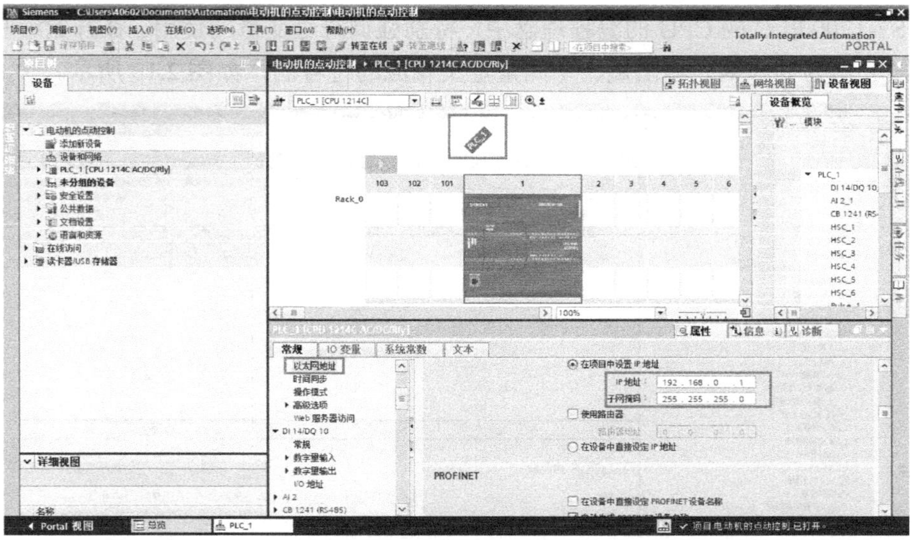

图 2.11　设置以太网地址

（5）硬件组态下载。在常用工具栏中单击“下载到设备”按钮，弹出图 2.12 所示的下载界面，将 PG/PC 接口的类型设置为“PN/IE”，将 PG/PC 接口设置为实际的连接以太网的网卡名称，从“PG/PC 接口”的下拉列表中选择对应的网卡，单击“开始搜索”按钮，待搜索到 PLC 后，从“选择目标设备”区中找到“PLC_1”选项并选择，单击“下载”按钮。在下载过程中，在弹出的对话框的下拉列表中选择“无动作”选项，启动 PLC。下载完成后，若各个设备都显示绿色，则说明硬件组态成功；若不能正常运行，则说明硬件组态错误，可使用 CPU 的在线诊断共建功能进行诊断与排错。

注意：若硬件版本不同，可能会引起下载失败，这时可在线访问并检查硬件版本。

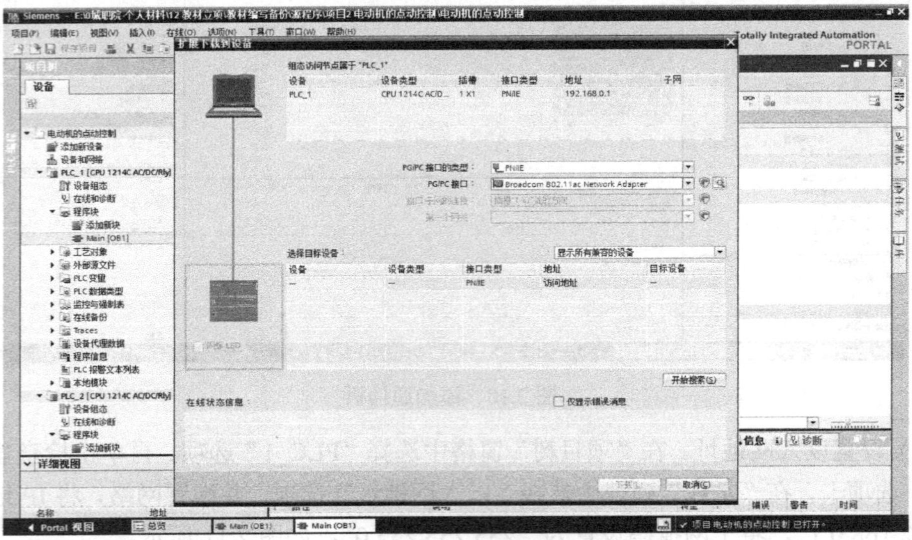

图 2.12　下载界面

3. 编辑变量

在 S7-1200 PLC 的 CPU 的编程理念中，特别强调符号变量的使用。在开始编写程序之前，用户应当为输入量、输出量、中间量定义相应的符号名，如图 2.13 所示。

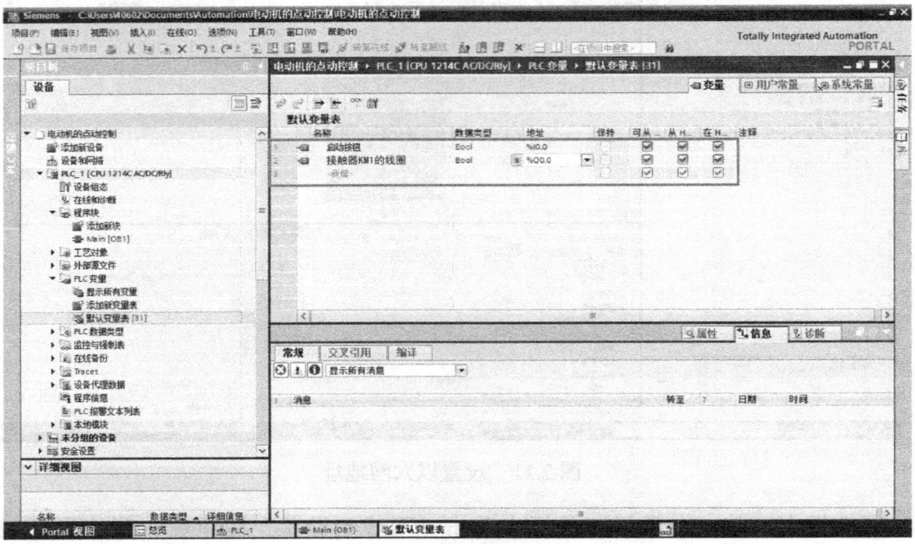

图 2.13　编辑变量

4. 编写程序

在“项目树”窗格中选择“PLC_1[CPU 1214C AC/AC/Rly]”→“程序块”→“Main[OB1]”选项，打开项目视图中的主程序，进入程序编辑界面，如图 2.14 所示。

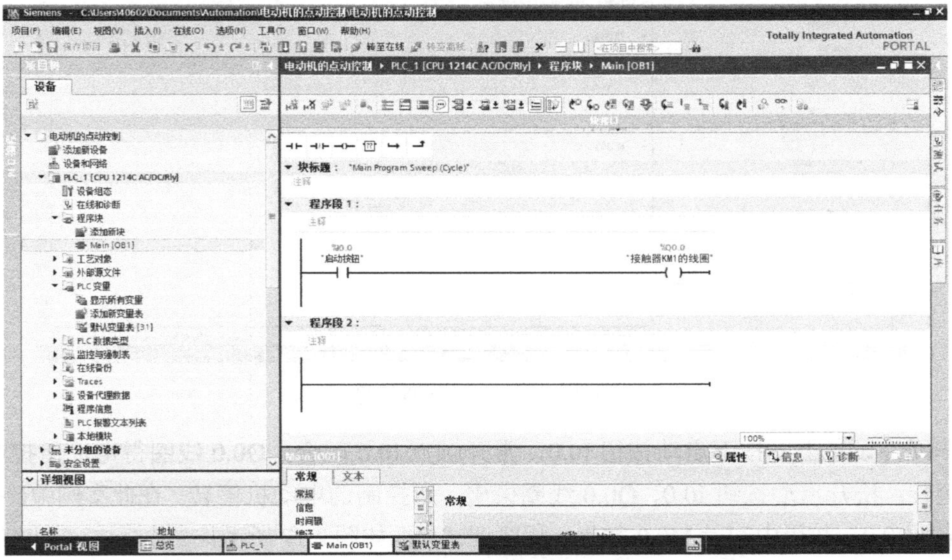

图 2.14　程序编辑界面

5. 下载程序

选择程序块，在常用工具栏中单击“下载到设备”按钮，将程序块装载到 PLC 中，如图 2.15 所示。

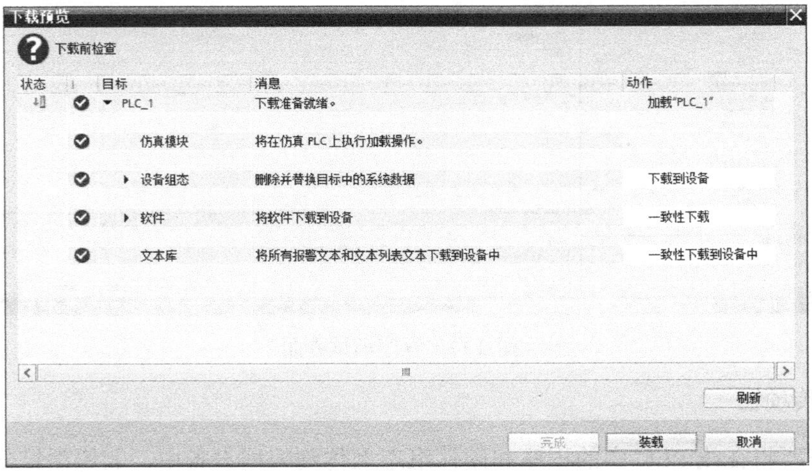

图 2.15　程序下载界面

6. 调试程序

单击工具栏中的“转到在线”按钮和“启用/禁用监视”按钮，进入程序运行监视界面，如图 2.16 所示。

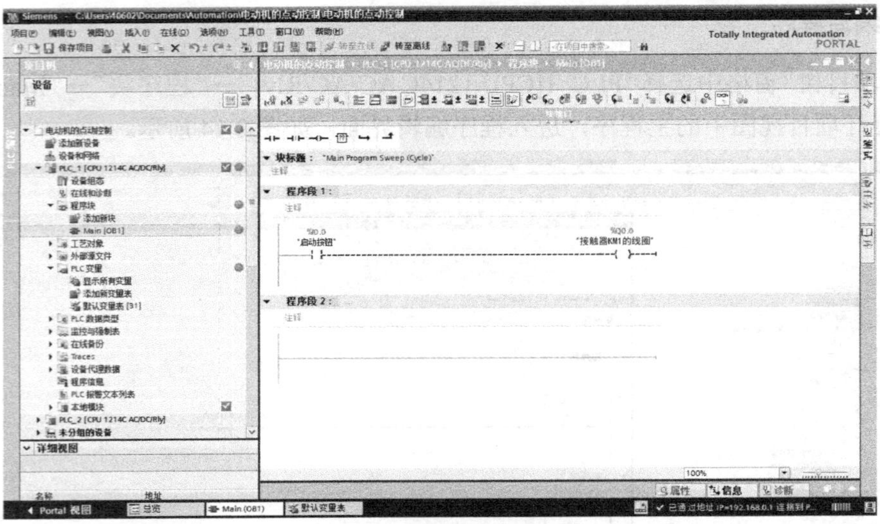

图 2.16　程序运行监视界面

在硬件设备上，按下启动按钮 I0.0，常开触点 I0.0 闭合，Q0.0 线圈得电，所控制的电动机运转；松开启动按钮 I0.0，Q0.0 线圈失电，所控制的电动机停转。在此案例中，因未接启动按钮 I0.0，故用中间量 M0.0 替代。程序调试界面如图 2.17 所示。

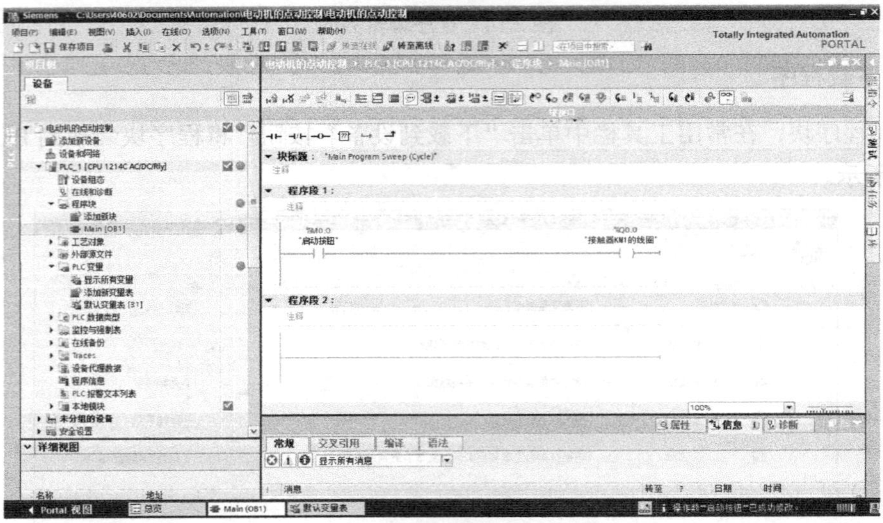

图 2.17　程序调试界面

7. 上传项目

有时需要将在线 PLC 中的程序和硬件组态上传到编程设备中，上传项目分两步：第一步是上传硬件配置，第二步是上传程序。

（1）上传硬件配置。打开 TIA 博途软件，创建一个新项目，为项目命名，并选择项目存储路径，进入项目视图；添加一个新设备，选择“非特定的 CUP 1200”选项，而不是选择具体的 CPU，如图 2.18 所示。在进入界面后，选择“获取”命令，如图 2.19 所示，即可进入图 2.20 所示的界面来检测硬件。

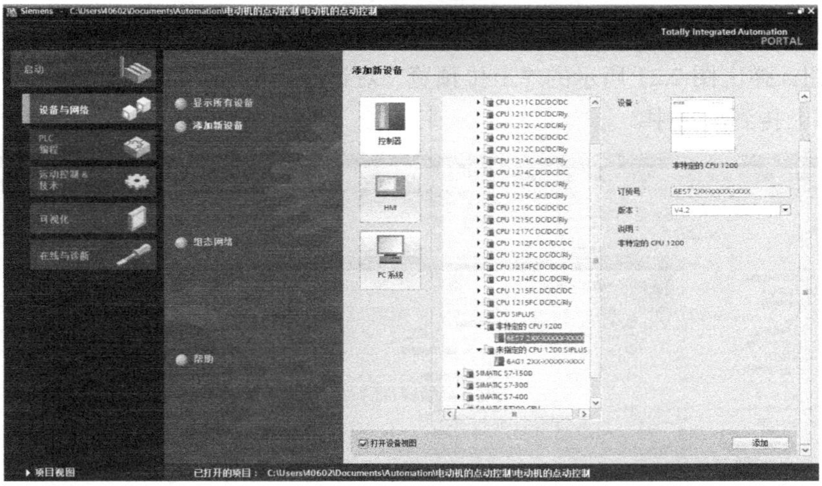

图 2.18　添加新设备

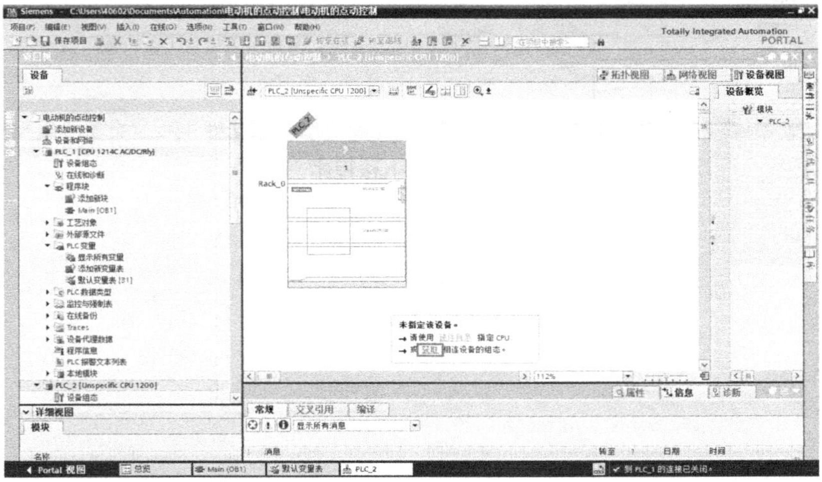

图 2.19　获取硬件设备

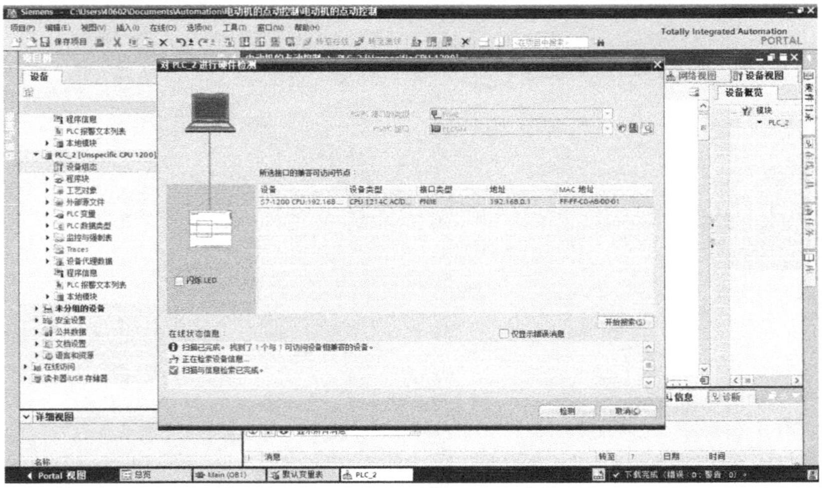

图 2.20　检测硬件界面

（2）上传程序。在工具栏中单击“转到在线”按钮，这时“上传”工具有效。单击“上传”按钮，弹出图 2.21 所示的“上传预览”对话框，单击“从设备中上传”按钮，即可将程序全部上传到项目中。

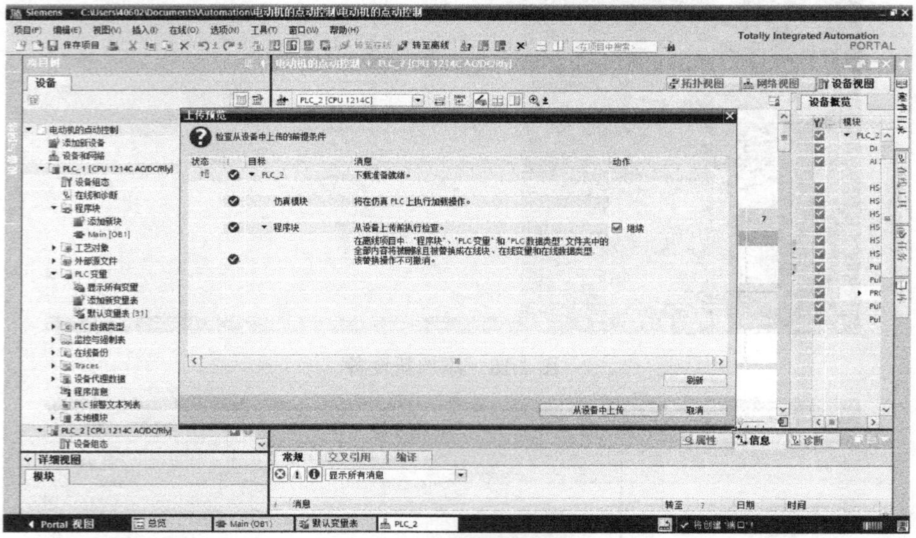

图 2.21　上传程序

模块 2　西门子 S7-1200 PLC 的初级应用

项目 3　三相异步电动机连续运行控制

知识目标

（1）理解三相异步电动机连续运行控制的原理。
（2）掌握 S7-1200 PLC 常开指令、常闭指令的使用方法。
（3）掌握 S7-1200 PLC 取反指令的使用方法。
（4）掌握 S7-1200 PLC 线圈指令、取反线圈指令的使用方法。

能力目标

（1）能设计出三相异步电动机连续运行 PLC 控制的电气系统图。
（2）能用 TIA 博途软件编写及调试三相异步电动机连续运行控制 PLC 程序。
（3）能实现三相异步电动机连续运行的 PLC 控制。
（4）能排除程序调试过程中出现的故障。

素质目标

（1）激发学生在学习过程中的自主探究意识。
（2）培养学生按国家标准或行业标准从事专业技术活动的职业习惯。
（3）提升学生综合运用专业知识的能力，培养学生精益求精的工匠精神。
（4）提升学生的团队协作能力和沟通能力。

3.1　项目导入

请你和组员一起设计一个三相异步电动机（额定电压是 AC 380V）连续运行控制系统。该电气系统必须具有必要的短路保护、过载保护等功能。具体控制要求如下：

（1）按下启动按钮 SB2，交流接触器 KM 的线圈得电，交流接触器主触点吸合，三相异步电动机单向运转。

（2）按下停止按钮 SB1，交流接触器 KM 的线圈失电，交流接触器主触点断开，三相异步电动机马上停止运行，并且系统复位。

3.2 项目分析

由上述控制要求可知，发出命令的元器件分别为启动按钮、停止按钮、热继电器的触点，将它们产生的信号作为 PLC 的输入量；执行命令的元器件是交流接触器，通过它的主触点，可以将三相异步电动机与三相交流电源接通，从而实现三相异步电动机的连续运行控制，将交流接触器线圈产生的信号作为 PLC 的输出量。按下启动按钮，交流接触器的线圈得电；松开启动按钮，交流接触器的线圈仍得电，这就像继电器-接触器控制系统一样，需要在软件中增加自锁环节。当按下停止按钮或电动机过载时，电动机会停止运行，这也像继电器-接触器控制系统一样，需要在软件中的输出线圈指令前进行串联停止按钮和热继电器触点的操作，即在按下停止按钮或电动机过载时将相应触点断开，使输出线圈失电。

3.3 相关知识

1. 三相异步电动机连续运行的继电器-接触器控制

三相异步电动机连续运行的继电器-接触器控制系统的电路图如图 3.1 所示。启动时，闭合低压断路器 QF，当按下启动按钮 SB2 时，交流接触器 KM 的线圈得电，其主触点闭合，电动机接入三相电源而启动。同时，与启动按钮 SB2 并联的交流接触器 KM 的常开辅助触点闭合并形成自锁，使交流接触器 KM 的线圈有两条路通电，这样即使松开启动按钮 SB2，交流接触器 KM 的线圈仍可通过自身的辅助触点继续通电，保持电动机的连续运行。

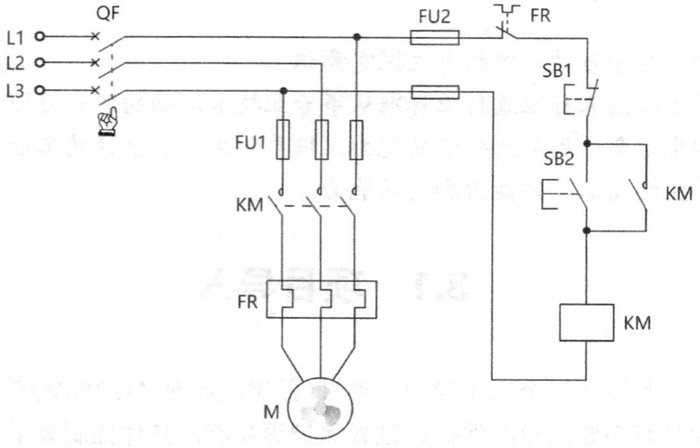

图 3.1　三相异步电动机连续运行的继电器-接触器控制系统的电路图

2．常开指令与常闭指令

常开指令与常闭指令的指令符号和功能说明如表 3.1 所示。

表 3.1　常开指令与常闭指令的指令符号和功能说明

指令	指令符号	功能说明
常开指令	<??.?> -| |-	当指定的位为 1 时,常开触点闭合；当指定的位为 0 时，常开触点断开
常闭指令	<??.?> -|/|-	当指定的位为 1 时,常闭触点断开；当指定的位为 0 时，常闭触点闭合

将两个常开触点或常闭触点串联会进行“与”运算，将两个常开触点或常闭触点并联会进行“或”运算。

3．取反指令

取反指令的指令符号和功能说明如表 3.2 所示。

表 3.2　取反指令的指令符号和功能说明

指令	指令符号	功能说明
取反指令	-| NOT |-	该指令用于对存储器位取反，当 NOT 触点左侧为 1、右侧为 0 时，能流不能传递到 NOT 触点右侧，输出为低电平；当 NOT 触点左侧为 0、右侧为 1 时，能流通过 NOT 触点向右传递，输出为高电平

4．线圈指令和取反线圈指令

线圈指令和取反线圈指令的指令符号和功能说明如表 3.3 所示。

表 3.3　线圈指令和取反线圈指令的指令符号和功能说明

指令	指令符号	功能说明
线圈指令	<??.?> -( )-	当左侧触点的逻辑运算结果为 1 时，CPU 将线圈的位地址指定的过程映像寄存器的位置 1；当左侧触点的逻辑运算结果为 0 时，CPU 将线圈的位地址指定的过程映像寄存器的位置 0
取反线圈指令	<??.?> -(/)-	当左侧触点的逻辑运算结果为 0 时，CPU 将线圈的位地址指定的过程映像寄存器的位置 1；当左侧触点的逻辑运算结果为 1 时，CPU 将线圈的位地址指定的过程映像寄存器的位置 0

3.4　项目实施

1．岗位派工

为达到控制要求，本项目引入技术员、工艺员和质量监督员三个岗位。请各小组成员分别扮演其中一个岗位角色，并参与项目实施。各岗位工作任务如表 3.4 所示，请各岗位人员按要求完成任务，并在本项目的实训工单中做好记录。

表 3.4　各岗位工作任务

岗位名称	角色任务
技术员（硬件）	（1）在实训工单上画出三相异步电动机连续运行控制 I/O 分配表。 （2）使用绘图工具或软件绘制主电路、控制电路的接线图。 （3）安装元器件，完成电路的接线。 （4）与负责软件部分的技术员一起完成项目的调试。 （5）场地 6S 整理
技术员（软件）	（1）在 TIA 博途软件中，对 PLC 变量进行定义。 （2）编写三相异步电动机连续运行控制 PLC 程序。 （3）下载程序，与负责硬件部分的技术员一起完成项目的调试。 （4）场地 6S 整理
工艺员	（1）依据项目控制要求撰写小组决策计划。 （2）编写项目调试工艺流程。 （3）与负责硬件部分的技术员一起完成低压电气设备的选型。 （4）解决现场工艺问题，负责施工过程中工艺问题的预防与纠偏。 （5）场地 6S 整理
质量监督员	（1）监督项目施工过程中各岗位的爱岗敬业情况。 （2）监督各岗位工作完成质量的达标情况。 （3）完成项目评分表的填写。 （4）总结所监督对象的工作过程情况，完成质量报告的撰写。 （5）场地 6S 检查

2. 硬件电路设计与安装接线

1）I/O 分配

根据项目分析，对 PLC 的输入量、输出量进行分配，如表 3.5 所示。

表 3.5　三相异步电动机连续运行控制 I/O 分配表

输入端		输出端	
PLC 接口	元器件	PLC 接口	元器件
I0.0	热继电器 FR	Q0.0	交流接触器 KM
I0.1	停止按钮 SB1		
I0.2	启动按钮 SB2		

2）控制电路接线图

结合 PLC 的 I/O 分配表，设计三相异步电动机连续运行的控制电路接线图，如图 3.2 所示。

3）安装元器件并连接电路

根据图 3.1 和图 3.2 安装元器件并连接电路。每接完一个电路，都要对电路进行一次必要的检查，以免出现严重的损坏。重点可从主电路有无短路现象，控制电路中的 PLC 电源部分、输入端和输出端部分有无短路现象，各接触器的触点是否接错，以及 I/O 口是否未按 I/O 分配表进行分配等方面进行检查。

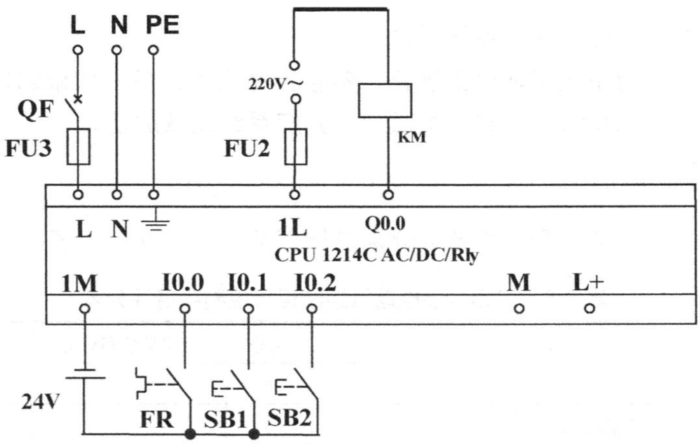

图 3.2　三相异步电动机连续运行的控制电路接线图

3. 软件设计

1）PLC 变量的定义

根据 I/O 分配表，三相异步电动机连续运行控制 PLC 变量表如图 3.3 所示。

默认变量表

	名称	数据类型	地址 ▲	保持	可从 ...	从 H...	在 H...	注释
1	热继电器FR	Bool	%I0.0	☐	☑	☑	☑	
2	停止按钮SB1	Bool	%I0.1	☐	☑	☑	☑	
3	启动按钮SB2	Bool	%I0.2	☐	☑	☑	☑	
4	交流接触器KM	Bool	%Q0.0	☐	☑	☑	☑	
5	<新增>			☐	☑	☑	☑	

图 3.3　三相异步电动机连续运行控制 PLC 变量表

2）梯形图的设计

根据控制要求，编写三相异步电动机连续运行控制 PLC 梯形图，如图 3.4 所示。

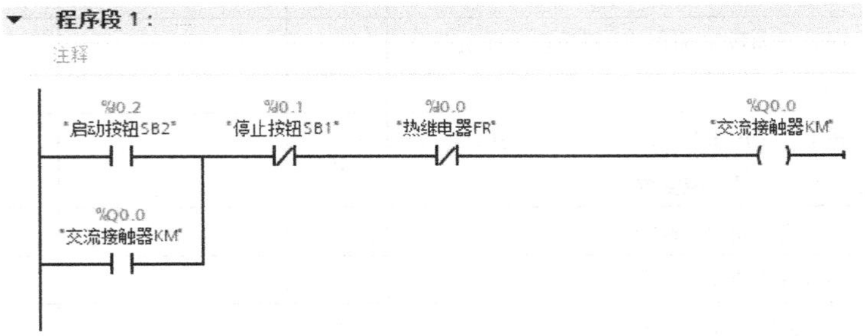

图 3.4　三相异步电动机连续运行控制 PLC 梯形图

4. 调试运行

下载程序，并按以下步骤进行调试：

（1）系统上电后，三相异步电动机处于停止状态。

（2）按下启动按钮 SB2，交流接触器 KM 的线圈得电，交流接触器主触点吸合，三相异步电动机单向运转，松开启动按钮 SB2，三相异步电动机仍然转动。

（3）按下停止按钮 SB1，交流接触器 KM 的线圈失电，交流接触器主触点断开，三相异步电动机马上停止运行，并且系统复位。

如果调试时，你的系统出现以上现象，恭喜你完成了任务；如果调试时，你的系统没有出现以上现象，请你和组员一起分析原因，并把系统调试成功。

5. 考核评分

完成任务后，由质量监督员和教师分别进行任务评价，并填写表 3.6。

表 3.6　三相异步电动机连续运行控制项目评分表

项目	评分点	配分	质量监督员评分	教师评分	备注
控制系统电路设计	主电路接线图设计正确	5			
	控制电路接线图设计正确	5			
	导线颜色和线号标注正确	2			
	绘制的电气系统图美观	3			
	电气元件的图形符号符合标准	5			
控制系统电路布置、连接工艺与调试	低压电气元件安装布局合理	5			
	电气元件安装牢固	3			
	接线头工艺美观、牢固，且无露铜过长现象	5			
	线槽工艺规范，所有连接线垂直进线槽，无明显斜向进线槽	2			
	导线颜色正确，线径选择正确	3			
	整体布线规范、美观	5			
控制功能实现	系统初步上电安全检查，上电后，初步检测的结果为各电气元件正常工作	2			
	按下启动按钮 SB2，三相异步电动机单向运转	10			
	松开启动按钮 SB2，三相异步电动机仍然转动	5			
	按下停止按钮 SB1，三相异步电动机马上停止运行，并且系统复位	10			
职业素养	小组成员间沟通顺畅	3			
	小组有决策计划	5			
	小组内部各岗位分工明确	2			
	安装完成后，工位无垃圾	5			
	职业操守好，完工后，工具和配件摆放整齐	5			
安全事项	在安装过程中，无损坏元器件及人身伤害现象	5			
	在通电调试过程中，无短路现象	5			
评分合计					

3.5　实训工单

请你和组员一起按照所扮演的岗位角色，填写好如下实训工单。

项目 3　实训工单（1）

<table>
<tr><td>项目名称</td><td colspan="5">三相异步电动机连续运行控制</td></tr>
<tr><td>派工岗位</td><td>技术员（硬件）</td><td>施工地点</td><td></td><td>施工时间</td><td></td></tr>
<tr><td>学生姓名</td><td></td><td>班级</td><td></td><td>学号</td><td></td></tr>
<tr><td>班组名称</td><td>电气施工____组</td><td>同组成员</td><td colspan="3"></td></tr>
<tr><td>实训目标</td><td colspan="5">（1）能设计出三相异步电动机连续运行 PLC 控制的电气系统图。
（2）能用 TIA 博途软件编写及调试三相异步电动机连续运行控制 PLC 程序。
（3）能实现三相异步电动机连续运行的 PLC 控制。
（4）能排除程序调试过程中出现的故障</td></tr>
<tr><td colspan="6">一、项目控制要求</td></tr>
<tr><td colspan="6">（1）按下启动按钮 SB2，交流接触器 KM 的线圈得电，交流接触器主触点吸合，三相异步电动机单向运转。
（2）按下停止按钮 SB1，交流接触器 KM 的线圈失电，交流接触器主触点断开，三相异步电动机马上停止运行，并且系统复位</td></tr>
<tr><td colspan="6">二、接受岗位任务</td></tr>
<tr><td colspan="6">（1）在实训工单上画出三相异步电动机连续运行控制 I/O 分配表。
（2）使用绘图工具或软件绘制主电路、控制电路的接线图。
（3）安装元器件，完成电路的接线。
（4）与负责软件部分的技术员一起完成项目的调试。
（5）场地 6S 整理</td></tr>
<tr><td colspan="6">三、任务准备</td></tr>
<tr><td colspan="6">（1）实施平台：TIA 博途软件 V15.1、编程计算机、安装了西门子 S7-1200 系列 PLC 的实训台或实训单元等。
（2）穿戴设施：绝缘鞋、安全帽、工作服等。
（3）常用工具：电工钳、斜口钳、剥线钳、压线钳、一字螺丝刀、十字螺丝刀、万用表、多股铜芯线（BV-0.75）、冷压头、安装板、线槽、空气开关、按钮、热继电器、交流接触器等。
（4）技术材料：工作计划表、PLC 编程手册、相关电气安装标准手册等</td></tr>
<tr><td colspan="6">四、实施过程</td></tr>
<tr><td colspan="6">（1）画出 I/O 分配表。</td></tr>
</table>

续表

（2）绘制主电路、控制电路的接线图。   （3）展示电路接线完工图。   （4）展示系统调试成功效果图。

续表

五、遇到的问题及其解决措施	
遇到的问题： 解决措施：	
六、收获与反思	
收获： 反思：	
七、综合评分	

项目 3　实训工单（2）

<table>
<tr><td>项目名称</td><td colspan="5">三相异步电动机连续运行控制</td></tr>
<tr><td>派工岗位</td><td>技术员（软件）</td><td>施工地点</td><td></td><td>施工时间</td><td></td></tr>
<tr><td>学生姓名</td><td></td><td>班级</td><td></td><td>学号</td><td></td></tr>
<tr><td>班组名称</td><td>电气施工____组</td><td>同组成员</td><td colspan="3"></td></tr>
<tr><td>实训目标</td><td colspan="5">（1）能设计出三相异步电动机连续运行 PLC 控制的电气系统图。
（2）能用 TIA 博途软件编写及调试三相异步电动机连续运行控制 PLC 程序。
（3）能实现三相异步电动机连续运行的 PLC 控制。
（4）能排除程序调试过程中出现的故障</td></tr>
<tr><td colspan="6">一、项目控制要求</td></tr>
<tr><td colspan="6">（1）按下启动按钮 SB2，交流接触器 KM 的线圈得电，交流接触器主触点吸合，三相异步电动机单向运转。
（2）按下停止按钮 SB1，交流接触器 KM 的线圈失电，交流接触器主触点断开，三相异步电动机马上停止运行，并且系统复位</td></tr>
<tr><td colspan="6">二、接受岗位任务</td></tr>
<tr><td colspan="6">（1）在 TIA 博途软件中，对 PLC 变量进行定义。
（2）编写三相异步电动机连续运行控制 PLC 程序。
（3）下载程序，与负责硬件部分的技术员一起完成项目的调试。
（4）场地 6S 整理</td></tr>
<tr><td colspan="6">三、任务准备</td></tr>
<tr><td colspan="6">（1）实施平台：TIA 博途软件 V15.1、编程计算机、安装了西门子 S7-1200 系列 PLC 的实训台或实训单元等。
（2）穿戴设施：绝缘鞋、安全帽、工作服等。
（3）常用工具：电工钳、斜口钳、剥线钳、压线钳、一字螺丝刀、十字螺丝刀、万用表、多股铜芯线（BV-0.75）、冷压头、安装板、线槽、空气开关、按钮、热继电器、交流接触器等。
（4）技术材料：工作计划表、PLC 编程手册、相关电气安装标准手册等</td></tr>
<tr><td colspan="6">四、实施过程</td></tr>
<tr><td colspan="6">（1）对 PLC 变量进行定义。

（2）编写 PLC 程序。

</td></tr>
</table>

续表

（3）展示程序调试成功效果图。
五、遇到的问题及其解决措施
遇到的问题：   解决措施：
六、收获与反思
收获：   反思：

七、综合评分	

项目 3　实训工单（3）

<table>
<tr><td>项目名称</td><td colspan="5">三相异步电动机连续运行控制</td></tr>
<tr><td>派工岗位</td><td>工艺员</td><td>施工地点</td><td></td><td>施工时间</td><td></td></tr>
<tr><td>学生姓名</td><td></td><td>班级</td><td></td><td>学号</td><td></td></tr>
<tr><td>班组名称</td><td>电气施工____组</td><td>同组成员</td><td colspan="3"></td></tr>
<tr><td>实训目标</td><td colspan="5">（1）能设计出三相异步电动机连续运行 PLC 控制的电气系统图。
（2）能用 TIA 博途软件编写及调试三相异步电动机连续运行控制 PLC 程序。
（3）能实现三相异步电动机连续运行的 PLC 控制。
（4）能排除程序调试过程中出现的故障</td></tr>
<tr><td colspan="6">一、项目控制要求</td></tr>
<tr><td colspan="6">（1）按下启动按钮 SB2，交流接触器 KM 的线圈得电，交流接触器主触点吸合，三相异步电动机单向运转。
（2）按下停止按钮 SB1，交流接触器 KM 的线圈失电，交流接触器主触点断开，三相异步电动机马上停止运行，并且系统复位</td></tr>
<tr><td colspan="6">二、接受岗位任务</td></tr>
<tr><td colspan="6">（1）依据项目控制要求撰写小组决策计划。
（2）编写项目调试工艺流程。
（3）与负责硬件部分的技术员一起完成低压电气设备的选型。
（4）解决现场工艺问题，负责施工过程中工艺问题的预防与纠偏。
（5）场地 6S 整理</td></tr>
<tr><td colspan="6">三、任务准备</td></tr>
<tr><td colspan="6">（1）实施平台：TIA 博途软件 V15.1、编程计算机、安装了西门子 S7-1200 系列 PLC 的实训台或实训单元等。
（2）穿戴设施：绝缘鞋、安全帽、工作服等。
（3）常用工具：电工钳、斜口钳、剥线钳、压线钳、一字螺丝刀、十字螺丝刀、万用表、多股铜芯线（BV-0.75）、冷压头、安装板、线槽、空气开关、按钮、热继电器、交流接触器等。
（4）技术材料：工作计划表、PLC 编程手册、相关电气安装标准手册等</td></tr>
<tr><td colspan="6">四、实施过程</td></tr>
<tr><td colspan="6">（1）撰写小组决策计划。

（2）编写项目调试工艺流程。

</td></tr>
</table>

续表

（3）完成低压电气设备的选型。
（4）总结施工过程中工艺问题的预防与纠偏情况。
五、遇到的问题及其解决措施
遇到的问题： 解决措施：
六、收获与反思
收获： 反思：

七、综合评分	

项目3　实训工单（4）

项目名称	三相异步电动机连续运行控制				
派工岗位	质量监督员	施工地点		施工时间	
学生姓名		班级		学号	
班组名称	电气施工____组	同组成员			
实训目标	（1）能设计出三相异步电动机连续运行PLC控制的电气系统图。 （2）能用TIA博途软件编写及调试三相异步电动机连续运行控制PLC程序。 （3）能实现三相异步电动机连续运行的PLC控制。 （4）能排除程序调试过程中出现的故障				

一、项目控制要求

（1）按下启动按钮SB2，交流接触器KM的线圈得电，交流接触器主触点吸合，三相异步电动机单向运转。

（2）按下停止按钮SB1，交流接触器KM的线圈失电，交流接触器主触点断开，三相异步电动机马上停止运行，并且系统复位

二、接受岗位任务

（1）监督项目施工过程中各岗位的爱岗敬业情况。

（2）监督各岗位工作完成质量的达标情况。

（3）完成项目评分表的填写。

（4）总结所监督对象的工作过程情况，完成质量报告的撰写。

（5）场地6S检查

三、任务准备

（1）实施平台：TIA博途软件V15.1、编程计算机、安装了西门子S7-1200系列PLC的实训台或实训单元等。

（2）穿戴设施：绝缘鞋、安全帽、工作服等。

（3）常用工具：电工钳、斜口钳、剥线钳、压线钳、一字螺丝刀、十字螺丝刀、万用表、多股铜芯线（BV-0.75）、冷压头、安装板、线槽、空气开关、按钮、热继电器、交流接触器等。

（4）技术材料：工作计划表、PLC编程手册、相关电气安装标准手册等

四、实施过程

（1）监督项目施工过程中各岗位的爱岗敬业情况。

（2）监督各岗位工作完成质量的达标情况。

续表

（3）负责场地 6S 检查。   （4）完成项目评分表的评分。   （5）总结所监督对象的工作过程情况，简要撰写质量报告。
五、遇到的问题及其解决措施
遇到的问题：

续表

解决措施：	
六、收获与反思	
收获： 反思：	
七、综合评分	

项目 4　三相异步电动机正反转控制

知识目标

（1）理解三相异步电动机正反转控制的原理。

（2）掌握 S7-1200 PLC 置位指令、复位指令的使用方法。

（3）掌握 S7-1200 PLC 置位位域指令、复位位域指令的使用方法。

（4）掌握 S7-1200 PLC 置位优先触发器指令、复位优先触发器指令的使用方法。

能力目标

（1）能设计出三相异步电动机正反转 PLC 控制的电气系统图。

（2）能用 TIA 博途软件编写及调试三相异步电动机正反转控制 PLC 程序。

（3）能实现三相异步电动机正反转的 PLC 控制。

（4）能排除程序调试过程中出现的故障。

素质目标

（1）激发学生在学习过程中的自主探究意识。

（2）培养学生按国家标准或行业标准从事专业技术活动的职业习惯。

（3）提升学生综合运用专业知识的能力，培养学生精益求精的工匠精神。

（4）提升学生的团队协作能力和沟通能力。

4.1　项目导入

请你和组员一起设计一个三相异步电动机（额定电压是 AC 380V）正反转控制系统。该电气系统必须具有必要的短路保护、过载保护等功能。具体控制要求如下：

（1）按下正向启动按钮 SB2，三相异步电动机启动并正转。

（2）按下反向启动按钮 SB3，三相异步电动机由正转变为反转。

（3）按下停止按钮 SB1，三相异步电动机停止运行，且系统复位。

（4）正转和反转的启动顺序可以互换，运行期间，可以自由切换电动机的正、反向运行状态，不需按下停止按钮。

4.2 项目分析

由上述控制要求可知，发出命令的元器件分别为正向启动按钮、反向启动按钮、停止按钮、热继电器的触点，将它们产生的信号作为 PLC 的输入量；执行命令的元器件是正向、反向交流接触器，通过它们的主触点，可以将三相异步电动机与正、负序三相交流电源接通，从而实现三相异步电动机的正反转控制，将交流接触器线圈产生的信号作为 PLC 的输出量。若先按下正向启动按钮后，再按下反向启动按钮，电动机立即停止正向运行并切换到反向运行状态。同理，若先按下反向启动按钮，再按下正向启动按钮，电动机立即停止反向运行并切换到正向运行状态。这是怎样实现的呢？其实，上述功能在编写 PLC 控制程序时通过设置软件的互锁就可以实现，就像继电器-接触器控制系统设置机械互锁环节一样。但是，同时要在交流接触器上设计机械互锁，因为 PLC 转换的速度很快，一个交流接触器触点还没有完全分离，另一个交流接触器触点就已经吸合，使电路产生短路现象。在很多工程应用中，经常需要电动机可逆运行，即既能正转，又能反转，这就需要使电动机正转时不能接通反转电路，反转时不能接通正转电路，否则会造成电源短路。在继电器-接触器控制系统中，通常通过使用机械和电气互锁来实现这一目的。在 PLC 控制系统中，虽然可以通过软件实现互锁，即使正反两输出线圈不能同时得电，但不能从根本上杜绝电源短路现象的发生（如一个交流接触器的线圈失电，若其触点因熔焊不能分离，此时另一个交流接触器的线圈再得电，就会发生电源短路现象），所以必须在一个交流接触器的线圈回路中串联上另一个交流接触器的辅助常闭触点。在编程时，可以采用典型的启保停编程方式，也可以采用使用置位指令和复位指令的编程方式。

4.3 相关知识

1. 三相异步电动机正反转运行的继电器-接触器控制

图 4.1 所示为三相异步电动机正反转运行的继电器-接触器控制系统的电路图。启动时，闭合低压断路器 QF 后，当按下正向启动按钮 SB2 时，交流接触器 KM1 的线圈得电，其主触点闭合并为电动机引入三相正相电源，电动机 M 正向启动，交流接触器 KM1 的辅助常开触点闭合并实现自锁。同时，其辅助常闭触点断开并实现互锁。当需要反转时，按下反向启动按钮 SB3，交流接触器 KM1 的线圈断电，交流接触器 KM2 的线圈得电，交流接触器 KM2 的主触点闭合为电动机引入三相反相电源，电动机反向启动。同样，交流接触器 KM2 的辅助常开触点闭合，实现自锁。同时，其辅助常闭触点断开并实现互锁。无论电动机处于正转还是反转状态，按下停止按钮 SB1 后，电动机都将停止运行。

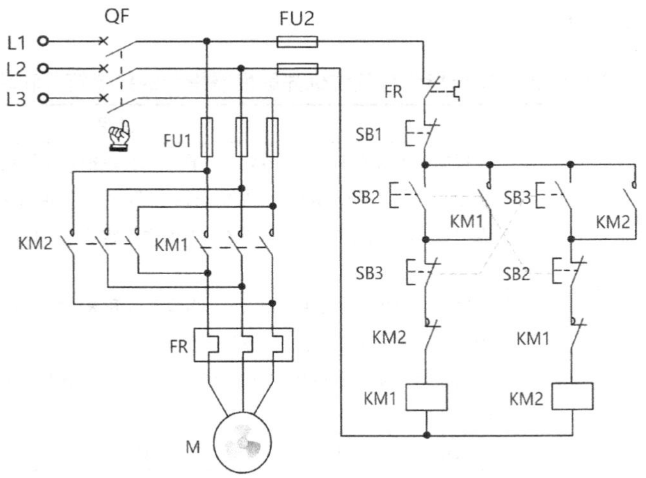

图 4.1　三相异步电动机正反转运行的继电器-接触器控制系统的电路图

由图 4.1 可以看出，交流接触器 KM1 和 KM2 的线圈不能同时得电，否则三相电源将短路。为此，将电路中一个交流接触器的常闭触点串联在另一个交流接触器的线圈回路中，形成电气互锁，使电路工作可靠。采用按钮 SB1 和 SB2 的常闭触点，目的是使电动机正转、反转能直接切换，操作方便，并能起到机械互锁的目的。

2. 置位指令与复位指令

置位指令与复位指令的指令符号和功能说明如表 4.1 所示。

表 4.1　置位指令与复位指令的指令符号和功能说明

指令	指令符号	功能说明
置位指令	<??.?> -(S)-	在执行置位（置 1）指令时，将指定操作数的信号状态置位为“1”
复位指令	<??.?> -(R)-	在执行复位（置 0）指令时，将指定操作数的信号状态复位为“0”

3. 置位位域指令与复位位域指令

置位位域指令与复位位域指令的指令符号和功能说明如表 4.2 所示。

表 4.2　置位位域指令与复位位域指令的指令符号和功能说明

指令	指令符号	功能说明
置位位域指令	<??.?> -(SET_BF)- <???>	将从指定地址开始的连续的若干个位地址置位为“1”并保持
复位位域指令	<??.?> -(RESET_BF)- <???>	将从指定地址开始的连续的若干个位地址复位为“0”并保持

4. 置位优先触发器指令与复位优先触发器指令

置位优先触发器指令与复位优先触发器指令的指令符号和功能说明如表 4.3 所示，两个指令的功能表如表 4.4 所示。

表 4.3　置位优先触发器指令与复位优先触发器指令的指令符号和功能说明

指令	指令符号	功能说明
复位优先触发器指令	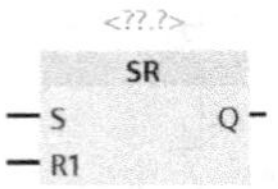	根据输入 S 和 R1 的信号状态，置位或复位指定操作数的位。如果输入 S 的信号状态为“1”且输入 R1 的信号状态为“0”，则将指定的操作数置位为“1”；如果输入 S 的信号状态为“0”且输入 R1 的信号状态为“1”，则将指定的操作数复位为“0”。 输入 R1 的优先级高于输入 S。当输入 S 和 R1 的信号状态均为“1”时，将指定操作数的信号状态复位为“0”。 如果两个输入 S 和 R1 的信号状态都为“0”，则不会执行该指令。因此，操作数的信号状态保持不变。 操作数的当前信号状态被传送到输出 Q，并可在此进行查询
置位优先触发器指令	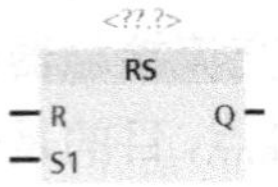	根据输入 R 和 S1 的信号状态，复位或置位指定操作数的位。如果输入 R 的信号状态为“1”且输入 S1 的信号状态为“0”，则指定的操作数复位为“0”；如果输入 R 的信号状态为“0”且输入 S1 的信号状态为“1”，则将指定的操作数置位为“1”。 输入 S1 的优先级高于输入 R。当输入 R 和 S1 的信号状态均为“1”时，将指定操作数的信号状态置位为“1”。 如果两个输入 R 和 S1 的信号状态都为“0”，则不会执行该指令。因此，操作数的信号状态保持不变。 操作数的当前信号状态被传送到输出 Q，并可在此进行查询

表 4.4　复位优先触发器指令与置位优先触发器指令的功能表

复位优先触发器指令			置位优先触发器指令		
S	R1	输出状态	R	S1	输出状态
0	0	不执行指令	0	0	不执行指令
0	1	0	0	1	1
1	0	1	1	0	0
1	1	0	1	1	1

5．边沿触发指令与边沿线圈指令

边沿触发指令分为上升沿触发指令和下降沿触发指令两种，边沿线圈指令分为上升沿线圈指令和下降沿线圈指令两种。边沿触发指令与边沿线圈指令的指令符号和功能说明如表 4.5 所示。

表 4.5　边沿触发指令与边沿线圈指令的指令符号和功能说明

指令	指令符号	功能说明
上升沿触发指令	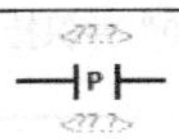	当检测到信号上升沿时，<操作数 1>的信号状态将在一个程序周期内保持置位为“1”。在其他任何情况下，操作数的信号状态均为“0”
下降沿触发指令	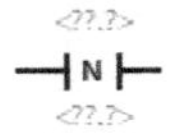	当检测到信号下降沿时，<操作数 1> 的信号状态将在一个程序周期内保持置位为“1”。在其他任何情况下，操作数的信号状态均为“0”

续表

指令	指令符号	功能说明
上升沿线圈指令	<??.?> —(P)— <??.?>	线圈输入的信号状态从“0”变为“1”（信号上升沿），将操作数（<操作数 1>）置位一个程序周期。在其他任何情况下，操作数（<操作数 1>）的信号状态均为“0”
下降沿线圈指令	<??.?> —(N)— <??.?>	线圈输入的信号状态从“1”变为“0”（信号下降沿），将操作数（<操作数 1>）置位一个程序周期。在其他任何情况下，操作数（<操作数 1>）的信号状态均为“0”

4.4　项目实施

1．岗位派工

为达到控制要求，本项目引入技术员、工艺员和质量监督员三个岗位。请各小组成员分别扮演其中一个岗位角色，并参与项目实施。各岗位工作任务如表 4.6 所示，请各岗位人员按要求完成任务，并在本项目的实训工单中做好记录。

表 4.6　各岗位工作任务

岗位名称	角色任务
技术员（硬件）	（1）在实训工单上画出三相异步电动机正反转控制 I/O 分配表。 （2）使用绘图工具或软件绘制主电路、控制电路的接线图。 （3）安装元器件，完成电路的接线。 （4）与负责软件部分的技术员一起完成项目的调试。 （5）场地 6S 整理
技术员（软件）	（1）在 TIA 博途软件中，对 PLC 变量进行定义。 （2）编写三相异步电动机正反转控制 PLC 程序。 （3）下载程序，与负责硬件部分的技术员一起完成项目的调试。 （4）场地 6S 整理
工艺员	（1）依据项目控制要求撰写小组决策计划。 （2）编写项目调试工艺流程。 （3）与负责硬件部分的技术员一起完成低压电气设备的选型。 （4）解决现场工艺问题，负责施工过程中工艺问题的预防与纠偏。 （5）场地 6S 整理
质量监督员	（1）监督项目施工过程中各岗位的爱岗敬业情况。 （2）监督各岗位工作完成质量的达标情况。 （3）完成项目评分表的填写。 （4）总结所监督对象的工作过程情况，完成质量报告的撰写。 （5）场地 6S 检查

2．硬件电路设计与安装接线

1）I/O 分配

根据项目分析，对 PLC 的输入量、输出量进行分配，如表 4.7 所示。

表 4.7　三相异步电动机正反转控制 I/O 分配表

输入端		输出端	
PLC 接口	元器件	PLC 接口	元器件
I0.0	停止按钮 SB1	Q0.0	正向交流接触器 KM1
I0.1	正向启动按钮 SB2	Q0.1	反向交流接触器 KM2
I0.2	反向启动按钮 SB3		
I0.3	热继电器 FR		

2）控制电路接线图

结合 PLC 的 I/O 分配表，设计三相异步电动机正反转的控制电路接线图，如图 4.2 所示。

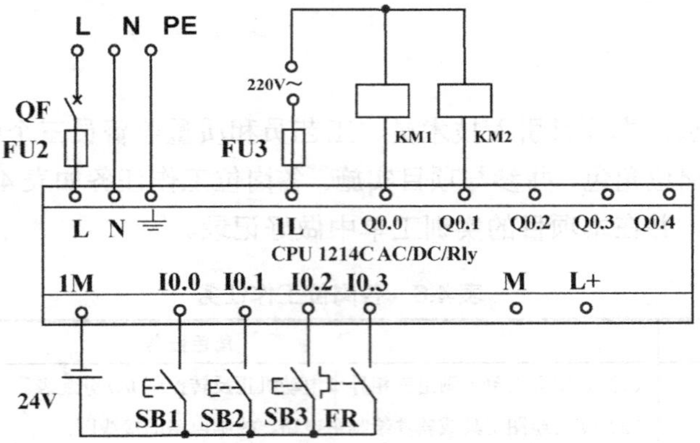

图 4.2　三相异步电动机正反转的控制电路接线图

3）安装元器件并连接电路

根据图 4.1 和图 4.2 安装元器件并连接电路。每接完一个电路，都要对电路进行一次必要的检查，以免出现严重的损坏。重点可从主电路有无短路现象，控制电路中的 PLC 电源部分、输入端和输出端部分有无短路现象，各接触器的触点是否接错，以及 I/O 口是否未按 I/O 分配表进行分配等方面进行检查。

3．软件设计

1）PLC 变量的定义

根据 I/O 分配表，三相异步电动机正反转控制 PLC 变量表如图 4.3 所示。

默认变量表

	名称	数据类型	地址	保持	可从 ...	从 H...	在 H...
1	停止按钮SB1	Bool	%I0.0	☐	☑	☑	☑
2	正向启动按钮SB2	Bool	%I0.1	☐	☑	☑	☑
3	反向启动按钮SB3	Bool	%I0.2	☐	☑	☑	☑
4	热继电器FR	Bool	%I0.3	☐	☑	☑	☑
5	正向交流接触器KM1	Bool	%Q0.0	☐	☑	☑	☑
6	反向交流接触器KM2	Bool	%Q0.1	☐	☑	☑	☑
7	中间继电器1	Bool	%M10.0	☐	☑	☑	☑
8	中间继电器2	Bool	%M10.2	☐	☑	☑	☑
9	<新增>			☐	☑	☑	☑

图 4.3　三相异步电动机正反转控制 PLC 变量表

2）梯形图的设计

根据控制要求，编写三相异步电动机正反转控制 PLC 梯形图，如图 4.4 所示。

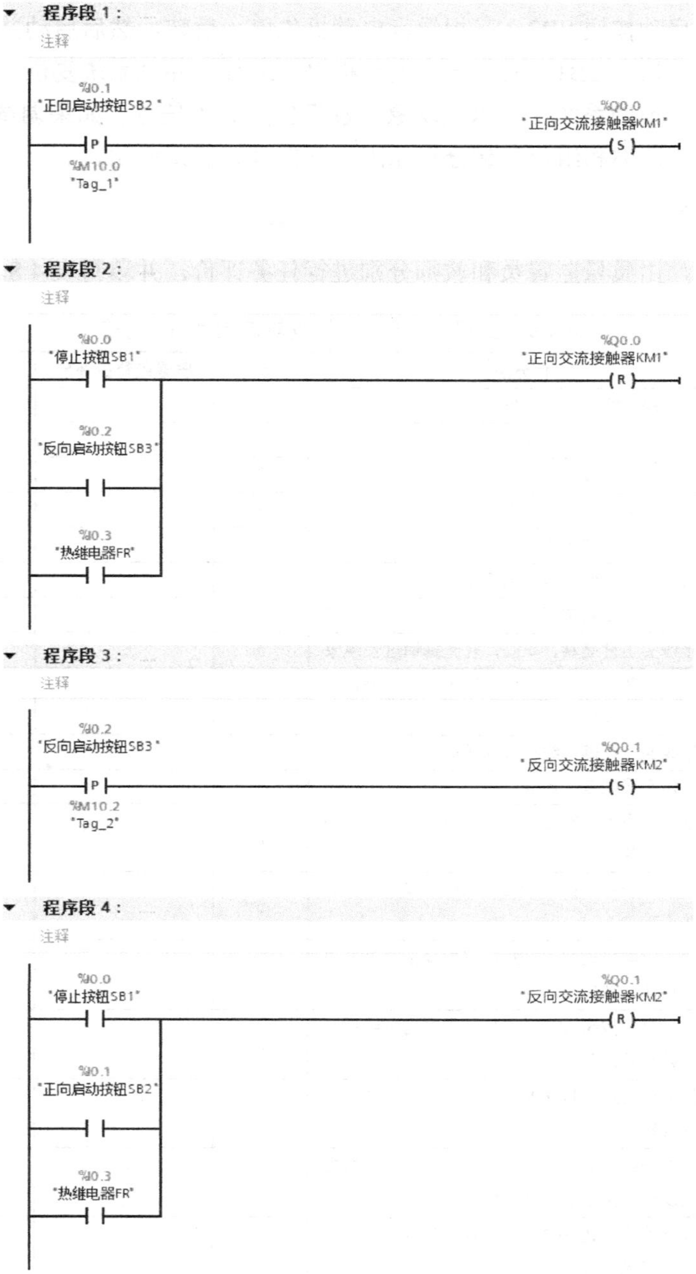

图 4.4　三相异步电动机正反转控制 PLC 梯形图

4．调试运行

下载程序，并按以下步骤进行调试：

（1）按下正向启动按钮 SB2，三相异步电动机启动并正转。

（2）按下反向启动按钮 SB3，三相异步电动机先停止正转，然后启动并反转。

（3）按下停止按钮 SB1，三相异步电动机停止运行，并且系统复位。

（4）按下反向启动按钮 SB3，三相异步电动机启动并反转。

（5）按正向启动按钮 SB2，三相异步电动机先停止反转，然后启动并正转。

（6）按下停止按钮 SB1，三相异步电动机停止运行，并且系统复位。

如果调试时，你的系统出现以上现象，恭喜你完成了任务；如果调试时，你的系统没有出现以上现象，请你和组员一起分析原因，并把系统调试成功。

5．考核评分

完成任务后，由质量监督员和教师分别进行任务评价，并填写表 4.8。

表 4.8　三相异步电动机正反转控制项目评分表

项目	评分点	配分	质量监督员评分	教师评分	备注
控制系统电路设计	主电路接线图设计正确	5			
	控制电路接线图设计正确	5			
	导线颜色和线号标注正确	2			
	绘制的电气系统图美观	3			
	电气元件的图形符号符合标准	5			
控制系统电路布置、连接工艺与调试	低压电气元件安装布局合理	5			
	电气元件安装牢固	3			
	接线头工艺美观、牢固，且无露铜过长现象	5			
	线槽工艺规范，所有连接线垂直进线槽，无明显斜向进线槽	2			
	导线颜色正确，线径选择正确	3			
	整体布线规范、美观	5			
控制功能实现	系统初步上电安全检查，上电后，初步检测的结果为各电气元件正常工作	2			
	按下正向启动按钮 SB2，三相异步电动机启动并正转	5			
	按下反向启动按钮 SB3，三相异步电动机先停止正转，然后启动并反转	5			
	按下停止按钮 SB1，三相异步电动机停止运行，并且系统复位	2			
	按下反向启动按钮 SB3，三相异步电动机启动并反转	5			
	按下正向启动按钮 SB2，三相异步电动机先停止反转，然后启动并正转	5			
	按下停止按钮 SB1，三相异步电动机停止运行，并且系统复位	3			
职业素养	小组成员间沟通顺畅	3			
	小组有决策计划	5			
	小组内部各岗位分工明确	2			
	安装完成后，工位无垃圾	5			
	职业操守好，完工后，工具和配件摆放整齐	5			
安全事项	在安装过程中，无损坏元器件及人身伤害现象	5			
	在通电调试过程中，无短路现象	5			
评分合计					

4.5 实训工单

请你和组员一起按照所扮演的岗位角色，填写好如下实训工单。

项目 4　实训工单（1）

<table>
<tr><td>项目名称</td><td colspan="5">三相异步电动机正反转控制</td></tr>
<tr><td>派工岗位</td><td>技术员（硬件）</td><td>施工地点</td><td></td><td>施工时间</td><td></td></tr>
<tr><td>学生姓名</td><td></td><td>班级</td><td></td><td>学号</td><td></td></tr>
<tr><td>班组名称</td><td>电气施工____组</td><td>同组成员</td><td colspan="3"></td></tr>
<tr><td>实训目标</td><td colspan="5">（1）能设计出三相异步电动机正反转 PLC 控制的电气系统图。
（2）能用 TIA 博途软件编写及调试三相异步电动机正反转控制 PLC 程序。
（3）能实现三相异步电动机正反转的 PLC 控制。
（4）能排除程序调试过程中出现的故障</td></tr>
<tr><td colspan="6">一、项目控制要求</td></tr>
<tr><td colspan="6">（1）按下正向启动按钮 SB2，三相异步电动机启动并正转。
（2）按下反向启动按钮 SB3，三相异步电动机由正转变为反转。
（3）按下停止按钮 SB1，三相异步电动机停止运行，并且系统复位。
（4）正转和反转的启动顺序可以互换，运行期间，可以自由切换电动机的正、反向运行状态，不需按下停止按钮</td></tr>
<tr><td colspan="6">二、接受岗位任务</td></tr>
<tr><td colspan="6">（1）在实训工单上画出三相异步电动机正反转控制 I/O 分配表。
（2）使用绘图工具或软件绘制主电路、控制电路的接线图。
（3）安装元器件，完成电路的接线。
（4）与负责软件部分的技术员一起完成项目的调试。
（5）场地 6S 整理</td></tr>
<tr><td colspan="6">三、任务准备</td></tr>
<tr><td colspan="6">（1）实施平台：TIA 博途软件 V15.1、编程计算机、安装了西门子 S7-1200 系列 PLC 的实训台或实训单元等。
（2）穿戴设施：绝缘鞋、安全帽、工作服等。
（3）常用工具：电工钳、斜口钳、剥线钳、压线钳、一字螺丝刀、十字螺丝刀、万用表、多股铜芯线（BV-0.75）、冷压头、安装板、线槽、空气开关、按钮、热继电器、交流接触器等。
（4）技术材料：工作计划表、PLC 编程手册、相关电气安装标准手册等</td></tr>
<tr><td colspan="6">四、实施过程</td></tr>
<tr><td colspan="6">（1）画出 I/O 分配表。</td></tr>
</table>

续表

（2）绘制主电路、控制电路的接线图。   （3）展示电路接线完工图。   （4）展示系统调试成功效果图。

续表

五、遇到的问题及其解决措施	
遇到的问题： 解决措施：	
六、收获与反思	
收获： 反思：	
七、综合评分	

项目 4　实训工单（2）

<table>
<tr><td>项目名称</td><td colspan="5">三相异步电动机正反转控制</td></tr>
<tr><td>派工岗位</td><td>技术员（软件）</td><td>施工地点</td><td></td><td>施工时间</td><td></td></tr>
<tr><td>学生姓名</td><td></td><td>班级</td><td></td><td>学号</td><td></td></tr>
<tr><td>班组名称</td><td>电气施工____组</td><td>同组成员</td><td colspan="3"></td></tr>
<tr><td>实训目标</td><td colspan="5">（1）能设计出三相异步电动机正反转 PLC 控制的电气系统图。
（2）能用 TIA 博途软件编写及调试三相异步电动机正反转控制 PLC 程序。
（3）能实现三相异步电动机正反转的 PLC 控制。
（4）能排除程序调试过程中出现的故障</td></tr>
<tr><td colspan="6">一、项目控制要求</td></tr>
<tr><td colspan="6">（1）按下正向启动按钮 SB2，三相异步电动机启动并正转。
（2）按下反向启动按钮 SB3，三相异步电动机由正转变为反转。
（3）按下停止按钮 SB1，三相异步电动机停止运行，并且系统复位。
（4）正转和反转的启动顺序可以互换，运行期间，可以自由切换电动机的正、反向运行状态，不需按下停止按钮</td></tr>
<tr><td colspan="6">二、接受岗位任务</td></tr>
<tr><td colspan="6">（1）在 TIA 博途软件中，对 PLC 变量进行定义。
（2）编写三相异步电动机正反转控制 PLC 程序。
（3）下载程序，与负责硬件部分的技术员一起完成项目的调试。
（4）场地 6S 整理</td></tr>
<tr><td colspan="6">三、任务准备</td></tr>
<tr><td colspan="6">（1）实施平台：TIA 博途软件 V15.1、编程计算机、安装了西门子 S7-1200 系列 PLC 的实训台或实训单元等。
（2）穿戴设施：绝缘鞋、安全帽、工作服等。
（3）常用工具：电工钳、斜口钳、剥线钳、压线钳、一字螺丝刀、十字螺丝刀、万用表、多股铜芯线（BV-0.75）、冷压头、安装板、线槽、空气开关、按钮、热继电器、交流接触器等。
（4）技术材料：工作计划表、PLC 编程手册、相关电气安装标准手册等</td></tr>
<tr><td colspan="6">四、实施过程</td></tr>
<tr><td colspan="6">（1）对 PLC 变量进行定义。

（2）编写 PLC 程序。

</td></tr>
</table>

续表

（3）展示程序调试成功效果图。	
五、遇到的问题及其解决措施	
遇到的问题： 解决措施：	
六、收获与反思	
收获： 反思：	
七、综合评分	

项目4　实训工单（3）

<table>
<tr><td>项目名称</td><td colspan="5">三相异步电动机正反转控制</td></tr>
<tr><td>派工岗位</td><td>工艺员</td><td>施工地点</td><td></td><td>施工时间</td><td></td></tr>
<tr><td>学生姓名</td><td></td><td>班级</td><td></td><td>学号</td><td></td></tr>
<tr><td>班组名称</td><td>电气施工____组</td><td>同组成员</td><td colspan="3"></td></tr>
<tr><td>实训目标</td><td colspan="5">（1）能设计出三相异步电动机正反转 PLC 控制的电气系统图。
（2）能用 TIA 博途软件编写及调试三相异步电动机正反转控制 PLC 程序。
（3）能实现三相异步电动机正反转的 PLC 控制。
（4）能排除程序调试过程中出现的故障</td></tr>
<tr><td colspan="6">一、项目控制要求</td></tr>
<tr><td colspan="6">（1）按下正向启动按钮 SB2，三相异步电动机启动并正转。
（2）按下反向启动按钮 SB3，三相异步电动机由正转变为反转。
（3）按下停止按钮 SB1，三相异步电动机停止运行，并且系统复位。
（4）正转和反转的启动顺序可以互换，运行期间，可以自由切换电动机的正、反向运行状态，不需按下停止按钮。</td></tr>
<tr><td colspan="6">二、接受岗位任务</td></tr>
<tr><td colspan="6">（1）依据项目控制要求撰写小组决策计划。
（2）编写项目调试工艺流程。
（3）与负责硬件部分的技术员一起完成低压电气设备的选型。
（4）解决现场工艺问题，负责施工过程中工艺问题的预防与纠偏。
（5）场地 6S 整理</td></tr>
<tr><td colspan="6">三、任务准备</td></tr>
<tr><td colspan="6">（1）实施平台：TIA 博途软件 V15.1、编程计算机、安装了西门子 S7-1200 系列 PLC 的实训台或实训单元等。
（2）穿戴设施：绝缘鞋、安全帽、工作服等。
（3）常用工具：电工钳、斜口钳、剥线钳、压线钳、一字螺丝刀、十字螺丝刀、万用表、多股铜芯线（BV-0.75）、冷压头、安装板、线槽、空气开关、按钮、热继电器、交流接触器等。
（4）技术材料：工作计划表、PLC 编程手册、相关电气安装标准手册等</td></tr>
<tr><td colspan="6">四、实施过程</td></tr>
<tr><td colspan="6">（1）撰写小组决策计划。

（2）编写项目调试工艺流程。

</td></tr>
</table>

续表

（3）完成低压电气设备的选型。   （4）总结施工过程中工艺问题的预防与纠偏情况。
五、遇到的问题及其解决措施
遇到的问题：   解决措施：
六、收获与反思
收获：   反思：
七、综合评分

项目 4　实训工单（4）

<table>
<tr><td>项目名称</td><td colspan="5">三相异步电动机正反转控制</td></tr>
<tr><td>派工岗位</td><td>质量监督员</td><td>施工地点</td><td></td><td>施工时间</td><td></td></tr>
<tr><td>学生姓名</td><td></td><td>班级</td><td></td><td>学号</td><td></td></tr>
<tr><td>班组名称</td><td>电气施工____组</td><td>同组成员</td><td colspan="3"></td></tr>
<tr><td>实训目标</td><td colspan="5">（1）能设计出三相异步电动机正反转 PLC 控制的电气系统图。
（2）能用 TIA 博途软件编写及调试三相异步电动机正反转控制 PLC 程序。
（3）能实现三相异步电动机正反转的 PLC 控制。
（4）能排除程序调试过程中出现的故障</td></tr>
<tr><td colspan="6">一、项目控制要求</td></tr>
<tr><td colspan="6">（1）按下正向启动按钮 SB2，三相异步电动机启动并正转。
（2）按下反向启动按钮 SB3，三相异步电动机由正转变为反转。
（3）按下停止按钮 SB1，三相异步电动机停止运行，并且系统复位。
（4）正转和反转的启动顺序可以互换，运行期间，可以自由切换电动机的正、反向运行状态，不需按下停止按钮</td></tr>
<tr><td colspan="6">二、接受岗位任务</td></tr>
<tr><td colspan="6">（1）监督项目施工过程中各岗位的爱岗敬业情况。
（2）监督各岗位工作完成质量的达标情况。
（3）完成项目评分表的填写。
（4）总结所监督对象的工作过程情况，完成质量报告的撰写。
（5）场地 6S 检查</td></tr>
<tr><td colspan="6">三、任务准备</td></tr>
<tr><td colspan="6">（1）实施平台：TIA 博途软件 V15.1、编程计算机、安装了西门子 S7-1200 系列 PLC 的实训台或实训单元等。
（2）穿戴设施：绝缘鞋、安全帽、工作服等。
（3）常用工具：电工钳、斜口钳、剥线钳、压线钳、一字螺丝刀、十字螺丝刀、万用表、多股铜芯线（BV-0.75）、冷压头、安装板、线槽、空气开关、按钮、热继电器、交流接触器等。
（4）技术材料：工作计划表、PLC 编程手册、相关电气安装标准手册等</td></tr>
<tr><td colspan="6">四、实施过程</td></tr>
<tr><td colspan="6">（1）监督项目施工过程中各岗位的爱岗敬业情况。

（2）监督各岗位工作完成质量的达标情况。

（3）负责场地 6S 检查。

</td></tr>
</table>

续表

（4）完成项目评分表的评分。

（5）总结所监督对象的工作过程情况，简要撰写质量报告。

五、遇到的问题及其解决措施

遇到的问题：

解决措施：

六、收获与反思

收获：

反思：

七、综合评分	

项目 5　三相异步电动机 Y-△降压启动控制

知识目标

（1）理解三相异步电动机 Y-△降压启动控制的原理。

（2）掌握 S7-1200 PLC 定时器指令的使用方法。

能力目标

（1）能设计出三相异步电动机 Y-△降压启动 PLC 控制的电气系统图。

（2）能用 TIA 博途软件编写及调试三相异步电动机 Y-△降压启动控制 PLC 程序。

（3）能实现三相异步电动机 Y-△降压启动的 PLC 控制。

（4）能排除程序调试过程中出现的故障。

素质目标

（1）激发学生在学习过程中的自主探究意识。

（2）培养学生按国家标准或行业标准从事专业技术活动的职业习惯。

（3）提升学生综合运用专业知识的能力，培养学生精益求精的工匠精神。

（4）提升学生的团队协作能力和沟通能力。

5.1　项目导入

在工程实践中，三相异步电动机在启动时，电流较大，一般是额定电流的 5～7 倍，故对于功率较大的三相异步电动机，应采用降压方式启动，其中，Y-△降压启动是常用的启动方式之一。在本项目中，请你和组员一起使用 S7-1200 PLC 实现三相异步电动机 Y-△降压启动控制，具体控制要求如下：

（1）按下启动按钮 SB2，三相异步电动机以星形（Y）接法启动并运转，指示灯 HL1 亮。

（2）10s 后，三相异步电动机停止星形接法运转，指示灯 HL1 灭，然后三相异步电动机以三角形（△）接法运转，指示灯 HL2 亮。

（3）按下停止按钮 SB1，三相异步电动机停止运行，并且系统复位。

（4）该电气系统必须具有必要的短路保护和过载保护等功能，在三相异步电动机以星形接法运转时，指示灯 HL1 亮；在三相异步电动机以三角形接法运转时，指示灯 HL2 亮。

5.2 项目分析

由上述控制要求可知，发出命令的元器件分别为启动按钮、停止按钮和热继电器的触点，将它们产生的信号作为 PLC 的输入量；执行命令的元器件是 3 个交流接触器和 2 个指示灯，将它们产生的信号作为 PLC 的输出量，通过交流接触器，可以将三相异步电动机接成星形或三角形，通过交流接触器的不同组合，可以实现三相异步电动机的星形接法启动和三角形接法启动。继电器–接触器控制系统用时间继电器实现启动时间的延迟，那么用 PLC 控制三相异步电动机的降压启动是否还需要时间继电器呢？在 S7-1200 PLC 中也有类似时间继电器功能的软元件定时器，所以不需要另外的时间继电器。PLC 能实现不同时间分辨力的定时，而且定时的时间范围较大，能满足不同场合下定时之用。

5.3 相关知识

1. 三相异步电动机 Y-△降压启动的继电器–接触器控制

图 5.1 所示为三相异步电动机 Y-△降压启动的继电器–接触器控制系统的电路图。KM1 为电源接触器，KM2 为三角形接法接触器，KM3 为星形接法接触器，KT 为接通延时时间继电器。启动时，闭合低压断路器 QF，按下启动按钮 SB2，则接触器 KM1、KM3 和继电器 KT 的线圈同时得电并自锁，这时电动机以星形接法启动。在达到继电器 KT 所设定的时间值以后，其延时断开的常闭触点断开，延时闭合的常开触点闭合，从而使接触器 KM3 的线圈断电释放，接触器 KM2 的线圈得电吸合并自锁，这时电动机切换成三角形接法运转。停止时，按下停止按钮 SB1，接触器 KM1 和 KM2 的线圈同时断电，电动机停止运行。为了防止电源短路，接触器 KM2 和 KM3 的线圈不能同时得电，在电路中设置了电气互锁。

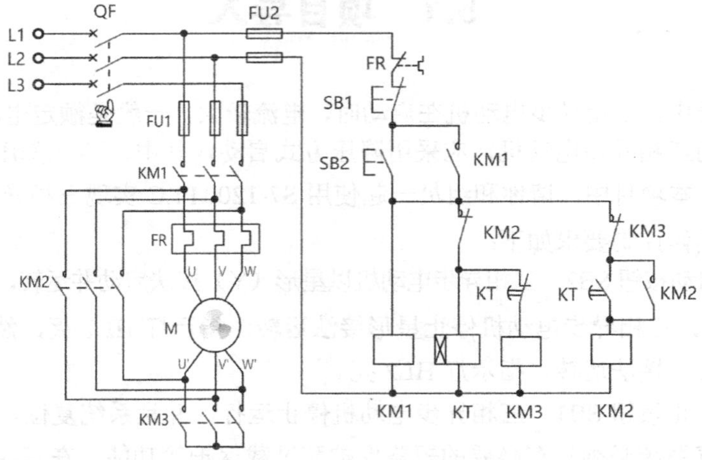

图 5.1 三相异步电动机 Y-△降压启动的继电器–接触器控制系统的电路图

2. 定时器指令

在 S7-1200 PLC 中，常用的定时器指令有 4 种，即生成脉冲指令（TP 指令）、接通延时定时器指令（TON 指令）、断开延时定时器指令（TOF 指令）和保持型接通延时定时器指令（TONR 指令）。定时器指令的指令符号和功能说明如表 5.1 所示。

表 5.1　定时器指令的指令符号和功能说明

指令	指令符号	功能说明
生成脉冲指令	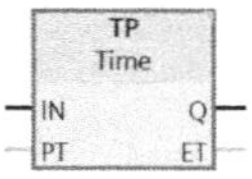	在使能输入端 IN 端输入上升沿信号后，输出端 Q 端输出高电平 1，开始输出脉冲，当计时时间达到预先设定的时间 PT 时，输出端 Q 端变为 0 状态。每次调用生成脉冲指令，都会为其分配一个 IEC 定时器，用于存储指令数据
接通延时定时器指令	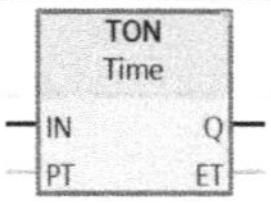	当使能输入端 IN 端处于高电平 1 时，定时器开始计时，当计时时间大于或等于预先设定的时间 PT 时，输出端 Q 端输出的电平由低电平 0 变为高电平 1，已耗时间 ET 保持不变
断开延时定时器指令	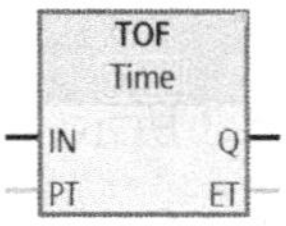	当使能输入端 IN 端处于高电平 1 时，输出端 Q 端输出的电平变为高电平 1，已耗时间 ET 处于 0 状态；当使能输入端 IN 端输入的信号由高电平 1 变为低电平 0 时，定时器开始计时，当计时时间大于或等于预先设定的时间 PT 时，输出端 Q 端变为 0 状态，已耗时间 ET 保持不变
保持型接通延时定时器指令	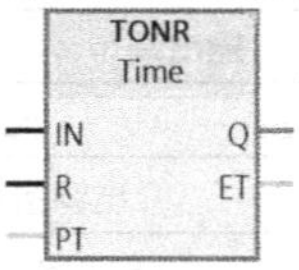	当使能输入端 IN 端处于高电平 1 时，开始计时，当使能输入端 IN 端处于低电平时，已经计数的时间值 T_1 保持不变；当下一次使能输入端 IN 端再次处于高电平时，计时时间从已经计数的时间值 T_1 开始增加，当若干次计时时间和($T_1+T_2+\cdots$)大于或等于预先设定的时间 PT 时，输出端 Q 端输出的电平由低电平 0 变为高电平 1

5.4　项目实施

1. 岗位派工

为达到控制要求，本项目引入技术员、工艺员和质量监督员三个岗位。请各小组成员分别扮演其中一个岗位角色，并参与项目实施。各岗位工作任务如表 5.2 所示，请各岗位人员按要求完成任务，并在本项目的实训工单中做好记录。

表 5.2　各岗位工作任务

岗位名称	角色任务
技术员（硬件）	（1）在实训工单上画出三相异步电动机 Y-△降压启动控制 I/O 分配表。 （2）使用绘图工具或软件绘制主电路、控制电路的接线图。 （3）安装元器件，完成电路的接线。 （4）与负责软件部分的技术员一起完成项目的调试。 （5）场地 6S 整理
技术员（软件）	（1）在 TIA 博途软件中，对 PLC 变量进行定义。 （2）编写三相异步电动机 Y-△降压启动控制 PLC 程序。 （3）下载程序，与负责硬件部分的技术员一起完成项目的调试。 （4）场地 6S 整理

续表

岗位名称	角色任务
工艺员	（1）依据项目控制要求撰写小组决策计划。 （2）编写项目调试工艺流程。 （3）与负责硬件部分的技术员一起完成低压电气设备的选型。 （4）解决现场工艺问题，负责施工过程中工艺问题的预防与纠偏。 （5）场地 6S 整理
质量监督员	（1）监督项目施工过程中各岗位的爱岗敬业情况。 （2）监督各岗位工作完成质量的达标情况。 （3）完成项目评分表的填写。 （4）总结所监督对象的工作过程情况，完成质量报告的撰写。 （5）场地 6S 检查

2. 硬件电路设计与安装接线

1）I/O 分配

根据项目分析，对 PLC 的输入量、输出量进行分配，如表 5.3 所示。

表 5.3　三相异步电动机 Y-△降压启动控制 I/O 分配表

输入端		输出端	
PLC 接口	元器件	PLC 接口	元器件
I0.0	停止按钮 SB1	Q0.0	电源接触器 KM1
I0.1	启动按钮 SB2	Q0.1	三角形接法接触器 KM2
I0.2	热继电器 FR	Q0.2	星形接法接触器 KM3
		Q0.3	星形运转指示灯 HL1
		Q0.4	三角形运转指示灯 HL2

2）控制电路接线图

结合 PLC 的 I/O 分配表，设计三相异步电动机 Y-△降压启动的控制电路接线图，如图 5.2 所示。在电路中，CPU 采用 AC/DC/Rly 类型。为了防止电源短路，接触器 KM2 和 KM3 的线圈不能同时得电，在 PLC 输出端设置了电气互锁。

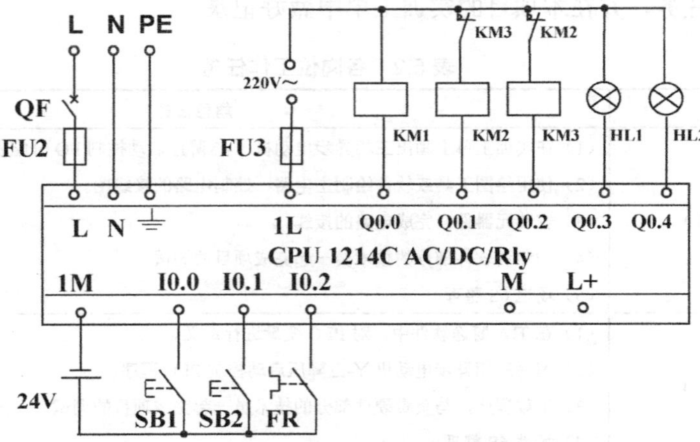

图 5.2　三相异步电动机 Y-△降压启动的控制电路接线图

3）安装元器件并连接电路

根据图 5.1 和图 5.2 安装元器件并连接电路。每接完一个电路，都要对电路进行一次必要的检查，以免出现严重的损坏。重点可从主电路有无短路现象，控制电路中的 PLC 电源部分、输入端和输出端部分有无短路现象，各接触器的触点是否接错，以及 I/O 口是否未按 I/O 分配表进行分配等方面进行检查。

3．软件设计

1）PLC 变量的定义

根据 I/O 分配表，三相异步电动机 Y-△降压启动控制 PLC 变量表如图 5.3 所示。

默认变量表

	名称	数据类型	地址	保持	可从 ...	从 H...	在 H...	注释
1	停止按钮SB1	Bool	%I0.0	☐	☑	☑	☑	
2	启动按钮SB2	Bool	%I0.1	☐	☑	☑	☑	
3	热继电器FR	Bool	%I0.2	☐	☑	☑	☑	
4	电源接触器KM1	Bool	%Q0.0	☐	☑	☑	☑	
5	三角形接触器KM2	Bool	%Q0.1	☐	☑	☑	☑	
6	星形接触器KM3	Bool	%Q0.2	☐	☑	☑	☑	
7	星形运转指示灯HL1	Bool	%Q0.3	☐	☑	☑	☑	
8	三角形运转指示灯HL2	Bool	%Q0.4	☐	☑	☑	☑	
9	<新增>			☐	☑	☑	☑	

图 5.3　三相异步电动机 Y-△降压启动控制 PLC 变量表

2）梯形图的设计

根据控制要求，编写三相异步电动机 Y-△降压启动控制 PLC 梯形图，如图 5.4 所示。

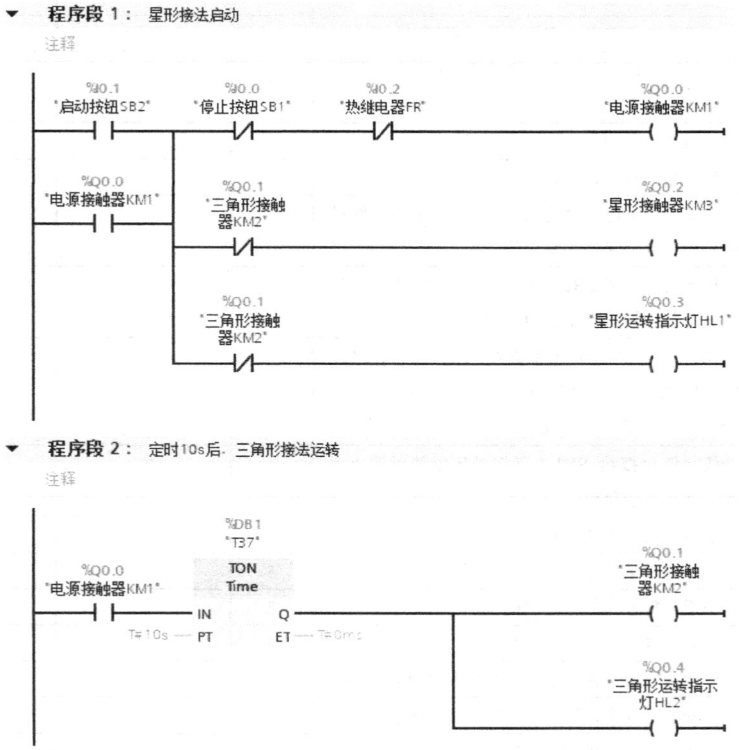

图 5.4　三相异步电动机 Y-△降压启动控制 PLC 梯形图

4．调试运行

下载程序，并按以下步骤进行调试：

（1）按下启动按钮 SB2，三相异步电动机以星形接法启动并运转，指示灯 HL1 亮。

（2）10s 后，三相异步电动机停止星形接法运转，指示灯 HL1 灭，然后三相异步电动机以三角形接法运转，指示灯 HL2 亮。

（3）按下停止按钮 SB1，三相异步电动机停止运行，并且系统复位。

如果调试时，你的系统出现以上现象，恭喜你完成了任务；如果调试时，你的系统没有出现以上现象，请你和组员一起分析原因，并把系统调试成功。

5．考核评分

完成任务后，由质量监督员和教师分别进行任务评价，并填写表 5.4。

表 5.4　三相异步电动机 Y-△降压启动控制项目评分表

项目	评分点	配分	质量监督员评分	教师评分	备注
控制系统电路设计	主电路接线图设计正确	5			
	控制电路接线图设计正确	5			
	导线颜色和线号标注正确	2			
	绘制的电气系统图美观	3			
	电气元件的图形符号符合标准	5			
控制系统电路布置、连接工艺与调试	低压电气元件安装布局合理	5			
	电气元件安装牢固	3			
	接线头工艺美观、牢固，且无露铜过长现象	5			
	线槽工艺规范，所有连接线垂直进线槽，无明显斜向进线槽	2			
	导线颜色正确，线径选择正确	3			
	整体布线规范、美观	5			
控制功能实现	系统初步上电安全检查，上电后，初步检测的结果为各电气元件正常工作	2			
	按下启动按钮 SB2，三相异步电动机以星形接法启动并运转，指示灯 HL1 亮	10			
	10s 后，三相异步电动机停止星形接法运转，指示灯 HL1 灭，然后三相异步电动机以三角形接法运转，指示灯 HL2 亮	10			
	按下停止按钮 SB1，三相异步电动机停止运行，并且系统复位	5			
职业素养	小组成员间沟通顺畅	3			
	小组有决策计划	5			
	小组内部各岗位分工明确	2			
	安装完成后，工位无垃圾	5			
	职业操守好，完工后，工具和配件摆放整齐	5			
安全事项	在安装过程中，无损坏元器件及人身伤害现象	5			
	在通电调试过程中，无短路现象	5			
评分合计					

5.5　实训工单

请你和组员一起按照所扮演的岗位角色，填写好如下实训工单。

项目 5　实训工单（1）

<table>
<tr><td>项目名称</td><td colspan="5">三相异步电动机 Y-△降压启动控制</td></tr>
<tr><td>派工岗位</td><td>技术员（硬件）</td><td>施工地点</td><td></td><td>施工时间</td><td></td></tr>
<tr><td>学生姓名</td><td></td><td>班级</td><td></td><td>学号</td><td></td></tr>
<tr><td>班组名称</td><td>电气施工____组</td><td>同组成员</td><td colspan="3"></td></tr>
<tr><td>实训目标</td><td colspan="5">（1）能设计出三相异步电动机 Y-△降压启动 PLC 控制的电气系统图。
（2）能用 TIA 博途软件编写及调试三相异步电动机 Y-△降压启动控制 PLC 程序。
（3）能实现三相异步电动机 Y-△降压启动的 PLC 控制。
（4）能排除程序调试过程中出现的故障</td></tr>
<tr><td colspan="6">一、项目控制要求</td></tr>
<tr><td colspan="6">（1）按下启动按钮 SB2，三相异步电动机以星形接法启动并运转，指示灯 HL1 亮。
（2）10s 后，三相异步电动机停止星形接法运转，指示灯 HL1 灭，然后三相异步电动机以三角形接法运转，指示灯 HL2 亮。
（3）按下停止按钮 SB1，三相异步电动机停止运行，并且系统复位。
（4）该电气系统必须具有必要的短路保护和过载保护等功能，在三相异步电动机以星形接法运转时，指示灯 HL1 亮；在三相异步电动机以三角形接法运转时，指示灯 HL2 亮</td></tr>
<tr><td colspan="6">二、接受岗位任务</td></tr>
<tr><td colspan="6">（1）在实训工单上画出三相异步电动机 Y-△降压启动控制 I/O 分配表。
（2）使用绘图工具或软件绘制主电路、控制电路的接线图；
（3）安装元器件，完成电路的接线。
（4）与负责软件部分的技术员一起完成项目的调试。
（5）场地 6S 整理</td></tr>
<tr><td colspan="6">三、任务准备</td></tr>
<tr><td colspan="6">（1）实施平台：TIA 博途软件 V15.1、编程计算机、安装了西门子 S7-1200 系列 PLC 的实训台或实训单元等。
（2）穿戴设施：绝缘鞋、安全帽、工作服等。
（3）常用工具：电工钳、斜口钳、剥线钳、压线钳、一字螺丝刀、十字螺丝刀、万用表、多股铜芯线（BV-0.75）、冷压头、安装板、线槽、空气开关、按钮、热继电器、交流接触器等。
（4）技术材料：工作计划表、PLC 编程手册、相关电气安装标准手册等</td></tr>
<tr><td colspan="6">四、实施过程</td></tr>
<tr><td colspan="6">（1）画出 I/O 分配表。</td></tr>
</table>

续表

（2）绘制主电路、控制电路的接线图。   （3）展示电路接线完工图。   （4）展示系统调试成功效果图。

续表

五、遇到的问题及其解决措施	
遇到的问题： 解决措施：	
六、收获与反思	
收获： 反思：	
七、综合评分	

项目 5　实训工单（2）

<table>
<tr><td>项目名称</td><td colspan="5">三相异步电动机 Y-△降压启动控制</td></tr>
<tr><td>派工岗位</td><td>技术员（软件）</td><td>施工地点</td><td></td><td>施工时间</td><td></td></tr>
<tr><td>学生姓名</td><td></td><td>班级</td><td></td><td>学号</td><td></td></tr>
<tr><td>班组名称</td><td>电气施工____组</td><td>同组成员</td><td colspan="3"></td></tr>
<tr><td>实训目标</td><td colspan="5">（1）能设计出三相异步电动机 Y-△降压启动 PLC 控制的电气系统图。
（2）能用 TIA 博途软件编写及调试三相异步电动机 Y-△降压启动控制 PLC 程序。
（3）能实现三相异步电动机 Y-△降压启动的 PLC 控制。
（4）能排除程序调试过程中出现的故障</td></tr>
<tr><td colspan="6">一、项目控制要求</td></tr>
<tr><td colspan="6">（1）按下启动按钮 SB2，三相异步电动机以星形接法启动并运转，指示灯 HL1 亮。
（2）10s 后，三相异步电动机停止星形接法运转，指示灯 HL1 灭，然后三相异步电动机以三角形接法运转，指示灯 HL2 亮。
（3）按下停止按钮 SB1，三相异步电动机停止运行，并且系统复位。
（4）该电气系统必须具有必要的短路保护和过载保护等功能，在三相异步电动机以星形接法运转时，指示灯 HL1 亮；在三相异步电动机以三角形接法运转时，指示灯 HL2 亮</td></tr>
<tr><td colspan="6">二、接受岗位任务</td></tr>
<tr><td colspan="6">（1）在 TIA 博途软件中，对 PLC 变量进行定义。
（2）编写三相异步电动机 Y-△降压启动控制 PLC 程序。
（3）下载程序，与负责硬件部分的技术员一起完成项目的调试。
（4）场地 6S 整理</td></tr>
<tr><td colspan="6">三、任务准备</td></tr>
<tr><td colspan="6">（1）实施平台：TIA 博途软件 V15.1、编程计算机、安装了西门子 S7-1200 系列 PLC 的实训台或实训单元等。
（2）穿戴设施：绝缘鞋、安全帽、工作服等。
（3）常用工具：电工钳、斜口钳、剥线钳、压线钳、一字螺丝刀、十字螺丝刀、万用表、多股铜芯线（BV-0.75）、冷压头、安装板、线槽、空气开关、按钮、热继电器、交流接触器等。
（4）技术材料：工作计划表、PLC 编程手册、相关电气安装标准手册等</td></tr>
<tr><td colspan="6">四、实施过程</td></tr>
<tr><td colspan="6">（1）对 PLC 变量进行定义。</td></tr>
</table>

续表

（2）编写 PLC 程序。   （3）展示程序调试成功效果图。
五、遇到的问题及其解决措施
遇到的问题：

续表

解决措施：
六、收获与反思
收获：   反思：

七、综合评分	

项目 5　实训工单（3）

<table>
<tr><td>项目名称</td><td colspan="5">三相异步电动机 Y-△降压启动控制</td></tr>
<tr><td>派工岗位</td><td>工艺员</td><td>施工地点</td><td></td><td>施工时间</td><td></td></tr>
<tr><td>学生姓名</td><td></td><td>班级</td><td></td><td>学号</td><td></td></tr>
<tr><td>班组名称</td><td>电气施工____组</td><td>同组成员</td><td colspan="3"></td></tr>
<tr><td>实训目标</td><td colspan="5">（1）能设计出三相异步电动机 Y-△降压启动 PLC 控制的电气系统图。
（2）能用 TIA 博途软件编写及调试三相异步电动机 Y-△降压启动控制 PLC 程序。
（3）能实现三相异步电动机 Y-△降压启动的 PLC 控制。
（4）能排除程序调试过程中出现的故障</td></tr>
<tr><td colspan="6">一、项目控制要求</td></tr>
<tr><td colspan="6">（1）按下启动按钮 SB2，三相异步电动机以星形接法启动并运转，指示灯 HL1 亮。
（2）10s 后，三相异步电动机停止星形接法运转，指示灯 HL1 灭，然后三相异步电动机以三角形接法运转，指示灯 HL2 亮。
（3）按下停止按钮 SB1，三相异步电动机停止运行，并且系统复位。
（4）该电气系统必须具有必要的短路保护和过载保护等功能，在三相异步电动机以星形接法运转时，指示灯 HL1 亮；在三相异步电动机以三角形接法运转时，指示灯 HL2 亮</td></tr>
<tr><td colspan="6">二、接受岗位任务</td></tr>
<tr><td colspan="6">（1）依据项目控制要求撰写小组决策计划。
（2）编写项目调试工艺流程。
（3）与负责硬件部分的技术员一起完成低压电气设备的选型。
（4）解决现场工艺问题，负责施工过程中工艺问题的预防与纠偏。
（5）场地 6S 整理</td></tr>
<tr><td colspan="6">三、任务准备</td></tr>
<tr><td colspan="6">（1）实施平台：TIA 博途软件 V15.1、编程计算机、安装了西门子 S7-1200 系列 PLC 的实训台或实训单元等。
（2）穿戴设施：绝缘鞋、安全帽、工作服等。
（3）常用工具：电工钳、斜口钳、剥线钳、压线钳、一字螺丝刀、十字螺丝刀、万用表、多股铜芯线（BV-0.75）、冷压头、安装板、线槽、空气开关、按钮、热继电器、交流接触器等。
（4）技术材料：工作计划表、PLC 编程手册、相关电气安装标准手册等</td></tr>
<tr><td colspan="6">四、实施过程</td></tr>
<tr><td colspan="6">（1）撰写小组决策计划。</td></tr>
</table>

续表

（2）编写项目调试工艺流程。   （3）完成低压电气设备的选型。   （4）总结施工过程中工艺问题的预防与纠偏情况。
五、遇到的问题及其解决措施
遇到的问题：

续表

解决措施：	
六、收获与反思	
收获： 反思：	
七、综合评分	

项目5　实训工单（4）

<table>
<tr><td>项目名称</td><td colspan="5">三相异步电动机Y-△降压启动控制</td></tr>
<tr><td>派工岗位</td><td>质量监督员</td><td>施工地点</td><td></td><td>施工时间</td><td></td></tr>
<tr><td>学生姓名</td><td></td><td>班级</td><td></td><td>学号</td><td></td></tr>
<tr><td>班组名称</td><td>电气施工____组</td><td>同组成员</td><td colspan="3"></td></tr>
<tr><td>实训目标</td><td colspan="5">（1）能设计出三相异步电动机Y-△降压启动PLC控制的电气系统图。
（2）能用TIA博途软件编写及调试三相异步电动机Y-△降压启动控制PLC程序。
（3）能实现三相异步电动机Y-△降压启动的PLC控制。
（4）能排除程序调试过程中出现的故障</td></tr>
</table>

一、项目控制要求

（1）按下启动按钮SB2，三相异步电动机以星形接法启动并运转，指示灯HL1亮。

（2）10s后，三相异步电动机停止星形接法运转，指示灯HL1灭，然后三相异步电动机以三角形接法运转，指示灯HL2亮。

（3）按下停止按钮SB1，三相异步电动机停止运行，并且系统复位。

（4）该电气系统必须具有必要的短路保护和过载保护等功能，在三相异步电动机以星形接法运转时，指示灯HL1亮；在三相异步电动机以三角形接法运转时，指示灯HL2亮

二、接受岗位任务

（1）监督项目施工过程中各岗位的爱岗敬业情况。

（2）监督各岗位工作完成质量的达标情况。

（3）完成项目评分表的填写。

（4）总结所监督对象的工作过程情况，完成质量报告的撰写。

（5）场地6S检查

三、任务准备

（1）实施平台：TIA博途软件V15.1、编程计算机、安装了西门子S7-1200系列PLC的实训台或实训单元等。

（2）穿戴设施：绝缘鞋、安全帽、工作服等。

（3）常用工具：电工钳、斜口钳、剥线钳、压线钳、一字螺丝刀、十字螺丝刀、万用表、多股铜芯线（BV-0.75）、冷压头、安装板、线槽、空气开关、按钮、热继电器、交流接触器等。

（4）技术材料：工作计划表、PLC编程手册、相关电气安装标准手册等

四、实施过程

（1）监督项目施工过程中各岗位的爱岗敬业情况。

（2）监督各岗位工作完成质量的达标情况。

续表

（3）负责场地 6S 检查。 （4）完成项目评分表的评分。 （5）总结所监督对象的工作过程情况，简要撰写质量报告。
五、遇到的问题及其解决措施
遇到的问题： 解决措施：

续表

六、收获与反思	
收获： 反思： 	
七、综合评分	

项目 6　两台三相异步电动机循环启停控制

知识目标

（1）理解两台三相异步电动机循环启停控制的原理。

（2）掌握 S7-1200 PLC 计数器指令的使用方法。

能力目标

（1）能设计出两台三相异步电动机循环启停 PLC 控制的电气系统图。

（2）能用 TIA 博途软件编写及调试两台三相异步电动机循环启停控制 PLC 程序。

（3）能实现两台三相异步电动机循环启停的 PLC 控制。

（4）能排除程序调试过程中出现的故障。

素质目标

（1）激发学生在学习过程中的自主探究意识。

（2）培养学生按国家标准或行业标准从事专业技术活动的职业习惯。

（3）提升学生综合运用专业知识的能力，培养学生精益求精的工匠精神。

（4）提升学生的团队协作能力和沟通能力。

6.1　项目导入

在工业现场应用中，常需要几台电动机循环启停运行，如传输带、隧道排风系统等。请你和组员一起设计一个两台三相异步电动机（额定电压是 AC 380V）循环启停控制系统。具体控制要求如下：

（1）按下启动按钮 SB2，第一台三相异步电动机（M1）启动，运行 5s 后，自动停止。

（2）在 M1 停止运行后，第二台三相异步电动机（M2）启动，运行 5s 后，自动停止，同时，M1 启动，如此循环 3 次后，M1、M2 停止运行。

（3）在任何时刻按下停止按钮 SB1，M1、M2 都会停止运行，并且系统复位。

（4）该电气系统必须具有必要的短路保护和过载保护等功能。

6.2 项目分析

由上述控制要求可知，发出命令的元器件分别为启动按钮、停止按钮和热继电器的触点，将它们产生的信号作为 PLC 的输入量；执行命令的元器件是控制两台三相异步电动机的接触器，通过这两个接触器的主触点，可以使三相异步电动机接通三相交流电源，从而实现两台三相异步电动机循环启停控制，将接触器线圈产生的信号作为 PLC 的输出量。按下启动按钮，第一台三相异步电动机启动并运转 5s，然后停止运行，第二台三相异步电动机启动并运转 5s，如此为一个工作循环周期，循环 3 次后结束。可以通过本项目中的计数器指令来实现对工作循环的计数。

6.3 相关知识

1. 两台三相异步电动机循环启停的继电器-接触器控制

图 6.1 所示为两台三相异步电动机循环启停的继电器-接触器控制系统的电路图。KM1 为控制 M1 的接触器，KM2 为控制 M2 的接触器。启动时，按下启动按钮 SB2，接触器 KM1 的线圈得电并自锁，M1 转动，同时，继电器 KT1 的线圈得电，并开始计时；5s 后，继电器 KT1 的常开延时触点闭合，接触器 KM2 的线圈得电并自锁，同时，接触器 KM1 由于串联接触器 KM2 的常闭触点而失电，此时 M1 停转，M2 启动，如此循环下去。在按下停止按钮 SB1 时，系统断电，M1、M2 停止运行。

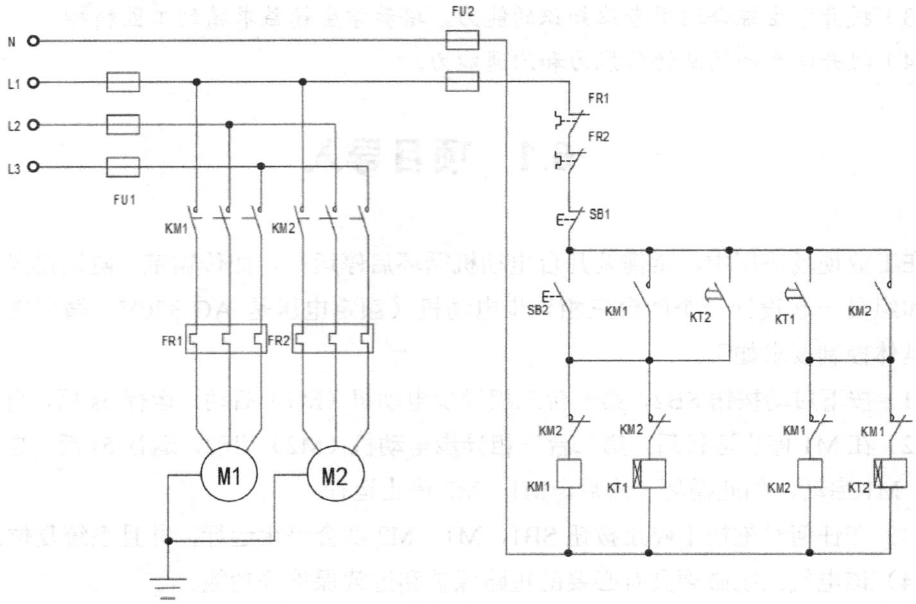

图 6.1　两台三相异步电动机循环启停的继电器-接触器控制系统的电路图

由图 6.1 可以看出，接触器 KM1 和 KM2 的线圈不能同时得电，否则三相电源短路。为此，将电路中一个接触器的常闭触点串联在接触器的线圈回路中，形成电气互锁，使电路工作可靠。该电路中无计数装置，所以无法实现在 3 次后两台三相异步电动机自动停止运行，但通过 PLC 程序控制即可实现。

2. 计数器指令

在 S7-1200 PLC 中，常用的计数器指令有 3 种，即加计数器指令（CTU 指令）、减计数器指令（CTD 指令）和加减计数器指令（CTUD 指令）。计数器指令的指令符号和功能说明如表 6.1 所示。

表 6.1　计数器指令的指令符号和功能说明

指令	指令符号	功能说明
加计数器指令	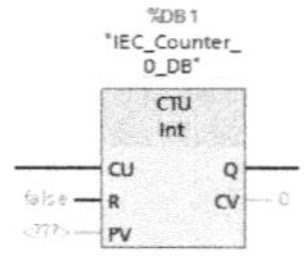	在 CU 端每输入一个脉冲上升沿，计数器的当前值增 1。在当前值（CV）大于或等于预置值（PV）时，计数器的 Q 端输出高电平 1。当复位输入端（R 端）输入高电平 1 时，计数器的状态位复位（置 0），当前值（CV）复位（置 0）
减计数器指令	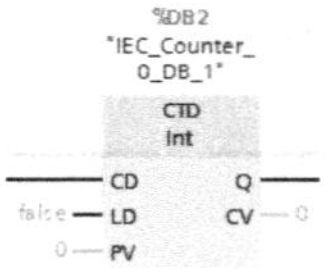	当装载输入端（LD 端）为高电平 1 时，计数器把预置值（PV）装入当前值（CV）存储器。当复位输入端为低电平 0 时，CD 端每输入一个脉冲上升沿，计数器的当前值（CV）减 1（从预置值开始），在当前值（CV）大于 0 时，计数器的输出端（Q 端）输出低电平 0；在当前值（CV）小于或等于 0 时，计数器的输出端（Q 端）输出高电平 1
加减计数器指令	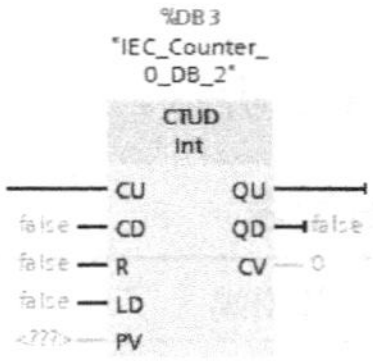	CU 输入端用于递增计数，CD 输入端用于递减计数。在执行指令时，CU 端计数脉冲的上升沿使当前值（CV）增 1 计数。在当前值（CV）大于或等于预置值（PV）时，输出端 QU 端输出高电平 1，输出端 QD 端输出低电平 0。CD 输入端计数脉冲的上升沿使当前值（CV）减 1 计数。在当前值（CV）小于或等于 0 时，输出端 QU 端输出高电平 1，输出端 QD 端输出低电平 0。当复位输入端（R 端）输入高电平 1 时，当前值（CV）恢复为 0；当装载输入端（LD 端）为高电平 1 时，计数器把预置值（PV）装入当前值（CV）存储器

6.4　项目实施

1. 岗位派工

为达到控制要求，本项目引入技术员、工艺员和质量监督员三个岗位。请各小组成员分别扮演其中一个岗位角色，并参与项目实施。各岗位工作任务如表 6.2 所示，请各岗位人员按要求完成任务，并在本项目的实训工单中做好记录。

表 6.2　各岗位工作任务

岗位名称	角色任务
技术员（硬件）	（1）在实训工单上画出两台三相异步电动机循环启停控制 I/O 分配表。 （2）使用绘图工具或软件绘制主电路、控制电路的接线图。 （3）安装元器件，完成电路的接线。

续表

岗位名称	角色任务
技术员（硬件）	（4）与负责软件部分的技术员一起完成项目的调试。 （5）场地 6S 整理
技术员（软件）	（1）在 TIA 博途软件中，对 PLC 变量进行定义。 （2）编写两台三相异步电动机循环启停控制 PLC 程序。 （3）下载程序，与负责硬件部分的技术员一起完成项目的调试。 （4）场地 6S 整理
工艺员	（1）依据项目控制要求撰写小组决策计划。 （2）编写项目调试工艺流程。 （3）与负责硬件部分的技术员一起完成低压电气设备的选型。 （4）解决现场工艺问题，负责施工过程中工艺问题的预防与纠偏。 （5）场地 6S 整理
质量监督员	（1）监督项目施工过程中各岗位的爱岗敬业情况。 （2）监督各岗位工作完成质量的达标情况。 （3）完成项目评分表的填写。 （4）总结所监督对象的工作过程情况，完成质量报告的撰写。 （5）场地 6S 检查

2. 硬件电路设计与安装接线

1）I/O 分配

根据项目分析，对 PLC 的输入量、输出量进行分配，如表 6.3 所示。

表 6.3 两台三相异步电动机循环启停控制 I/O 分配表

输入端		输出端	
PLC 接口	元器件	PLC 接口	元器件
I0.0	停止按钮 SB1	Q0.0	控制 M1 的接触器 KM1
I0.1	启动按钮 SB2	Q0.1	控制 M2 的接触器 KM2
I0.2	热继电器 FR1		
I0.3	热继电器 FR2		

2）控制电路接线图

结合 PLC 的 I/O 分配表，设计两台三相异步电动机循环启停的控制电路接线图，如图 6.2 所示。在电路中，CPU 采用 AC/DC/Rly 类型。

3）安装元器件并连接电路

根据图 6.1 和图 6.2 安装元器件并连接电路。每接完一个电路，都要对电路进行一次必要的检查，以免出现严重的损坏。重点可从主电路有无短路现象，控制电路中的 PLC 电源部分、输入端和输出端部分有无短路现象，各接触器的触点是否接错，以及 I/O 口是否未按 I/O 分配表进行分配等方面进行检查。

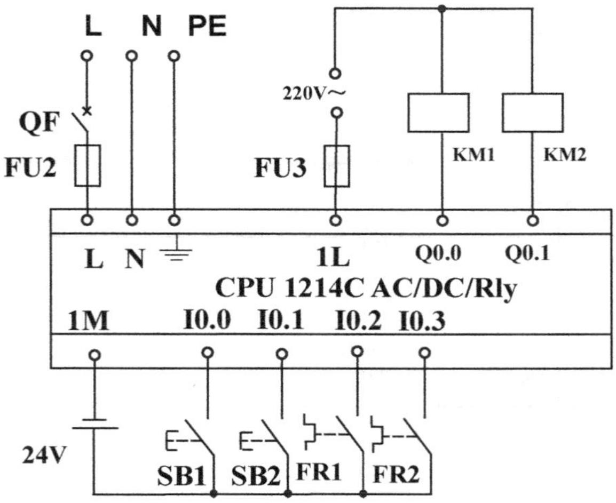

图 6.2　两台三相异步电动机循环启停的控制电路接线图

3. 软件设计

1）PLC 变量的定义

根据 I/O 分配表，两台三相异步电动机循环启停控制 PLC 变量表如图 6.3 所示。

默认变量表

	名称	数据类型	地址	保持	可从 ...	从 H...	在 H...	注释
1	停止按钮SB1	Bool	%I0.0	☐	☑	☑	☑	
2	启动按钮SB2	Bool	%I0.1	☐	☑	☑	☑	
3	热继电器FR1	Bool	%I0.2	☐	☑	☑	☑	
4	热继电器FR2	Bool	%I0.3	☐	☑	☑	☑	
5	控制M1的接触器KM1	Bool	%Q0.0	☐	☑	☑	☑	
6	控制M2的接触器KM2	Bool	%Q0.1	☐	☑	☑	☑	
7	中间继电器1	Bool	%M10.0	☐	☑	☑	☑	
8	中间继电器2	Bool	%M10.1	☐	☑	☑	☑	
9	<新增>			☐	☑	☑	☑	

图 6.3　两台三相异步电动机循环启停控制 PLC 变量表

2）梯形图的设计

根据控制要求，编写两台三相异步电动机循环启停控制 PLC 梯形图，如图 6.4 所示。

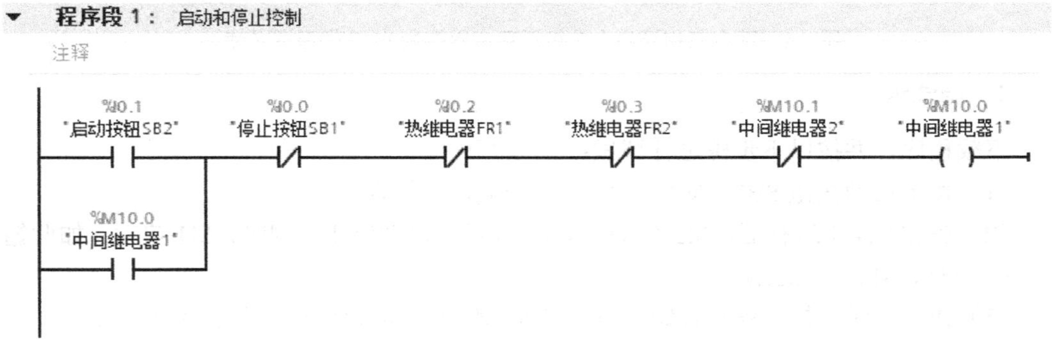

图 6.4　两台三相异步电动机循环启停控制 PLC 梯形图

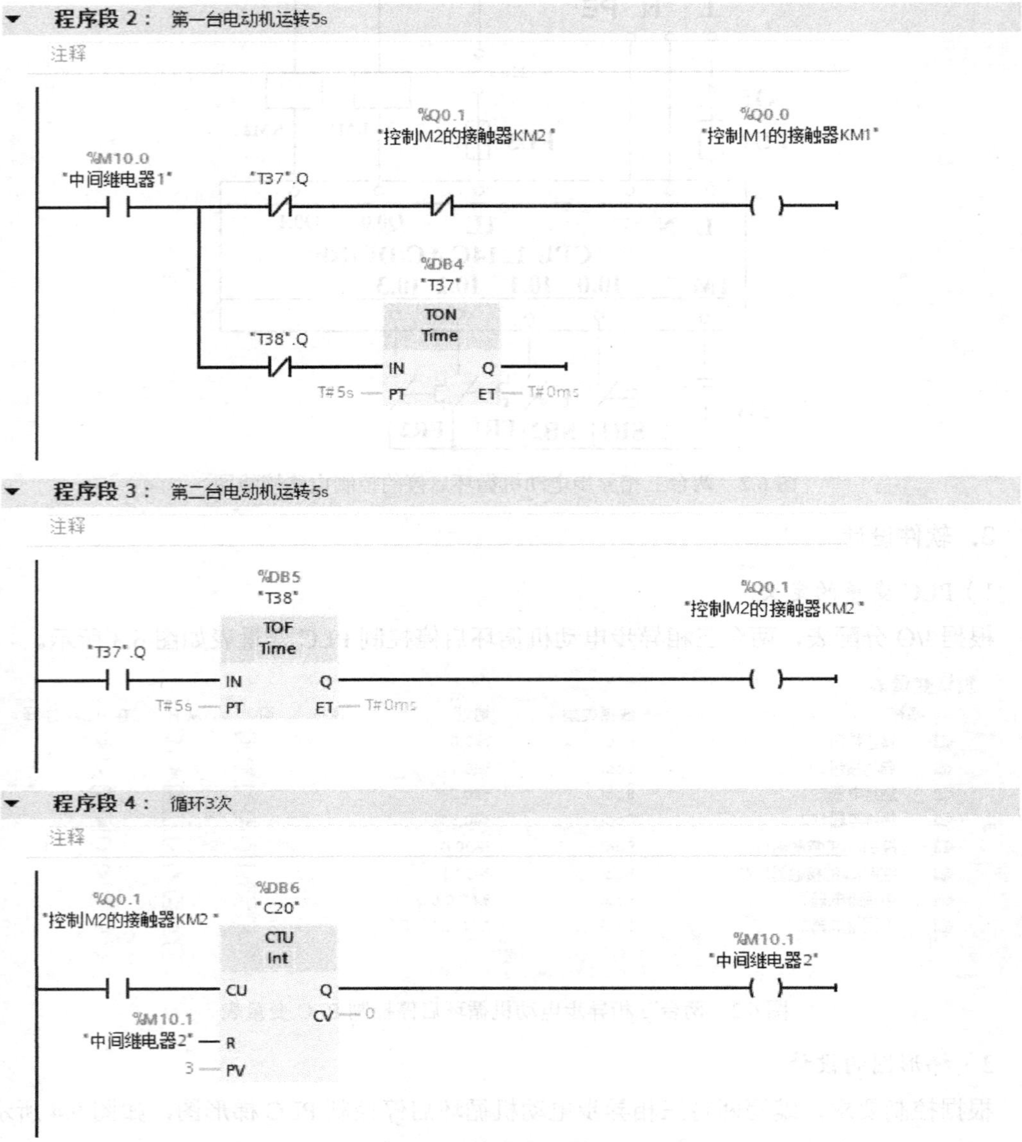

图 6.4　两台三相异步电动机循环启停控制 PLC 梯形图（续）

4．调试运行

下载程序，并按以下步骤进行调试：

（1）按下启动按钮 SB2，M1 启动，运行 5s 后，自动停止。

（2）在 M1 停止运行后，M2 启动，运行 5s 后，自动停止，同时，M1 启动，如此循环 3 次后，M1、M2 停止运行。

（3）在任何时刻按下停止按钮 SB1，M1、M2 都会停止运行，并且系统复位。

如果调试时，你的系统出现以上现象，恭喜你完成了任务；如果调试时，你的系统没有出现以上现象，请你和组员一起分析原因，并把系统调试成功。

5．考核评分

完成任务后，由质量监督员和教师分别进行任务评价，并填写表 6.4。

表 6.4　两台三相异步电动机循环启停控制项目评分表

项目	评分点	配分	质量监督员评分	教师评分	备注
控制系统电路设计	主电路接线图设计正确	5			
	控制电路接线图设计正确	5			
	导线颜色和线号标注正确	2			
	绘制的电气系统图美观	3			
	电气元件的图形符号符合标准	5			
控制系统电路布置、连接工艺与调试	低压电气元件安装布局合理	5			
	电气元件安装牢固	3			
	接线头工艺美观、牢固，且无露铜过长现象	5			
	线槽工艺规范，所有连接线垂直进线槽，无明显斜向进线槽	2			
	导线颜色正确，线径选择正确	3			
	整体布线规范、美观	5			
控制功能实现	系统初步上电安全检查，上电后，初步检测的结果为各电气元件正常工作	2			
	按下启动按钮 SB2，M1 启动并运转	5			
	5s 后，M1 停止运行，M2 启动并运转，循环 3 次	15			
	按下停止按钮 SB1，M1、M2 停止运行，并且系统复位	5			
职业素养	小组成员间沟通顺畅	3			
	小组有决策计划	5			
	小组内部各岗位分工明确	2			
	安装完成后，工位无垃圾	5			
	职业操守好，完工后，工具和配件摆放整齐	5			
安全事项	在安装过程中，无损坏元器件及人身伤害现象	5			
	在通电调试过程中，无短路现象	5			
评分合计					

6.5　实训工单

请你和组员一起按照所扮演的岗位角色，填写好如下实训工单。

项目 6　实训工单（1）

<table>
<tr><td>项目名称</td><td colspan="5">两台三相异步电动机循环启停控制</td></tr>
<tr><td>派工岗位</td><td>技术员（硬件）</td><td>施工地点</td><td></td><td>施工时间</td><td></td></tr>
<tr><td>学生姓名</td><td></td><td>班级</td><td></td><td>学号</td><td></td></tr>
<tr><td>班组名称</td><td>电气施工____组</td><td>同组成员</td><td colspan="3"></td></tr>
<tr><td>实训目标</td><td colspan="5">（1）能设计出两台三相异步电动机循环启停 PLC 控制的电气系统图。
（2）能用 TIA 博途软件编写及调试两台三相异步电动机循环启停控制 PLC 程序。
（3）能实现两台三相异步电动机循环启停的 PLC 控制。
（4）能排除程序调试过程中出现的故障</td></tr>
<tr><td colspan="6">一、项目控制要求</td></tr>
<tr><td colspan="6">（1）按下启动按钮 SB2，M1 启动，运行 5s 后，自动停止。
（2）在 M1 停止运行后，M2 启动，运行 5s 后，自动停止，同时，M1 启动，如此循环 3 次后，M1、M2 停止运行。
（3）在任何时刻按下停止按钮 SB1，M1、M2 都会停止运行，并且系统复位。
（4）该电气系统必须具有必要的短路保护和过载保护等功能</td></tr>
<tr><td colspan="6">二、接受岗位任务</td></tr>
<tr><td colspan="6">（1）在实训工单上画出两台三相异步电动机循环启停控制 I/O 分配表。
（2）使用绘图工具或软件绘制主电路、控制电路的接线图。
（3）安装元器件，完成电路的接线。
（4）与负责软件部分的技术员一起完成项目的调试。
（5）场地 6S 整理</td></tr>
<tr><td colspan="6">三、任务准备</td></tr>
<tr><td colspan="6">（1）实施平台：TIA 博途软件 V15.1、编程计算机、安装了西门子 S7-1200 系列 PLC 的实训台或实训单元等。
（2）穿戴设施：绝缘鞋、安全帽、工作服等。
（3）常用工具：电工钳、斜口钳、剥线钳、压线钳、一字螺丝刀、十字螺丝刀、万用表、多股铜芯线（BV-0.75）、冷压头、安装板、线槽、空气开关、按钮、热继电器、交流接触器等。
（4）技术材料：工作计划表、PLC 编程手册、相关电气安装标准手册等</td></tr>
<tr><td colspan="6">四、实施过程</td></tr>
<tr><td colspan="6">（1）画出 I/O 分配表。</td></tr>
</table>

续表

（2）绘制主电路、控制电路的接线图。
（3）展示电路接线完工图。
（4）展示系统调试成功效果图。

续表

五、遇到的问题及其解决措施	
遇到的问题： 解决措施：	
六、收获与反思	
收获： 反思：	
七、综合评分	

项目 6　实训工单（2）

项目名称	两台三相异步电动机循环启停控制				
派工岗位	技术员（软件）	施工地点		施工时间	
学生姓名		班级		学号	
班组名称	电气施工____组	同组成员			
实训目标	（1）能设计出两台三相异步电动机循环启停 PLC 控制的电气系统图。 （2）能用 TIA 博途软件编写及调试两台三相异步电动机循环启停控制 PLC 程序。 （3）能实现两台三相异步电动机循环启停的 PLC 控制。 （4）能排除程序调试过程中出现的故障				

一、项目控制要求

（1）按下启动按钮 SB2，M1 启动，运行 5s 后，自动停止。

（2）在 M1 停止运行后，M2 启动，运行 5s 后，自动停止，同时，M1 启动，如此循环 3 次后，M1、M2 停止运行。

（3）在任何时刻按下停止按钮 SB1，M1、M2 都会停止运行，并且系统复位。

（4）该电气系统必须具有必要的短路保护和过载保护等功能

二、接受岗位任务

（1）在 TIA 博途软件中，对 PLC 变量进行定义。

（2）编写两台三相异步电动机循环启停控制 PLC 程序。

（3）下载程序，与负责硬件部分的技术员一起完成项目的调试。

（4）场地 6S 整理

三、任务准备

（1）实施平台：TIA 博途软件 V15.1、编程计算机、安装了西门子 S7-1200 系列 PLC 的实训台或实训单元等。

（2）穿戴设施：绝缘鞋、安全帽、工作服等。

（3）常用工具：电工钳、斜口钳、剥线钳、压线钳、一字螺丝刀、十字螺丝刀、万用表、多股铜芯线（BV-0.75）、冷压头、安装板、线槽、空气开关、按钮、热继电器、交流接触器等。

（4）技术材料：工作计划表、PLC 编程手册、相关电气安装标准手册等

四、实施过程

（1）对 PLC 变量进行定义。

（2）编写 PLC 程序。

续表

（3）展示程序调试成功效果图。	
五、遇到的问题及其解决措施	
遇到的问题： 解决措施：	
六、收获与反思	
收获： 反思：	
七、综合评分	

项目 6　实训工单（3）

<table>
<tr><td>项目名称</td><td colspan="5">两台三相异步电动机循环启停控制</td></tr>
<tr><td>派工岗位</td><td>工艺员</td><td>施工地点</td><td></td><td>施工时间</td><td></td></tr>
<tr><td>学生姓名</td><td></td><td>班级</td><td></td><td>学号</td><td></td></tr>
<tr><td>班组名称</td><td>电气施工____组</td><td>同组成员</td><td colspan="3"></td></tr>
<tr><td>实训目标</td><td colspan="5">（1）能设计出两台三相异步电动机循环启停 PLC 控制的电气系统图。
（2）能用 TIA 博途软件编写及调试两台三相异步电动机循环启停控制 PLC 程序。
（3）能实现两台三相异步电动机循环启停的 PLC 控制。
（4）能排除程序调试过程中出现的故障</td></tr>
</table>

一、项目控制要求

（1）按下启动按钮 SB2，M1 启动，运行 5s 后，自动停止。

（2）在 M1 停止运行后，M2 启动，运行 5s 后，自动停止，同时，M1 启动，如此循环 3 次后，M1、M2 停止运行。

（3）在任何时刻按下停止按钮 SB1，M1、M2 都会停止运行，并且系统复位。

（4）该电气系统必须具有必要的短路保护和过载保护等功能

二、接受岗位任务

（1）依据项目控制要求撰写小组决策计划。

（2）编写项目调试工艺流程。

（3）与负责硬件部分的技术员一起完成低压电气设备的选型。

（4）解决现场工艺问题，负责施工过程中工艺问题的预防与纠偏。

（5）场地 6S 整理

三、任务准备

（1）实施平台：TIA 博途软件 V15.1、编程计算机、安装了西门子 S7-1200 系列 PLC 的实训台或实训单元等。

（2）穿戴设施：绝缘鞋、安全帽、工作服等。

（3）常用工具：电工钳、斜口钳、剥线钳、压线钳、一字螺丝刀、十字螺丝刀、万用表、多股铜芯线（BV-0.75）、冷压头、安装板、线槽、空气开关、按钮、热继电器、交流接触器等。

（4）技术材料：工作计划表、PLC 编程手册、相关电气安装标准手册等

四、实施过程

（1）撰写小组决策计划。

（2）编写项目调试工艺流程。

续表

（3）完成低压电气设备的选型。   （4）总结施工过程中工艺问题的预防与纠偏情况。
五、遇到的问题及其解决措施
遇到的问题：   解决措施：
六、收获与反思
收获：   反思：

七、综合评分	

项目6 实训工单（4）

<table>
<tr><td>项目名称</td><td colspan="5">两台三相异步电动机循环启停控制</td></tr>
<tr><td>派工岗位</td><td>质量监督员</td><td>施工地点</td><td></td><td>施工时间</td><td></td></tr>
<tr><td>学生姓名</td><td></td><td>班级</td><td></td><td>学号</td><td></td></tr>
<tr><td>班组名称</td><td>电气施工____组</td><td>同组成员</td><td colspan="3"></td></tr>
<tr><td>实训目标</td><td colspan="5">（1）能设计出两台三相异步电动机循环启停 PLC 控制的电气系统图。
（2）能用 TIA 博途软件编写及调试两台三相异步电动机循环启停控制 PLC 程序。
（3）能实现两台三相异步电动机循环启停的 PLC 控制。
（4）能排除程序调试过程中出现的故障</td></tr>
<tr><td colspan="6">一、项目控制要求</td></tr>
<tr><td colspan="6">（1）按下启动按钮 SB2，M1 启动，运行 5s 后，自动停止。
（2）在 M1 停止运行后，M2 启动，运行 5s 后，自动停止，同时，M1 启动，如此循环 3 次后，M1、M2 停止运行。
（3）在任何时刻按下停止按钮 SB1，M1、M2 都会停止运行，并且系统复位。
（4）该电气系统必须具有必要的短路保护和过载保护等功能</td></tr>
<tr><td colspan="6">二、接受岗位任务</td></tr>
<tr><td colspan="6">（1）监督项目施工过程中各岗位的爱岗敬业情况。
（2）监督各岗位工作完成质量的达标情况。
（3）完成项目评分表的填写。
（4）总结所监督对象的工作过程情况，完成质量报告的撰写。
（5）场地 6S 检查</td></tr>
<tr><td colspan="6">三、任务准备</td></tr>
<tr><td colspan="6">（1）实施平台：TIA 博途软件 V15.1、编程计算机、安装了西门子 S7-1200 系列 PLC 的实训台或实训单元等。
（2）穿戴设施：绝缘鞋、安全帽、工作服等。
（3）常用工具：电工钳、斜口钳、剥线钳、压线钳、一字螺丝刀、十字螺丝刀、万用表、多股铜芯线（BV-0.75）、冷压头、安装板、线槽、空气开关、按钮、热继电器、交流接触器等。
（4）技术材料：工作计划表、PLC 编程手册、相关电气安装标准手册等</td></tr>
<tr><td colspan="6">四、实施过程</td></tr>
<tr><td colspan="6">（1）监督项目施工过程中各岗位的爱岗敬业情况。

（2）监督各岗位工作完成质量的达标情况。

（3）负责场地 6S 检查。

</td></tr>
</table>

续表

（4）完成项目评分表的评分。
（5）总结所监督对象的工作过程情况，简要撰写质量报告。
五、遇到的问题及其解决措施
遇到的问题： 解决措施：
六、收获与反思
收获： 反思：

七、综合评分	

模块 3　西门子 S7-1200 PLC 的进阶应用

项目 7　3 台三相异步电动机的运行控制

知识目标

（1）理解 3 台三相异步电动机运行控制的原理。
（2）掌握 S7-1200 PLC 中数据类型与存储区的相关概念。
（3）掌握 S7-1200 PLC 中数据传送指令的使用方法。

能力目标

（1）能设计出 3 台三相异步电动机运行 PLC 控制的电气系统图。
（2）能用 TIA 博途软件编写及调试 3 台三相异步电动机运行控制 PLC 程序。
（3）能实现 3 台三相异步电动机运行的 PLC 控制。
（4）能排除程序调试过程中出现的故障。

素质目标

（1）激发学生在学习过程中的自主探究意识。
（2）培养学生按国家标准或行业标准从事专业技术活动的职业习惯。
（3）提升学生综合运用专业知识的能力，培养学生精益求精的工匠精神。
（4）提升学生的团队协作能力和沟通能力。

7.1　项目导入

在之前的学习任务中，我们想要将 PLC 的某个输出口置 1，通常采用的指令有两种，一种是输出线圈指令，另一种是置位指令。我们发现，这两种指令一次只能操作 PLC 的一个输出口，有没有一种指令一次可以操作多个输出口，并且可以让这些输出口的状态不一样呢？答案是有。

下面通过控制 3 台三相异步电动机运行的案例来学习传送指令。具体控制要求如下：

（1）按下启动按钮 SB1，三相异步电动机 M1 启动并持续运行。

（2）按下启动按钮 SB2，三相异步电动机 M1、M2 同时启动并持续运行。

（3）按下启动按钮 SB3，三相异步电动机 M1、M2、M3 同时启动并持续运行。

（4）按下停止按钮 SB0，所有三相异步电动机停止运行。

7.2 项目分析

由上述控制要求可知，发出命令的元器件分别为启动按钮 SB1、启动按钮 SB2、启动按钮 SB3，将它们产生的信号作为 PLC 的输入量；执行命令的元器件是控制 3 台三相异步电动机的交流接触器，通过它们的主触点，可以使三相异步电动机接通三相交流电源，从而实现 3 台三相异步电动机的运行控制，将交流接触器线圈产生的信号作为 PLC 的输出量。

7.3 相关知识

1. 数制

S7-1200 PLC 中常用的数为二进制数、十六进制数和 BCD 码。

二进制数能够表示 2 种不同的状态，有 0 和 1 这 2 个数字符号。在 S7-1200 PLC 中，二进制数常用“2#”表示，如 2#11010110 用来表示 1 个 8 位二进制数。在实际使用中，1 状态和 0 状态分别可以用 True 和 False 表示。

4 位二进制数可以用 1 位十六进制数表示，这样可以使计数更加简洁。十六进制数由 0～9 和 A～F 这 16 个符号组成。在 S7-1200 PLC 中，十六进制数用 B#16#、W#16#或 DW#16#后面加数和符号的形式表示，前面的字母 B 表示字节，如 B#16#8A；前面的字母 W 表示字，如 W#16#3BA7；前面的字母 DW 表示双字，如 DW#16#46EA860F。

BCD 码用 4 位二进制数表示 1 位十进制数，BCD 码用 0000、0001、0010、0011、0100、0101、0110、0111、1000、1001 分别表示十进制数的 0、1、2、3、4、5、6、7、8、9。

BCD 码其实是十六进制数，但是各位间的运算关系是逢十进一，十进制数可以方便地转化为BCD 码，如十进制数 156 对应BCD 码 W#16#156 或者二进制数 2#0000 0001 0101 0110。

在 PLC 中，输入/输出十进制变量一般会用到 BCD 码。比如，从键盘输入 1 个十进制数，十进制数首先转换成 BCD 码。如果要将 1 个变量输出到显示器上，那么要将二进制数先转换成 BCD 码，再转换成 7 段码来显示。

2. 数据类型

数据类型决定数据的属性，在 S7-1200 PLC 中，数据类型分为三大类：基本数据类型、复杂数据类型和参数类型。用户程序中的所有数据必须能被数据类型识别。S7-1200 PLC 常用的数据类型详见表 7.1。

1）基本数据类型

基本数据类型定义的是不超过 32 位（bit）的数据。基本数据类型共有 12 种，每种基本数据类型都具备关键字、长度（位数）、取值范围和常数表示形式等属性。

2）复杂数据类型

复杂数据类型定义的是超过 32 位或由其他数据类型组成的数据。复杂数据类型要预先定义，其变量只能在全局数据块中声明，可以作为参数或逻辑块的局部变量。S7-1200 PLC 支持的复杂数据类型有数组、结构、字符串、日期和时间、用户定义的数据类型、函数块 6 种。

3）参数类型

参数类型是指在逻辑块（函数块、函数）之间传递参数的数据类型，主要有以下几种：

（1）TIMER（定时器）和 COUNTER（计数器）。

（2）BLOCK（块）：指定 1 个块用于输入和输出，实参应为同类型的块。

（3）POINTER（指针）：6 字节指针类型，用来传递数据块编号和数据地址。

（4）ANY：10 字节指针类型，用来传递数据块编号、数据地址、数据数量及数据类型。

表 7.1　S7-1200 PLC 常用的数据类型

数据类型	关键字	长度（位数）	取值范围/格式示例
布尔变量	Bool	1	True 或 False（1 或 0）
字节	Byte	8	B#16#0～B#16#FF（255）
字（双字节）	Word	16	十六进制：W#16#0～W#16#FFFF
双字（四字节）	DWord	32	十六进制：DW#16#0～DW#16#FFFF FFFF
8 位有符号整数	SInt	8	-128～127
16 位有符号整数	Int	16	-32768～32767
32 位有符号整数	DInt	32	-L#2147483648～L#2147483647
8 位无符号整数	USInt	8	0～255
16 位无符号整数	UInt	16	0～65535
32 位无符号整数	UDInt	32	0～4294967295
32 位标准浮点数	Real	32	$\pm(1.175495\times10^{-38}\sim3.402823\times10^{38})$
64 位标准浮点数	LReal	64	$\pm(2.2250738585072020\times10^{-308}\sim$ $1.7976931348623157\times10^{-308})$
时间	Time	32	T#-24d20h31m23s648ms～ T#+24d20h31m23s647ms
日期	Date	2	D#1990-01-01～D#2168-12-31
日时间	Time_Of_Day	4	TOD#00:00:00.000～TOD#23:59:59.999
日期时间	Date_And_Time	8	最小值：DT#1990-01-01-00:00:00.000 最大值：DT#2089-12-31-23:59:59.999

3．存储区

因为 PLC 的用户存储区在使用时必须按功能区分，所以在学习指令之前，必须熟悉存储区的分类、表示方法、操作及功能。

1）存储区的地址表示

PLC 的物理存储器以字节为单位，所以存储器单元规定为字节（B）。存储单元可以以位（bit）、字节（B）、字（W）或双字（DW）为单位，每个字节包括 8 位；1 个字包括 2 个字节，即 16 位；1 个双字包括 4 个字节，即 32 位。S7-1200 PLC 存储示意图如图 7.1 所示。

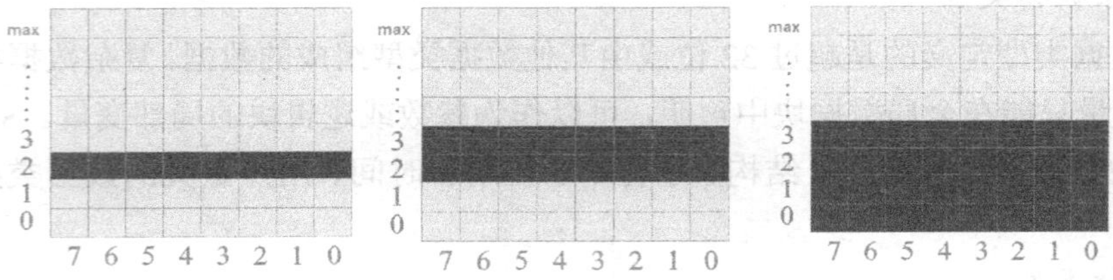

图 7.1　S7-1200 PLC 存储示意图

例如，MB10 是由 M10.0～M10.7 共 8 位组成的；MW10 是由 MB10 和 MB11 这 2 个字节组成的，其中，MB10 为高 8 位，MB11 为低 8 位；MD10 是由 MW10 和 MW12 这 2 个字组成的，即由 MB10～MB13 这 4 个字节组成，其中，MB10 为高 8 位，MB13 为低 8 位。字节、字、双字示意图如图 7.2 所示。

图 7.2　字节、字、双字示意图

在使用字和双字时，要注意字节地址的划分，防止出现字节重叠造成的读写错误。例如，MW0 和 MW1 不要同时使用，因为它们都占用了 MB1。

2）系统存储区

（1）过程映像输入/输出。

过程映像输入在用户程序中的标识符为 I，它是 PLC 接收外部输入的数字量信号的窗口。输入端可以外接常开触点或常闭触点，也可以接由多个触点组成的串联、并联电路。

在每次扫描循环开始时，CPU 读取数字量输入点的外部输入电路的状态，并将它们存入过程映像输入区。

过程映像输出在用户程序中的标识符为 Q，用户程序访问 PLC 的输入和输出地址区不是读、写数字量模块中信号的状态，而是访问 CPU 的过程映像区。在扫描循环中，用户程序计算输出值，并将它们存入过程映像输出区。在下一扫描循环开始时，将过程映像输出区的内容写到数字量输出点，再由后者驱动外部负载。

对存储器进行“读写”“访问”“存取”，这 3 个词的意思基本上相同。

I 和 Q 均可以按位、字节、字和双字来访问，如 I0.0、IB0、IW0 和 ID0。程序编辑器自动地在绝对操作数前面插入“%”，如%I3.2。在结构化控制语言（SCL）中，必须在地址前输入“%”来表示该地址为绝对地址，如果没有“%”，软件在编译时会生成未定义的变量错误。

（2）外设输入。

在I/O点的地址或符号地址的后面附加“:P”，可以立即访问外设输入或外设输出。通过给输入点的地址附加“:P”，如I0.3:P或Stop:P，可以立即读取CPU、信号板和信号模块的数字量输入和模拟量输入。访问时，使用I:P而不是I的原因是前者的数字直接来自被访问的输入点，而不是来自过程映像输入。因为数据是从信号源被立即读取的，而不是从最后一次被刷新的过程映像输入中复制的，所以这种访问被称为“立即读”访问。

由于外设输入点从直接连接在该点的现场设备接收数据值，因此写外设输入点是被禁止的，即I:P访问是只读的。

I:P访问还受到硬件支持的输入长度的限制。以被组态为从I4.0开始的2 DI/2 DQ信号板的输入点为例，可以访问I4.0:P、I4.1:P或IB4:P，但是不能访问I4.2:P～I4.7:P，因为没有使用这些输入点；也不能访问IW4:P和ID4:P，因为它们超过了信号板使用的字节范围。

用I:P访问外设输入不会影响存储在过程映像输入区中的对应值。

（3）外设输出。

在输出点的地址后面附加“:P”（如Q0.3:P），可以立即写CPU、信号板和信号模块的数字量输出（DQ）和模拟量输出。访问时使用Q:P而不是Q的原因是前者的数字直接写给被访问的外设输出点，同时写给过程映像输出。这种访问被称为“立即写”，因为数据被立即写给目标点，不用等到下一次刷新时才将过程映像输出中的数据传送给目标点。

由于外设输出点直接控制与该点连接的现场设备，因此读外设输出点是被禁止的，即Q:P访问是只写的。与此相反，可以读写Q区的数据。

与I:P访问相同，Q:P访问还受到硬件支持的输出长度的限制。

用Q:P访问外设输出同时影响外设输出点和存储在过程映像输出区中的对应值。

（4）位存储器。

位存储器用来存储运算的中间操作状态或其他控制信息，可以用位、字节、字或双字读/写位存储器。

（5）数据块。

数据块用来存储代码块使用的各种类型的数据，包括中间操作状态或函数块的其他控制信息参数，以及某些指令（如定时器指令、计数器指令）需要的数据结构。

数据块可以按位（如DB1.DBX3.5）、字节（如DBB1）、字（如DBW1）和双字（如DBDO）来访问。在访问数据块中的数据时，应指明数据块的名称，如DB1.DBW20、DB1.DBD20等。

如果启用了块属性“优化的块访问”，则不能用绝对地址访问数据块和代码块的接口区中的临时局部数据。

（6）临时存储器。

临时存储器用于存储代码块被处理时使用的临时数据。临时存储器类似于位存储器，二者的主要区别在于位存储器是全局的，而临时存储器是局部的。

所有的组织块、函数和函数块都可以访问位存储器中的数据，即这些数据可以供用户程序中所有的代码块全局性地使用。

在组织块、函数和函数块的接口区生成的临时变量（Temp）具有局部性，只能在生成它们的代码块内使用，不能与其他代码块共享。即使组织块调用函数，函数也不能访问调用它的组织块的临时存储器。

CPU 在代码块被启动（对于组织块）或被调用（对于函数和函数块）时，将临时存储器分配给代码块。在代码块执行结束后，CPU 将它使用的临时存储器重新分配给其他要执行的代码块。CPU 不对在分配时可能包含数值的临时存储单元初始化，只能通过符号地址访问临时存储器。

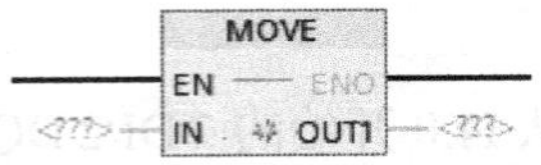

图 7.3　数据传送指令（MOVE 指令）

4．数据传送指令

数据传送指令（MOVE 指令）如图 7.3 所示，“IN”为数据输入端口，“OUT1”为数据输出寻址端口，输入和输出可以是 8 位、16 位或者 32 位的数据。

7.4　项目实施

1．岗位派工

为达到控制要求，本项目引入技术员、工艺员和质量监督员三个岗位。请各小组成员分别扮演其中一个岗位角色，并参与项目实施。各岗位工作任务如表 7.2 所示，请各岗位人员按要求完成任务，并在本项目的实训工单中做好记录。

表 7.2　各岗位工作任务

岗位名称	角色任务
技术员（硬件）	（1）在实训工单上画出 3 台三相异步电动机运行控制 I/O 分配表。 （2）使用绘图工具或软件绘制主电路、控制电路的接线图。 （3）安装元器件，完成电路的接线。 （4）与负责软件部分的技术员一起完成项目的调试。 （5）场地 6S 整理
技术员（软件）	（1）在 TIA 博途软件中，对 PLC 变量进行定义。 （2）编写 3 台三相异步电动机运行控制 PLC 程序。 （3）下载程序，与负责硬件部分的技术员一起完成项目的调试。 （4）场地 6S 整理
工艺员	（1）依据项目控制要求撰写小组决策计划。 （2）编写项目调试工艺流程。 （3）与负责硬件部分的技术员一起完成低压电气设备的选型。 （4）解决现场工艺问题，负责施工过程中工艺问题的预防与纠偏。 （5）场地 6S 整理
质量监督员	（1）监督项目施工过程中各岗位的爱岗敬业情况。 （2）监督各岗位工作完成质量的达标情况。 （3）完成项目评分表的填写。 （4）总结所监督对象的工作过程情况，完成质量报告的撰写。 （5）场地 6S 检查

2. 硬件电路设计与安装接线

1）I/O 分配

根据项目分析，对 PLC 的输入量、输出量进行分配，如表 7.3 所示。

表 7.3　3 台三相异步电动机运行控制 I/O 分配表

输入端		输出端	
PLC 接口	元器件	PLC 接口	元器件
I0.0	启动按钮 SB1	Q0.0	控制 M1 的接触器 KM1
I0.1	启动按钮 SB2	Q0.1	控制 M2 的接触器 KM2
I0.2	启动按钮 SB3	Q0.2	控制 M3 的接触器 KM3
I0.3	停止按钮 SB0		

2）控制电路接线图

结合 PLC 的 I/O 分配表，设计 3 台三相异步电动机运行控制电路接线图，如图 7.4 所示。在电路中，CPU 采用 AC/DC/Rly 类型。

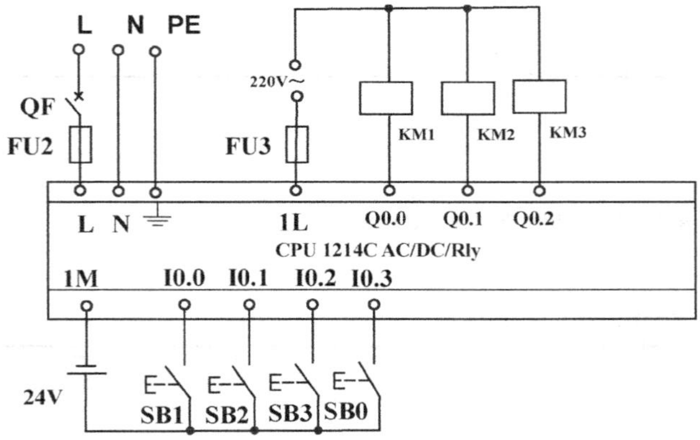

图 7.4　3 台三相异步电动机运行控制电路接线图

3）安装元器件并连接电路

在该项目中，主电路只需将 3 台三相异步电动机并联即可，控制电路按图 7.4 安装元器件并连接。每接完一个电路，都要对电路进行一次必要的检查，以免出现严重的损坏。重点可从主电路有无短路现象，控制电路中的 PLC 电源部分、输入端和输出端部分有无短路现象，各接触器的触点是否接错，以及 I/O 口是否未按 I/O 分配表进行分配等方面进行检查。

3. 软件设计

1）PLC 变量的定义

根据 I/O 分配表，3 台三相异步电动机运行控制 PLC 变量表如图 7.5 所示。

2）梯形图的设计

根据控制要求，编写 3 台三相异步电动机运行控制 PLC 梯形图，如图 7.6 所示。

默认变量表

	名称	数据类型	地址	保持	可从 ...	从 H...	在 H...
1	启动按钮SB1	Bool	%I0.0	☐	☑	☑	☑
2	启动按钮SB2	Bool	%I0.1	☐	☑	☑	☑
3	启动按钮SB3	Bool	%I0.2	☐	☑	☑	☑
4	停止按钮SB0	Bool	%I0.3	☐	☑	☑	☑
5	控制M1的接触器KM1	Bool	%Q0.0	☐	☑	☑	☑
6	控制M2的接触器KM2	Bool	%Q0.1	☐	☑	☑	☑
7	控制M3的接触器KM3	Bool	%Q0.2	☐	☑	☑	☑
8	Tag_1	Byte	%QB0	☐	☑	☑	☑
9	<新增>			☐	☑	☑	☑

图 7.5　3 台三相异步电动机运行控制 PLC 变量表

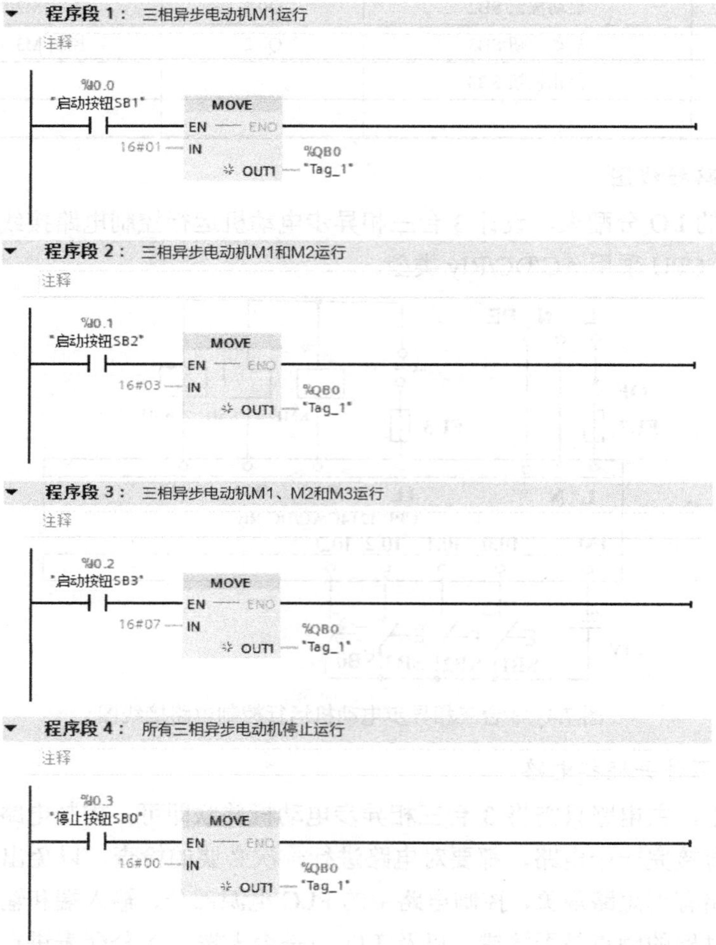

图 7.6　3 台三相异步电动机运行控制 PLC 梯形图

4．调试运行

下载程序，并按以下步骤进行调试：

按下启动按钮 SB1，I0.0 闭合，第一个数据传送指令把十六进制的 01 传送给 Q0.0～Q0.7，这时 Q0.0 为 1，其他为 0，三相异步电动机 M1 得电并运行。

按下启动按钮 SB2，I0.1 闭合，第二个数据传送指令把十六进制的 03 传送给 Q0.0～Q0.7，这时 Q0.0 和 Q0.1 为 1，其他为 0，三相异步电动机 M1、M2 得电并运行。

按下启动按钮 SB3，I0.2 闭合，第三个数据传送指令把十六进制的 07 传送给 Q0.0～Q0.7，这时 Q0.0、Q0.1 和 Q0.2 为 1，其他为 0，三相异步电动机 M1、M2、M3 得电并运行。

按下停止按钮 SB0，I0.3 闭合，第四个数据传送指令把十六进制的 00 传送给 Q0.0～Q0.7，这时所有的输出口为 0，所有三相异步电动机停止运行。

如果调试时，你的系统出现以上现象，恭喜你完成了任务；如果调试时，你的系统没有出现以上现象，请你和组员一起分析原因，并把系统调试成功。

5．考核评分

完成任务后，由质量监督员和教师分别进行任务评价，并填写表 7.4。

表 7.4　3 台三相异步电动机运行控制项目评分表

项目	评分点	配分	质量监督员评分	教师评分	备注
控制系统电路设计	主电路接线图设计正确	5			
	控制电路接线图设计正确	5			
	导线颜色和线号标注正确	2			
	绘制的电气系统图美观	3			
	电气元件的图形符号符合标准	5			
控制系统电路布置、连接工艺与调试	低压电气元件安装布局合理	5			
	电气元件安装牢固	3			
	接线头工艺美观、牢固，且无露铜过长现象	5			
	线槽工艺规范，所有连接线垂直进线槽，无明显斜向进线槽	2			
	导线颜色正确，线径选择正确	3			
	整体布线规范、美观	5			
控制功能实现	系统初步上电安全检查，上电后，初步检测的结果为各电气元件正常工作	2			
	按下启动按钮 SB1，三相异步电动机 M1 启动并运行	6			
	按下启动按钮 SB2，三相异步电动机 M1、M2 同时启动并持续运行	7			
	按下启动按钮 SB3，三相异步电动机 M1、M2、M3 同时启动并持续运行	7			
	按下停止按钮 SB0，所有三相异步电动机停止运行	5			
职业素养	小组成员间沟通顺畅	3			
	小组有决策计划	5			
	小组内部各岗位分工明确	2			
	安装完成后，工位无垃圾	5			
	职业操守好，完工后，工具和配件摆放整齐	5			
安全事项	在安装过程中，无损坏元器件及人身伤害现象	5			
	在通电调试过程中，无短路现象	5			
评分合计					

7.5　实训工单

请你和组员一起按照所扮演的岗位角色，填写好如下实训工单。

项目 7　实训工单（1）

<table>
<tr><td>项目名称</td><td colspan="5">3 台三相异步电动机的运行控制</td></tr>
<tr><td>派工岗位</td><td>技术员（硬件）</td><td>施工地点</td><td></td><td>施工时间</td><td></td></tr>
<tr><td>学生姓名</td><td></td><td>班级</td><td></td><td>学号</td><td></td></tr>
<tr><td>班组名称</td><td>电气施工____组</td><td>同组成员</td><td colspan="3"></td></tr>
<tr><td>实训目标</td><td colspan="5">（1）能设计出 3 台三相异步电动机运行 PLC 控制的电气系统图。
（2）能用 TIA 博途软件编写及调试 3 台三相异步电动机运行控制 PLC 程序。
（3）能实现 3 台三相异步电动机运行的 PLC 控制。
（4）能排除程序调试过程中出现的故障</td></tr>
<tr><td colspan="6">一、项目控制要求</td></tr>
<tr><td colspan="6">（1）按下启动按钮 SB1，三相异步电动机 M1 启动并持续运行。
（2）按下启动按钮 SB2，三相异步电动机 M1、M2 同时启动并持续运行。
（3）按下启动按钮 SB3，三相异步电动机 M1、M2、M3 同时启动并持续运行。
（4）按下停止按钮 SB0，所有三相异步电动机停止运行</td></tr>
<tr><td colspan="6">二、接受岗位任务</td></tr>
<tr><td colspan="6">（1）在实训工单上画出 3 台三相异步电动机运行控制 I/O 分配表。
（2）使用绘图工具或软件绘制主电路、控制电路的接线图。
（3）安装元器件，完成电路的接线。
（4）与负责软件部分的技术员一起完成项目的调试。
（5）场地 6S 整理</td></tr>
<tr><td colspan="6">三、任务准备</td></tr>
<tr><td colspan="6">（1）实施平台：TIA 博途软件 V15.1、编程计算机、安装了西门子 S7-1200 系列 PLC 的实训台或实训单元等。
（2）穿戴设施：绝缘鞋、安全帽、工作服等。
（3）常用工具：电工钳、斜口钳、剥线钳、压线钳、一字螺丝刀、十字螺丝刀、万用表、多股铜芯线（BV-0.75）、冷压头、安装板、线槽、空气开关、按钮、热继电器、交流接触器等。
（4）技术材料：工作计划表、PLC 编程手册、相关电气安装标准手册等</td></tr>
<tr><td colspan="6">四、实施过程</td></tr>
<tr><td colspan="6">（1）画出 I/O 分配表。</td></tr>
</table>

续表

(2) 绘制主电路、控制电路的接线图。
(3) 展示电路接线完工图。
(4) 展示系统调试成功效果图。

续表

五、遇到的问题及其解决措施	
遇到的问题： 解决措施：	
六、收获与反思	
收获： 反思：	
七、综合评分	

项目 7　实训工单（2）

项目名称	3 台三相异步电动机的运行控制				
派工岗位	技术员（软件）	施工地点		施工时间	
学生姓名		班级		学号	
班组名称	电气施工____组	同组成员			
实训目标	（1）能设计出 3 台三相异步电动机运行 PLC 控制的电气系统图。 （2）能用 TIA 博途软件编写及调试 3 台三相异步电动机运行控制 PLC 程序。 （3）能实现 3 台三相异步电动机运行的 PLC 控制。 （4）能排除程序调试过程中出现的故障				
一、项目控制要求					
（1）按下启动按钮 SB1，三相异步电动机 M1 启动并持续运行。 （2）按下启动按钮 SB2，三相异步电动机 M1、M2 同时启动并持续运行。 （3）按下启动按钮 SB3，三相异步电动机 M1、M2、M3 同时启动并持续运行。 （4）按下停止按钮 SB0，所有三相异步电动机停止运行					
二、接受岗位任务					
（1）在 TIA 博途软件中，对 PLC 变量进行定义。 （2）编写 3 台三相异步电动机运行控制 PLC 程序。 （3）下载程序，与负责硬件部分的技术员一起完成项目的调试。 （4）场地 6S 整理					
三、任务准备					
（1）实施平台：TIA 博途软件 V15.1、编程计算机、安装了西门子 S7-1200 系列 PLC 的实训台或实训单元等。 （2）穿戴设施：绝缘鞋、安全帽、工作服等。 （3）常用工具：电工钳、斜口钳、剥线钳、压线钳、一字螺丝刀、十字螺丝刀、万用表、多股铜芯线（BV-0.75）、冷压头、安装板、线槽、空气开关、按钮、热继电器、交流接触器等。 （4）技术材料：工作计划表、PLC 编程手册、相关电气安装标准手册等。					
四、实施过程					
（1）对 PLC 变量进行定义。 （2）编写 PLC 程序。 					

续表

（3）展示程序调试成功效果图。	
五、遇到的问题及其解决措施	
遇到的问题： 解决措施：	
六、收获与反思	
收获： 反思：	
七、综合评分	

项目 7　实训工单（3）

<table>
<tr><td>项目名称</td><td colspan="5">3 台三相异步电动机的运行控制</td></tr>
<tr><td>派工岗位</td><td>工艺员</td><td>施工地点</td><td></td><td>施工时间</td><td></td></tr>
<tr><td>学生姓名</td><td></td><td>班级</td><td></td><td>学号</td><td></td></tr>
<tr><td>班组名称</td><td>电气施工____组</td><td>同组成员</td><td colspan="3"></td></tr>
<tr><td>实训目标</td><td colspan="5">（1）能设计出 3 台三相异步电动机运行 PLC 控制的电气系统图。
（2）能用 TIA 博途软件编写及调试 3 台三相异步电动机运行控制 PLC 程序。
（3）能实现 3 台三相异步电动机运行的 PLC 控制。
（4）能排除程序调试过程中出现的故障</td></tr>
</table>

一、项目控制要求

（1）按下启动按钮 SB1，三相异步电动机 M1 启动并持续运行。

（2）按下启动按钮 SB2，三相异步电动机 M1、M2 同时启动并持续运行。

（3）按下启动按钮 SB3，三相异步电动机 M1、M2、M3 同时启动并持续运行。

（4）按下停止按钮 SB0，所有三相异步电动机停止运行

二、接受岗位任务

（1）依据项目控制要求撰写小组决策计划。

（2）编写项目调试工艺流程。

（3）与负责硬件部分的技术员一起完成低压电气设备的选型。

（4）解决现场工艺问题，负责施工过程中工艺问题的预防与纠偏。

（5）场地 6S 整理

三、任务准备

（1）实施平台：TIA 博途软件 V15.1、编程计算机、安装了西门子 S7-1200 系列 PLC 的实训台或实训单元等。

（2）穿戴设施：绝缘鞋、安全帽、工作服等。

（3）常用工具：电工钳、斜口钳、剥线钳、压线钳、一字螺丝刀、十字螺丝刀、万用表、多股铜芯线（BV-0.75）、冷压头、安装板、线槽、空气开关、按钮、热继电器、交流接触器等。

（4）技术材料：工作计划表、PLC 编程手册、相关电气安装标准手册等

四、实施过程

（1）撰写小组决策计划。

（2）编写项目调试工艺流程。

续表

（3）完成低压电气设备的选型。   （4）总结施工过程中工艺问题的预防与纠偏情况。
五、遇到的问题及其解决措施
遇到的问题：   解决措施：
六、收获与反思
收获：   反思：
七、综合评分	

项目 7　实训工单（4）

项目名称	3 台三相异步电动机的运行控制				
派工岗位	质量监督员	施工地点		施工时间	
学生姓名		班级		学号	
班组名称	电气施工____组	同组成员			
实训目标	（1）能设计出 3 台三相异步电动机运行 PLC 控制的电气系统图。 （2）能用 TIA 博途软件编写及调试 3 台三相异步电动机运行控制 PLC 程序。 （3）能实现 3 台三相异步电动机运行的 PLC 控制。 （4）能排除程序调试过程中出现的故障				

一、项目控制要求

（1）按下启动按钮 SB1，三相异步电动机 M1 启动并持续运行。

（2）按下启动按钮 SB2，三相异步电动机 M1、M2 同时启动并持续运行。

（3）按下启动按钮 SB3，三相异步电动机 M1、M2、M3 同时启动并持续运行。

（4）按下停止按钮 SB0，所有三相异步电动机停止运行

二、接受岗位任务

（1）监督项目施工过程中各岗位的爱岗敬业情况。

（2）监督各岗位工作完成质量的达标情况。

（3）完成项目评分表的填写。

（4）总结所监督对象的工作过程情况，完成质量报告的撰写。

（5）场地 6S 检查

三、任务准备

（1）实施平台：TIA 博途软件 V15.1、编程计算机、安装了西门子 S7-1200 系列 PLC 的实训台或实训单元等。

（2）穿戴设施：绝缘鞋、安全帽、工作服等。

（3）常用工具：电工钳、斜口钳、剥线钳、压线钳、一字螺丝刀、十字螺丝刀、万用表、多股铜芯线（BV-0.75）、冷压头、安装板、线槽、空气开关、按钮、热继电器、交流接触器等。

（4）技术材料：工作计划表、PLC 编程手册、相关电气安装标准手册等

四、实施过程

（1）监督项目施工过程中各岗位的爱岗敬业情况。

（2）监督各岗位工作完成质量的达标情况。

（3）负责场地 6S 检查。

续表

（4）完成项目评分表的评分。   （5）总结所监督对象的工作过程情况，简要撰写质量报告。
五、遇到的问题及其解决措施
遇到的问题：   解决措施：
六、收获与反思
收获：   反思：

七、综合评分	

项目 8　交通灯控制

知识目标

（1）理解交通灯控制的原理。

（2）掌握 S7-1200 PLC 中比较指令的使用方法。

能力目标

（1）能设计出交通灯 PLC 控制的电气系统图。

（2）能用 TIA 博途软件编写及调试交通灯控制 PLC 程序。

（3）能实现交通灯的 PLC 控制。

（4）能排除程序调试过程中出现的故障。

素质目标

（1）激发学生在学习过程中的自主探究意识。

（2）培养学生按国家标准或行业标准从事专业技术活动的职业习惯。

（3）提升学生综合运用专业知识的能力，培养学生精益求精的工匠精神。

（4）提升学生的团队协作能力和沟通能力。

8.1　项目导入

十字路口的交通灯在日常生活中很常见，请你和组员一起使用 S7-1200 PLC 实现交通灯控制。具体控制要求如下：

（1）按下启动按钮 SB1，东西方向的绿灯 HL1 亮 25s 后闪烁 3s，黄灯 HL2 亮 3s，红灯 HL3 亮 31s。

（2）在东西方向的交通灯动作的同时，南北方向的红灯 HL6 亮 31s，绿灯 HL4 亮 25s 后闪烁 3s，黄灯 HL5 亮 3s。如此循环。

（3）在任何时刻按下停止按钮 SB2，系统都会复位，交通灯全部熄灭。

交通灯控制要求示意图如图 8.1 所示。

图 8.1　交通灯控制要求示意图

8.2　项目分析

由上述控制要求可知，输入量为 1 个开始按钮和 1 个停止按钮产生的信号；输出量为东西方向的 3 个交通灯和南北方向的 3 个交通灯产生的信号；交通灯程序可用多个定时器来实现，程序相对来说比较烦琐，如果采用一个定时器再配合比较指令的方法来达到控制要求，则显示比较简洁易懂。东西方向和南北方向的控制时长共为 62s，各交通灯的具体时间如下：

东西方向：绿灯 $0s<t\leqslant 28s$，黄灯 $28s<t\leqslant 31s$，红灯 $31s<t\leqslant 62s$。

南北方向：红灯 $0s<t\leqslant 31s$，绿灯 $31s<t\leqslant 59s$，黄灯 $59s<t\leqslant 62s$。

8.3　相关知识

1．比较指令

比较指令用于比较两个相同类型数据的大小，比较指令的实质是关系运算。S7-1200 PLC 中包含“==”（等于）、“<>”（不等于）、“>”（大于）、“<”（小于）、“>=”（大于或等于）、“<=”（小于或等于）等共 10 种比较指令。比较指令的指令符号和功能说明如表 8.1 所示。

表 8.1　比较指令的指令符号和功能说明

指令	指令符号	功能说明
等于指令	<???> == ??? <???>	使用等于指令判断第一个比较值（<操作数 1>）是否等于第二个比较值（<操作数 2>）。如果满足比较条件，则指令返回逻辑运算结果（RLO）“1”。如果不满足比较条件，则该指令返回 RLO “0”。（如果启用了 IEC 检查，则要比较的操作数必须属于同一数据类型；如果未启用 IEC 检查，则操作数的宽度必须相同）
不等于指令	<???> <> ??? <???>	使用不等于指令判断第一个比较值（<操作数 1>）是否不等于第二个比较值（<操作数 2>）。如果满足比较条件，则该指令返回逻辑运算结果（RLO）“1”；如果不满足比较条件，则该指令返回 RLO “0”。（如果启用了 IEC 检查，则要比较的操作数必须属于同一数据类型；如果未启用 IEC 检查，则操作数的宽度必须相同）

续表

指令	指令符号	功能说明
大于或等于指令	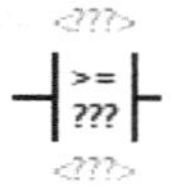	使用大于或等于指令判断第一个比较值（<操作数 1>）是否大于或等于第二个比较值（<操作数 2>）。要比较的两个值必须为相同的数据类型。如果满足比较条件，则该指令返回 RLO“1”；如果不满足比较条件，则该指令返回 RLO“0”
小于或等于指令	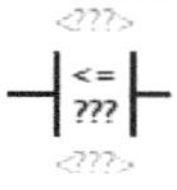	使用小于或等于指令判断第一个比较值（<操作数 1>）是否小于或等于第二个比较值（<操作数 2>）。要比较的两个值必须为相同的数据类型。如果满足比较条件，则该指令返回 RLO“1”；如果不满足比较条件，则该指令返回 RLO“0”
大于指令	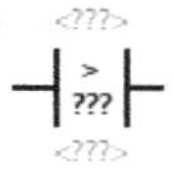	使用大于指令判断第一个比较值（<操作数 1>）是否大于第二个比较值（<操作数 2>）。要比较的两个值必须为相同的数据类型。如果满足比较条件，则该指令返回 RLO“1”；如果不满足比较条件，则该指令返回 RLO“0”
小于指令	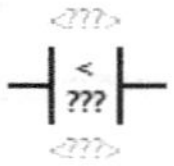	使用小于指令判断第一个比较值（<操作数 1>）是否小于第二个比较值（<操作数 2>）。要比较的两个值必须为相同的数据类型。如果满足比较条件，则该指令返回 RLO“1”；如果不满足比较条件，则该指令返回 RLO“0”
值在范围内指令	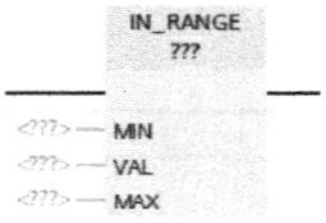	使用值在范围内指令判断输入 VAL 的值是否在指定的取值范围内。使用输入 MIN 和 MAX 可以指定取值范围的限值。值在范围内指令对输入 VAL 的值与输入 MIN 和 MAX 的值进行比较，并将结果发送到功能框输出中。如果输入 VAL 的值满足 MIN<=VAL 或 VAL <=MAX 的比较条件，则功能框输出的信号状态为“1”。如果不满足以上比较条件，则功能框输出的信号状态为“0”。如果功能框输入的信号状态为“0”，则不执行值在范围内指令。只有在待比较值的数据类型相同且互连了功能框输入时，才能执行该比较指令
值超出范围指令	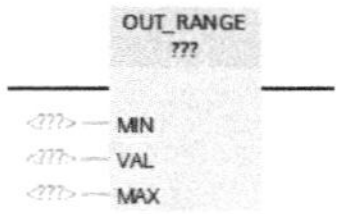	使用值超出范围指令判断输入 VAL 的值是否超出指定的取值范围。使用输入 MIN 和 MAX 可以指定取值范围的限值。值超出范围指令对输入 VAL 的值与输入 MIN 和 MAX 的值进行比较，并将结果发送到功能框输出中。如果输入 VAL 的值满足 MIN>VAL 或 VAL>MAX 的比较条件，则功能框输出的信号状态为“1”。如果指定的 REAL 数据类型的操作数具有无效值，则功能框输出的信号状态也为“1”。如果输入 VAL 的值不满足 MIN>VAL 或 VAL>MAX 的比较条件，则功能框输出返回信号状态“0”。如果功能框输入的信号状态为“0”，则不执行值超出范围指令。只有在待比较值的数据类型相同且互连了功能框输入时，才能执行该比较指令
检查有效性指令		使用检查有效性指令判断操作数的值（<操作数>）是否为有效的浮点数。如果该指令输入的信号状态为“1”，则在每个程序周期内都进行检查。如果操作数的值是有效浮点数且指令的信号状态为“1”，则该指令输出的信号状态为“1”。在其他任何情况下，检查有效性指令输出的信号状态都为“0”
检查无效性指令		使用检查无效性指令判断操作数的值（<操作数>）是否为无效的浮点数。如果该指令输入的信号状态为“1”，则在每个程序周期内都进行检查。如果操作数的值是无效浮点数且指令的信号状态为“1”，则该指令输出的信号状态为“1”。在其他任何情况下，检查无效性指令输出的信号状态都为“0”

2．时钟存储器指令

在交通灯控制项目中，还需解决灯闪烁程序编写问题。在 S7-1200 PLC 中，使用时钟存储器指令能给我们带来很大的便利。接下来，我们一起学习 S7-1200 PLC 中的时钟存储器指令。

（1）设置时钟存储器步骤 1 如图 8.2 所示，单击 PLC_1 的图片。

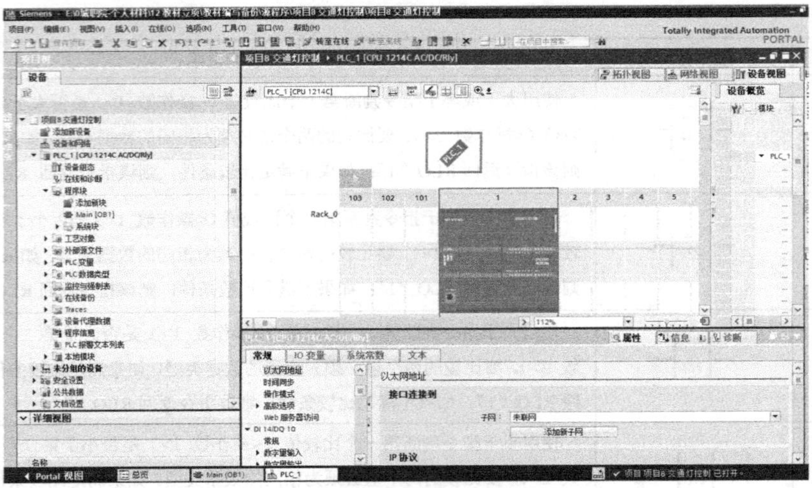

图 8.2　设置时钟存储器步骤 1

（2）设置时钟存储器步骤 2 如图 8.3 所示，单击“属性”选项卡，在“常规”列表中选择“系统和时钟存储器”选项。

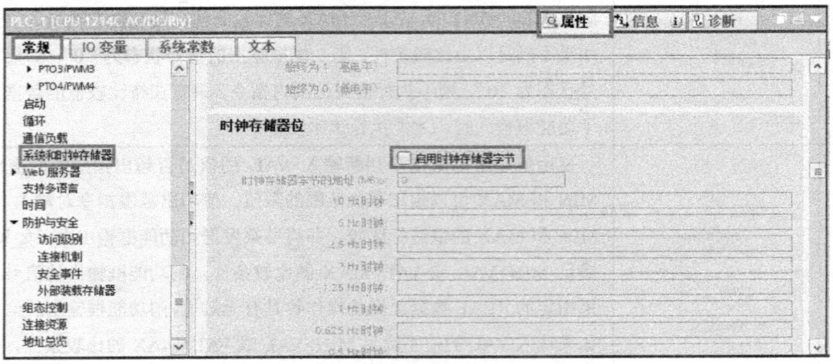

图 8.3　设置时钟存储器步骤 2

（3）设置时钟存储器步骤 3 如图 8.4 所示，勾选“启用时钟存储器字节”复选框，地址是默认的 0，此处可更改成想要设置的地址。由图 8.4 可以看出，M0.0 能发出 10Hz 的时钟信号，M0.5 可发出 1Hz 的时钟信号。在此项目中，我们可以利用 M0.5 发出 1Hz 的时钟信号，让信号灯每隔 1s 闪烁 1 次。

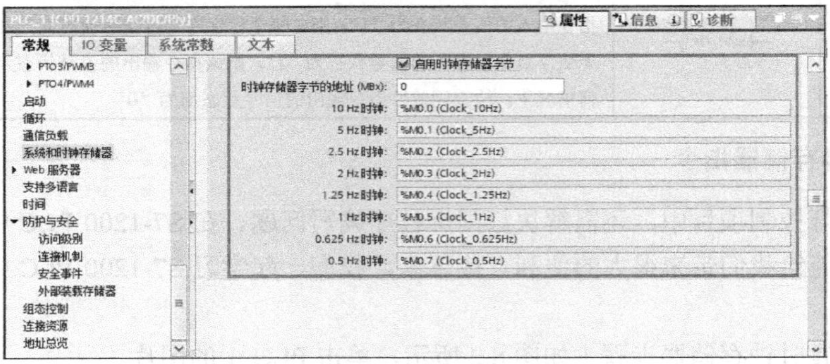

图 8.4　设置时钟存储器步骤 3

8.4　项目实施

1. 岗位派工

为达到控制要求，本项目引入技术员、工艺员和质量监督员三个岗位。请各小组成员分别扮演其中一个岗位角色，并参与项目实施。各岗位工作任务如表 8.2 所示，请各岗位人员按要求完成任务，并在本项目的实训工单中做好记录。

表 8.2　各岗位工作任务

岗位名称	角色任务
技术员（硬件）	（1）在实训工单上画出交通灯控制 I/O 分配表。 （2）使用绘图工具或软件绘制控制电路接线图。 （3）安装元器件，完成电路的接线。 （4）与负责软件部分的技术员一起完成项目的调试。 （5）场地 6S 整理
技术员（软件）	（1）在 TIA 博途软件中，对 PLC 变量进行定义。 （2）编写交通灯控制 PLC 程序。 （3）下载程序，与负责硬件部分的技术员一起完成项目的调试。 （4）场地 6S 整理
工艺员	（1）依据项目控制要求撰写小组决策计划。 （2）编写项目调试工艺流程。 （3）与负责硬件部分的技术员一起完成低压电气设备的选型。 （4）解决现场工艺问题，负责施工过程中工艺问题的预防与纠偏。 （5）场地 6S 整理
质量监督员	（1）监督项目施工过程中各岗位的爱岗敬业情况。 （2）监督各岗位工作完成质量的达标情况。 （3）完成项目评分表的填写。 （4）总结所监督对象的工作过程情况，完成质量报告的撰写。 （5）场地 6S 检查

2. 硬件电路设计与安装接线

1）I/O 分配

根据项目分析，对 PLC 的输入量、输出量进行分配，如表 8.3 所示。

表 8.3　交通灯控制 I/O 分配表

输入端		输出端	
PLC 接口	元器件	PLC 接口	元器件
I0.0	启动按钮 SB1	Q0.0	东西方向的绿灯 HL1
I0.1	停止按钮 SB2	Q0.1	东西方向的黄灯 HL2
		Q0.2	东西方向的红灯 HL3
		Q0.3	南北方向的绿灯 HL4
		Q0.4	南北方向的黄灯 HL5
		Q0.5	南北方向的红灯 HL6

2）控制电路接线图

结合 PLC 的 I/O 分配表，设计交通灯控制电路接线图，如图 8.5 所示。在电路中，CPU 采用 AC/DC/Rly 类型。

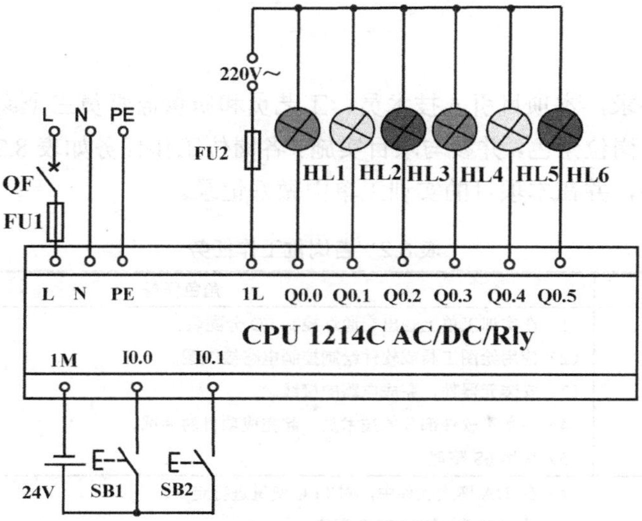

图 8.5 交通灯控制电路接线图

3）安装元器件并连接电路

根据图 8.2 安装元器件并连接电路。每接完一个电路，都要对电路进行一次必要的检查，以免出现严重的损坏。重点可从主电路有无短路现象，控制电路中的 PLC 电源部分、输入端和输出端部分有无短路现象，各接触器的触点是否接错，以及 I/O 口是否未按 I/O 分配表进行分配等方面进行检查。

3. 软件设计

1）PLC 变量的定义

根据 I/O 分配表，交通灯控制 PLC 变量表如图 8.6 所示。

默认变量表

	名称	数据类型	地址	保持	可从 ...	从 H...	在 H...
1	启动按钮SB1	Bool	%I0.0	☐	☑	☑	☑
2	停止按钮SB2	Bool	%I0.1	☐	☑	☑	☑
3	东西方向的绿灯HL1	Bool	%Q0.0	☐	☑	☑	☑
4	东西方向的黄灯HL2	Bool	%Q0.1	☐	☑	☑	☑
5	东西方向的红灯HL3	Bool	%Q0.2	☐	☑	☑	☑
6	南北方向的绿灯HL4	Bool	%Q0.3	☐	☑	☑	☑
7	南北方向的黄灯HL5	Bool	%Q0.4	☐	☑	☑	☑
8	南北方向的红灯HL6	Bool	%Q0.5	☐	☑	☑	☑

图 8.6 交通灯控制 PLC 变量表

2）梯形图的设计

根据控制要求，编写交通灯控制 PLC 梯形图，如图 8.7 所示。

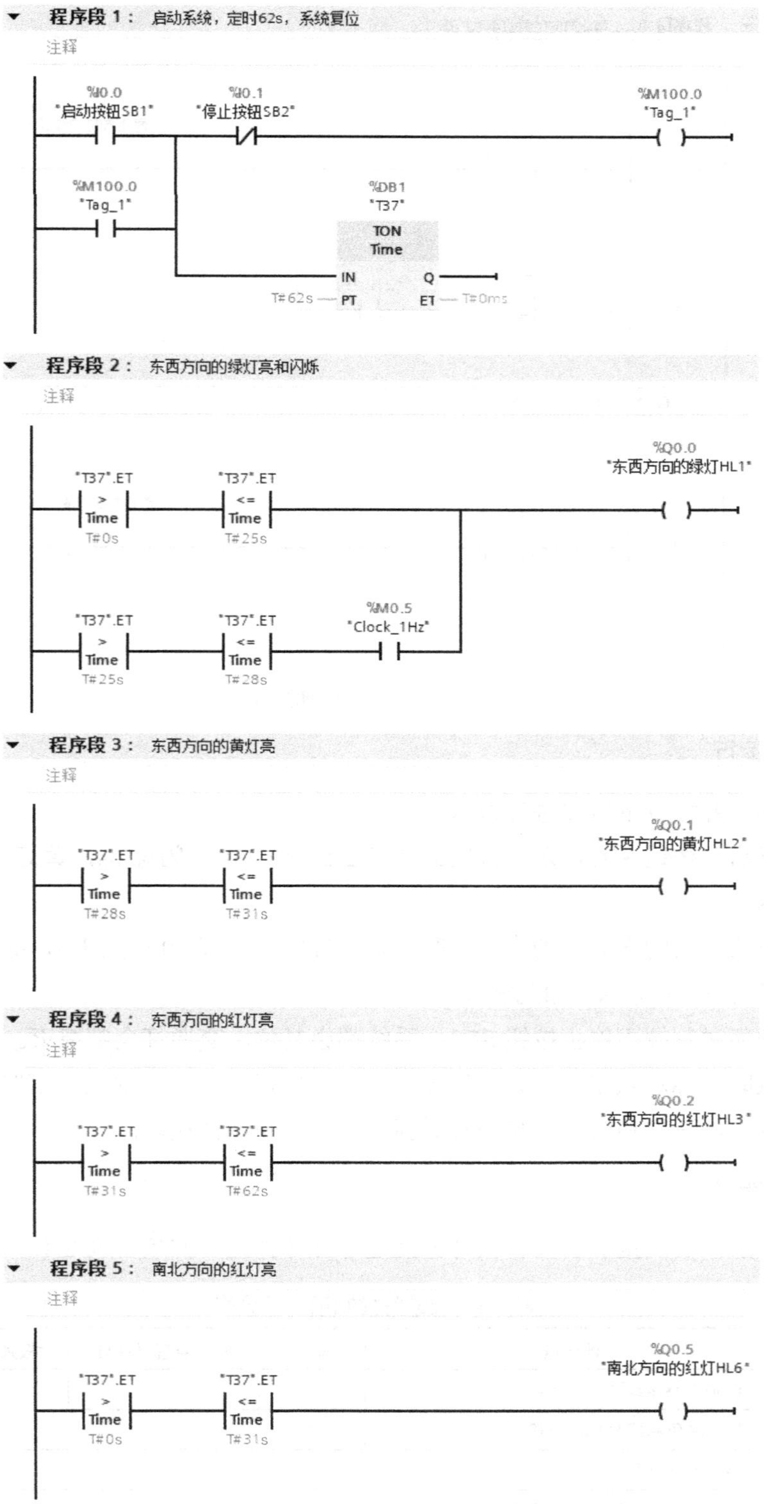

图 8.7 交通灯控制 PLC 梯形图

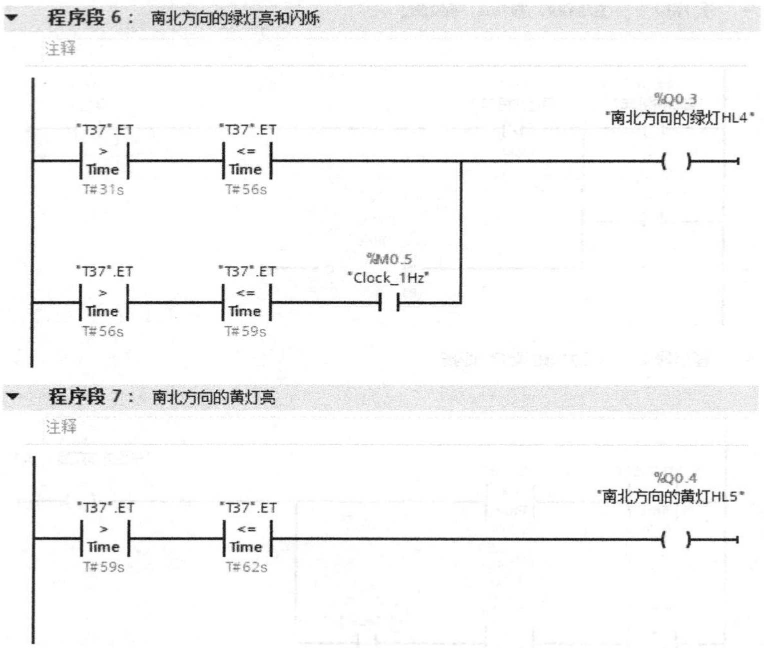

图 8.7　交通灯控制 PLC 梯形图（续）

4. 调试运行

下载程序，并按以下步骤进行调试：

（1）按下启动按钮 SB1，东西方向的绿灯 HL1 亮 25s 后闪烁 3s，黄灯 HL2 亮 3s，红灯 HL3 亮 31s。

（2）在东西方向的交通灯动作的同时，南北方向的红灯 HL6 亮 31s，绿灯 HL4 亮 25s 后闪烁 3s，黄灯 HL5 亮 3s。如此循环。

（3）在任何时刻按下停止按钮 SB2，系统都会复位，交通灯全部熄灭。

如果调试时，你的系统出现以上现象，恭喜你完成了任务；如果调试时，你的系统没有出现以上现象，请你和组员一起分析原因，并把系统调试成功。

5. 考核评分

完成任务后，由质量监督员和教师分别进行任务评价，并填写表 8.4。

表 8.4　交通灯控制项目评分表

项目	评分点	配分	质量监督员评分	教师评分	备注
控制系统电路设计	控制电路接线图设计正确	5			
	导线颜色和线号标注正确	5			
	绘制的电气系统图美观	5			
	电气元件的图形符号符合标准	5			

续表

项目	评分点	配分	质量监督员评分	教师评分	备注
控制系统电路布置、连接工艺与调试	低压电气元件安装布局合理	5			
	电气元件安装牢固	3			
	接线头工艺美观、牢固，且无露铜过长现象	5			
	线槽工艺规范，所有连接线垂直进线槽，无明显斜向进线槽	2			
	导线颜色正确，线径选择正确	3			
	整体布线规范、美观	5			
控制功能实现	系统初步上电安全检查，上电后，初步检测的结果为各电气元件正常工作	2			
	按下启动按钮 SB1，东西方向的绿灯 HL1 亮 25s 后闪烁 3s，黄灯 HL2 亮 3s，红灯 HL3 亮 31s	10			
	在东西方向的交通灯动作的同时，南北方向的红灯 HL6 亮 31s，绿灯 HL4 亮 25s 后闪烁 3s，黄灯亮 3s。如此循环	10			
	在任何时刻按下停止按钮 SB2，系统都会复位，交通灯全部熄灭	5			
职业素养	小组成员间沟通顺畅	3			
	小组有决策计划	5			
	小组内部各岗位分工明确	2			
	安装完成后，工位无垃圾	5			
	职业操守好，完工后，工具和配件摆放整齐	5			
安全事项	在安装过程中，无损坏元器件及人身伤害现象	5			
	在通电调试过程中，无短路现象	5			
评分合计					

8.5　实训工单

请你和组员一起按照所扮演的岗位角色，填写好如下实训工单。

项目 8　实训工单（1）

<table>
<tr><td>项目名称</td><td colspan="5">交通灯控制</td></tr>
<tr><td>派工岗位</td><td>技术员（硬件）</td><td>施工地点</td><td></td><td>施工时间</td><td></td></tr>
<tr><td>学生姓名</td><td></td><td>班级</td><td></td><td>学号</td><td></td></tr>
<tr><td>班组名称</td><td>电气施工____组</td><td>同组成员</td><td colspan="3"></td></tr>
<tr><td>实训目标</td><td colspan="5">（1）能设计出交通灯 PLC 控制的电气系统图。
（2）能用 TIA 博途软件编写及调试交通灯控制 PLC 程序。
（3）能实现交通灯的 PLC 控制。
（4）能排除程序调试过程中出现的故障</td></tr>
<tr><td colspan="6">一、项目控制要求</td></tr>
<tr><td colspan="6">（1）按下启动按钮 SB1，东西方向的绿灯 HL1 亮 25s 后闪烁 3s，黄灯 HL2 亮 3s，红灯 HL3 亮 31s。
（2）在东西方向的交通灯动作的同时，南北方向的红灯 HL6 亮 31s，绿灯 HL4 亮 25s 后闪烁 3s，黄灯 HL5 亮 3s。如此循环。
（3）在任何时刻按下停止按钮 SB2，系统都会复位，交通灯全部熄灭</td></tr>
<tr><td colspan="6">二、接受岗位任务</td></tr>
<tr><td colspan="6">（1）在实训工单上画出交通灯控制 I/O 分配表。
（2）使用绘图工具或软件绘制控制电路接线图。
（3）安装元器件，完成电路的接线。
（4）与负责软件部分的技术员一起完成项目的调试。
（5）场地 6S 整理</td></tr>
<tr><td colspan="6">三、任务准备</td></tr>
<tr><td colspan="6">（1）实施平台：TIA 博途软件 V15.1、编程计算机、安装了西门子 S7-1200 系列 PLC 的实训台或实训单元等。
（2）穿戴设施：绝缘鞋、安全帽、工作服等。
（3）常用工具：电工钳、斜口钳、剥线钳、压线钳、一字螺丝刀、十字螺丝刀、万用表、多股铜芯线（BV-0.75）、冷压头、安装板、线槽、空气开关、按钮、热继电器、交流接触器等。
（4）技术材料：工作计划表、PLC 编程手册、相关电气安装标准手册等</td></tr>
<tr><td colspan="6">四、实施过程</td></tr>
<tr><td colspan="6">（1）画出 I/O 分配表。</td></tr>
</table>

续表

（2）绘制控制电路接线图。
（3）展示电路接线完工图。
（4）展示系统调试成功效果图。

续表

五、遇到的问题及其解决措施	
遇到的问题： 解决措施：	
六、收获与反思	
收获： 反思：	
七、综合评分	

项目 8　实训工单（2）

<table>
<tr><td>项目名称</td><td colspan="5">交通灯控制</td></tr>
<tr><td>派工岗位</td><td>技术员（软件）</td><td>施工地点</td><td></td><td>施工时间</td><td></td></tr>
<tr><td>学生姓名</td><td></td><td>班级</td><td></td><td>学号</td><td></td></tr>
<tr><td>班组名称</td><td>电气施工____组</td><td>同组成员</td><td colspan="3"></td></tr>
<tr><td>实训目标</td><td colspan="5">（1）能设计出交通灯 PLC 控制的电气系统图。
（2）能用 TIA 博途软件编写及调试交通灯控制 PLC 程序。
（3）能实现交通灯的 PLC 控制。
（4）能排除程序调试过程中出现的故障</td></tr>
<tr><td colspan="6">一、项目控制要求</td></tr>
<tr><td colspan="6">（1）按下启动按钮 SB1，东西方向的绿灯 HL1 亮 25s 后闪烁 3s，黄灯 HL2 亮 3s，红灯 HL3 亮 31s。
（2）在东西方向的交通灯动作的同时，南北方向的红灯 HL6 亮 31s，绿灯 HL4 亮 25s 后闪烁 3s，黄灯 HL5 亮 3s。如此循环。
（3）在任何时刻按下停止按钮 SB2，系统都会复位，交通灯全部熄灭</td></tr>
<tr><td colspan="6">二、接受岗位任务</td></tr>
<tr><td colspan="6">（1）在 TIA 博途软件中，对 PLC 变量进行定义。
（2）编写交通灯控制 PLC 程序。
（3）下载程序，与负责硬件部分的技术员一起完成项目的调试。
（4）场地 6S 整理</td></tr>
<tr><td colspan="6">三、任务准备</td></tr>
<tr><td colspan="6">（1）实施平台：TIA 博途软件 V15.1、编程计算机、安装了西门子 S7-1200 系列 PLC 的实训台或实训单元等。
（2）穿戴设施：绝缘鞋、安全帽、工作服等。
（3）常用工具：电工钳、斜口钳、剥线钳、压线钳、一字螺丝刀、十字螺丝刀、万用表、多股铜芯线（BV-0.75）、冷压头、安装板、线槽、空气开关、按钮、热继电器、交流接触器等。
（4）技术材料：工作计划表、PLC 编程手册、相关电气安装标准手册等</td></tr>
<tr><td colspan="6">四、实施过程</td></tr>
<tr><td colspan="6">（1）对 PLC 变量进行定义。

（2）编写 PLC 程序。

</td></tr>
</table>

续表

（3）展示程序调试成功效果图。
五、遇到的问题及其解决措施
遇到的问题： 解决措施：
六、收获与反思
收获： 反思：

七、综合评分	

项目 8　实训工单（3）

项目名称	交通灯控制				
派工岗位	工艺员	施工地点		施工时间	
学生姓名		班级		学号	
班组名称	电气施工____组	同组成员			
实训目标	（1）能设计出交通灯 PLC 控制的电气系统图。 （2）能用 TIA 博途软件编写及调试交通灯控制 PLC 程序。 （3）能实现交通灯的 PLC 控制。 （4）能排除程序调试过程中出现的故障				

一、项目控制要求

（1）按下启动按钮 SB1，东西方向的绿灯 HL1 亮 25s 后闪烁 3s，黄灯 HL2 亮 3s，红灯 HL3 亮 31s。

（2）在东西方向的交通灯动作的同时，南北方向的红灯 HL6 亮 31s，绿灯 HL4 亮 25s 后闪烁 3s，黄灯 HL5 亮 3s。如此循环。

（3）在任何时刻按下停止按钮 SB2，系统都会复位，交通灯全部熄灭

二、接受岗位任务

（1）依据项目控制要求撰写小组决策计划。

（2）编写项目调试工艺流程。

（3）与负责硬件部分的技术员一起完成低压电气设备的选型。

（4）解决现场工艺问题，负责施工过程中工艺问题的预防与纠偏。

（5）场地 6S 整理

三、任务准备

（1）实施平台：TIA 博途软件 V15.1、编程计算机、安装了西门子 S7-1200 系列 PLC 的实训台或实训单元等。

（2）穿戴设施：绝缘鞋、安全帽、工作服等。

（3）常用工具：电工钳、斜口钳、剥线钳、压线钳、一字螺丝刀、十字螺丝刀、万用表、多股铜芯线（BV-0.75）、冷压头、安装板、线槽、空气开关、按钮、热继电器、交流接触器等。

（4）技术材料：工作计划表、PLC 编程手册、相关电气安装标准手册等

四、实施过程

（1）撰写小组决策计划。

（2）编写项目调试工艺流程。

续表

（3）完成低压电气设备的选型。 （4）总结施工过程中工艺问题的预防与纠偏情况。	
五、遇到的问题及其解决措施	
遇到的问题： 解决措施：	
六、收获与反思	
收获： 反思：	
七、综合评分	

项目 8　实训工单（4）

<table>
<tr><td>项目名称</td><td colspan="5">交通灯控制</td></tr>
<tr><td>派工岗位</td><td>质量监督员</td><td>施工地点</td><td></td><td>施工时间</td><td></td></tr>
<tr><td>学生姓名</td><td></td><td>班级</td><td></td><td>学号</td><td></td></tr>
<tr><td>班组名称</td><td>电气施工____组</td><td>同组成员</td><td colspan="3"></td></tr>
<tr><td>实训目标</td><td colspan="5">（1）能设计出交通灯 PLC 控制的电气系统图。
（2）能用 TIA 博途软件编写及调试交通灯控制 PLC 程序。
（3）能实现交通灯的 PLC 控制。
（4）能排除程序调试过程中出现的故障</td></tr>
<tr><td colspan="6">一、项目控制要求</td></tr>
<tr><td colspan="6">（1）按下启动按钮 SB1，东西方向的绿灯 HL1 亮 25s 后闪烁 3s，黄灯 HL2 亮 3s，红灯 HL3 亮 31s。
（2）在东西方向的交通灯动作的同时，南北方向的红灯 HL6 亮 31s，绿灯 HL4 亮 25s 后闪烁 3s，黄灯 HL5 亮 3s。如此循环。
（3）在任何时刻按下停止按钮 SB2，系统都会复位，交通灯全部熄灭</td></tr>
<tr><td colspan="6">二、接受岗位任务</td></tr>
<tr><td colspan="6">（1）监督项目施工过程中各岗位的爱岗敬业情况。
（2）监督各岗位工作完成质量的达标情况。
（3）完成项目评分表的填写。
（4）总结所监督对象的工作过程情况，完成质量报告的撰写。
（5）场地 6S 检查</td></tr>
<tr><td colspan="6">三、任务准备</td></tr>
<tr><td colspan="6">（1）实施平台：TIA 博途软件 V15.1、编程计算机、安装了西门子 S7-1200 系列 PLC 的实训台或实训单元等。
（2）穿戴设施：绝缘鞋、安全帽、工作服等。
（3）常用工具：电工钳、斜口钳、剥线钳、压线钳、一字螺丝刀、十字螺丝刀、万用表、多股铜芯线（BV-0.75）、冷压头、安装板、线槽、空气开关、按钮、热继电器、交流接触器等。
（4）技术材料：工作计划表、PLC 编程手册、相关电气安装标准手册等</td></tr>
<tr><td colspan="6">四、实施过程</td></tr>
<tr><td colspan="6">（1）监督项目施工过程中各岗位的爱岗敬业情况。

（2）监督各岗位工作完成质量的达标情况。

（3）负责场地 6S 检查。

</td></tr>
</table>

续表

（4）完成项目评分表的评分。	
（5）总结所监督对象的工作过程情况，简要撰写质量报告。	
五、遇到的问题及其解决措施	
遇到的问题： 解决措施：	
六、收获与反思	
收获： 反思：	
七、综合评分	

项目9　4位数字电子密码锁控制

知识目标

（1）理解4位数字电子密码锁控制的原理。
（2）掌握S7-1200 PLC中数学函数指令的使用方法。

能力目标

（1）能设计出4位数字电子密码锁PLC控制的电气系统图。
（2）能用TIA博途软件编写及调试4位数字电子密码锁控制PLC程序。
（3）能实现4位数字电子密码锁的PLC控制。
（4）能排除程序调试过程中出现的故障。

素质目标

（1）激发学生在学习过程中的自主探究意识。
（2）培养学生按国家标准或行业标准从事专业技术活动的职业习惯。
（3）提升学生综合运用专业知识的能力，培养学生精益求精的工匠精神。
（4）提升学生的团队协作能力和沟通能力。

9.1　项目导入

请你和组员一起用PLC设计一个4位数字电子密码锁，设置12个按钮和2个指示灯，按钮SB1～SB10对应0～9输入键，按钮SB11对应设置键，按钮SB12对应确认键，若密码正确，则指示灯HL1亮；若密码错误，则指示灯HL2亮。具体控制要求如下：

（1）先通过按钮SB1～SB10输入4位数字密码，再按下按钮SB12，若密码正确，则指示灯HL1亮；若密码错误，则指示灯HL2亮。初始密码为6666。

（2）密码可以由用户修改设定（支持4位密码），将原来的密码输入正确后才能修改密码，首先按下按钮SB11，然后输入4位新密码，再按下按钮SB12，即可完成密码的修改。

（3）第一个密码数字不能为0。

9.2　项目分析

由上述控制要求可知，输入量有12个，即按钮SB1～SB10（对应0～9输入键）、按钮

SB11（对应设置键）和按钮 SB12（对应确认键）产生的信号；输出量有 2 个，即密码正确指示灯 HL1 和密码错误指示灯 HL2 产生的信号。在该项目中，需要先理解 4 位数字电子密码锁控制的原理，才能根据原理设计修改密码等的算法。在算法中，需要用到数学函数指令。

9.3 相关知识

1. 解密码锁的原理

在该项目中，我们学习解密码锁的公式：MW100=MW100×10+*A*。其中，MW100 为现在密码值，*A* 为输入密码值。设置密码 MW200=8643，下面参照表 9.1 讲解解密码锁的原理。

表 9.1 解密码锁的原理

密码顺序	输入密码值	运算公式=现在密码值×10＋输入密码值	运算结果	现在密码值
第一个密码	8	MW100×10＋8	0×10＋8	8
第二个密码	6	MW100×10＋6	8×10＋6	86
第三个密码	4	MW100×10＋4	86×10＋4	864
第四个密码	3	MW100×10＋3	864×10＋3	8643

按照公式 MW100=MW100×10+*A*，在初始化或按下按钮 SB12 后，现密码都清零。

（1）按下按钮 SB9，对应的输入密码值为 8，运算结果等于 8，所以现密码为 8。

（2）按下按钮 SB7，对应的输入密码值为 6，运算结果等于 86，所以现密码为 86。

（3）按下按钮 SB5，对应的输入密码值为 4，运算结果等于 864，所以现密码为 864。

（4）按下按钮 SB4，对应的输入密码值为 3，运算结果等于 8643，所以现密码为 8643。

（5）通过比较指令可得，现密码值 MW100=8643 与设置密码 MW200=8643 一致，按下按钮 SB12 即解锁成功，指示灯 HL1 亮。

2. 数学函数指令

S7-1200 PLC 中的基本数学函数指令包括加法指令（ADD 指令）、减法指令（SUB 指令）、乘法指令（MUL 指令）、除法指令（DIV 指令）、求模指令（MOD 指令）、计算指令（CALCULATE 指令）、取补码指令（NEG 指令）、递增指令（INC 指令）、递减指令（DEC 指令）、取最大值指令（MAX 指令）、取最小值指令（MIN 指令）和计算绝对值指令（ABS 指令）等。数学函数指令操作数的类型可选整数（SInt、Int、DInt、USInt、UInt、UDInt）和浮点数（Real）等，IN1 和 IN2 可以是常数，IN1、IN2 和 OUT 的数据类型应该相同。数学函数指令的指令符号和功能说明如表 9.2 所示。

表 9.2 数学函数指令的指令符号和功能说明

指令	指令符号	功能说明
加法指令	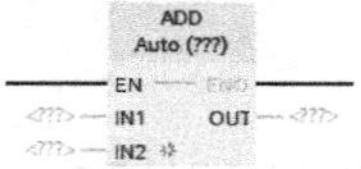	使用加法指令，将输入 IN1 的值与输入 IN2 的值相加，并在输出 OUT（OUT=IN1+IN2）处查询总和

续表

指令	指令符号	功能说明
减法指令	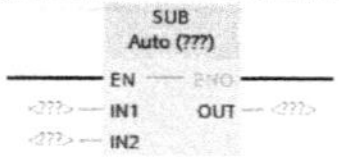	使用减法指令，将输入 IN2 的值从输入 IN1 的值中减去，并在输出 OUT（OUT=IN1-IN2）处查询差值
乘法指令	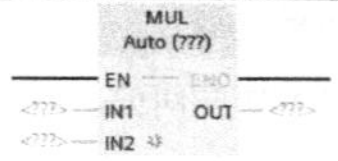	使用乘法指令，将输入 IN1 的值与输入 IN2 的值相乘，并在输出 OUT（OUT=IN1*IN2）处查询乘积
除法指令	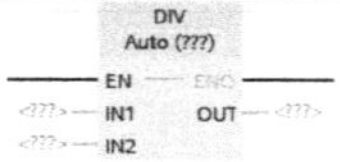	使用除法指令，将输入 IN1 的值除以输入 IN2 的值，并在输出 OUT（OUT=IN1/IN2）处查询商值
求模指令	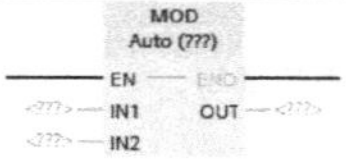	使用求模指令，将输入 IN1 的值除以输入 IN2 的值，并在输出 OUT 处查询余数
取补码指令	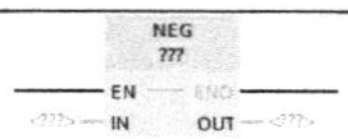	使用取补码指令更改输入 IN 中值的符号，并在输出 OUT 处查询结果
递增指令	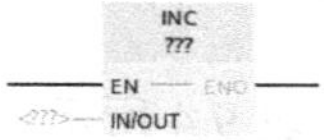	使用递增指令，将参数 IN/OUT 中操作数的值更改为下一个更大的值，并查询结果
递减指令	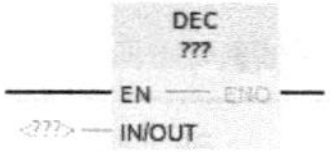	使用递减指令，将参数 IN/OUT 中操作数的值更改为下一个更小的值，并查询结果
计算绝对值指令	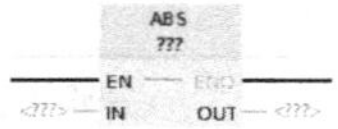	使用计算绝对值指令，计算输入 IN 处指定值的绝对值。指令结果被发送到输出 OUT 处，可供查询

9.4　项目实施

1. 岗位派工

为达到控制要求，本项目引入技术员、工艺员和质量监督员三个岗位。请各小组成员分别扮演其中一个岗位角色，并参与项目实施。各岗位工作任务如表 9.3 所示，请各岗位人员按要求完成任务，并在本项目的实训工单中做好记录。

表 9.3　各岗位工作任务

岗位名称	角色任务
技术员（硬件）	（1）在实训工单上画出 4 位数字电子密码锁控制 I/O 分配表。 （2）使用绘图工具或软件绘制控制电路接线图。 （3）安装元器件，完成电路的接线。 （4）与负责软件部分的技术员一起完成项目的调试。 （5）场地 6S 整理
技术员（软件）	（1）在 TIA 博途软件中，对 PLC 变量进行定义。 （2）编写 4 位数字电子密码锁控制 PLC 程序。 （3）下载程序，与负责硬件部分的技术员一起完成项目的调试。 （4）场地 6S 整理

续表

岗位名称	角色任务
工艺员	（1）依据项目控制要求撰写小组决策计划。 （2）编写项目调试工艺流程。 （3）与负责硬件部分的技术员一起完成低压电气设备的选型。 （4）解决现场工艺问题，负责施工过程中工艺问题的预防与纠偏。 （5）场地 6S 整理
质量监督员	（1）监督项目施工过程中各岗位的爱岗敬业情况。 （2）监督各岗位工作完成质量的达标情况。 （3）完成项目评分表的填写。 （4）总结所监督对象的工作过程情况，完成质量报告的撰写。 （5）场地 6S 检查

2. 硬件电路设计与安装接线

1）I/O 分配

根据项目分析，对 PLC 的输入量、输出量进行分配，如表 9.4 所示。

表 9.4　4 位数字电子密码锁控制 I/O 分配表

输入端		输出端	
PLC 接口	元器件	PLC 接口	元器件
I0.0	按钮 SB1（输入 0）	Q0.0	密码正确指示灯 HL1
I0.1	按钮 SB2（输入 1）	Q0.1	密码错误指示灯 HL2
I0.2	按钮 SB3（输入 2）		
I0.3	按钮 SB4（输入 3）		
I0.4	按钮 SB5（输入 4）		
I0.5	按钮 SB6（输入 5）		
I0.6	按钮 SB7（输入 6）		
I0.7	按钮 SB8（输入 7）		
I1.0	按钮 SB9（输入 8）		
I1.1	按钮 SB10（输入 9）		
I1.2	按钮 SB11（设置键）		
I1.3	按钮 SB12（确定键）		

2）控制电路接线图

结合 PLC 的 I/O 分配表，设计 4 位数字电子密码锁控制电路接线图，如图 9.1 所示。在电路中，CPU 采用 AC/DC/Rly 类型。

3）安装元器件并连接电路

根据图 9.1 安装元器件并连接电路。每接完一个电路，都要对电路进行一次必要的检查，以免出现严重的损坏。重点可从主电路有无短路现象，控制电路中的 PLC 电源部分、输入端和输出端部分有无短路现象，各接触器的触点是否接错，以及 I/O 口是否未按 I/O 分配表进行分配等方面进行检查。

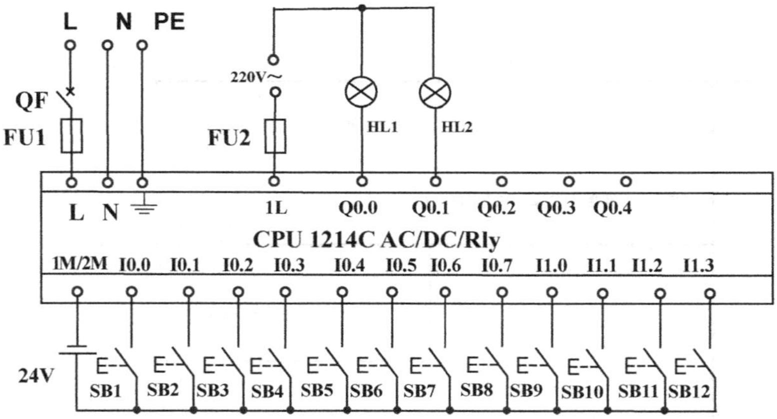

图 9.1　4 位数字电子密码锁控制电路接线图

3．软件设计

1）PLC 变量的定义

根据 I/O 分配表，4 位数字电子密码锁控制 PLC 变量表如图 9.2 所示。

变量表_1

	名称	数据类型	地址	保持	可从 ...	从 H...	在 H...
1	按钮SB1（输入0）	Bool	%I0.0		✓	✓	✓
2	按钮SB2（输入1）	Bool	%I0.1		✓	✓	✓
3	按钮SB3（输入2）	Bool	%I0.2		✓	✓	✓
4	按钮SB4（输入3）	Bool	%I0.3		✓	✓	✓
5	按钮SB5（输入4）	Bool	%I0.4		✓	✓	✓
6	按钮SB6（输入5）	Bool	%I0.5		✓	✓	✓
7	按钮SB7（输入6）	Bool	%I0.6		✓	✓	✓
8	按钮SB8（输入7）	Bool	%I0.7		✓	✓	✓
9	按钮SB9（输入8）	Bool	%I1.0		✓	✓	✓
10	按钮SB10（输入9）	Bool	%I1.1		✓	✓	✓
11	按钮SB11（设置键）	Bool	%I1.2		✓	✓	✓
12	按钮SB12（确定键）	Bool	%I1.3		✓	✓	✓
13	密码正确指示灯HL1	Bool	%Q0.0		✓	✓	✓
14	密码错误指示灯HL2	Bool	%Q0.1		✓	✓	✓
15	现密码值	Int	%MW100		✓	✓	✓
16	设置密码值	Int	%MW200		✓	✓	✓
17	设置密码状态	Bool	%M2.0		✓	✓	✓
18	确定脉冲	Bool	%M2.2		✓	✓	✓
19	<新增>				✓	✓	✓

图 9.2　4 位数字电子密码锁控制 PLC 变量表

2）梯形图的设计

根据控制要求，编写 4 位数字电子密码锁控制 PLC 梯形图，如图 9.3 所示。

在图 9.3 中，程序段 1 的功能是首次扫描，将 6666 赋值到 MW200 中，用户在输对原来的密码后，若需要修改密码，则先按下设置键，再输入 4 位新密码，最后按下确认键，即可把新密码赋值到 MW200 中，并清零现密码值。程序段的功能是按下确认键，如果现密码值与设置密码值一致，即密码正确，则指示灯 HL1 亮；否则，指示灯 HL2 亮，并清零现密码值。

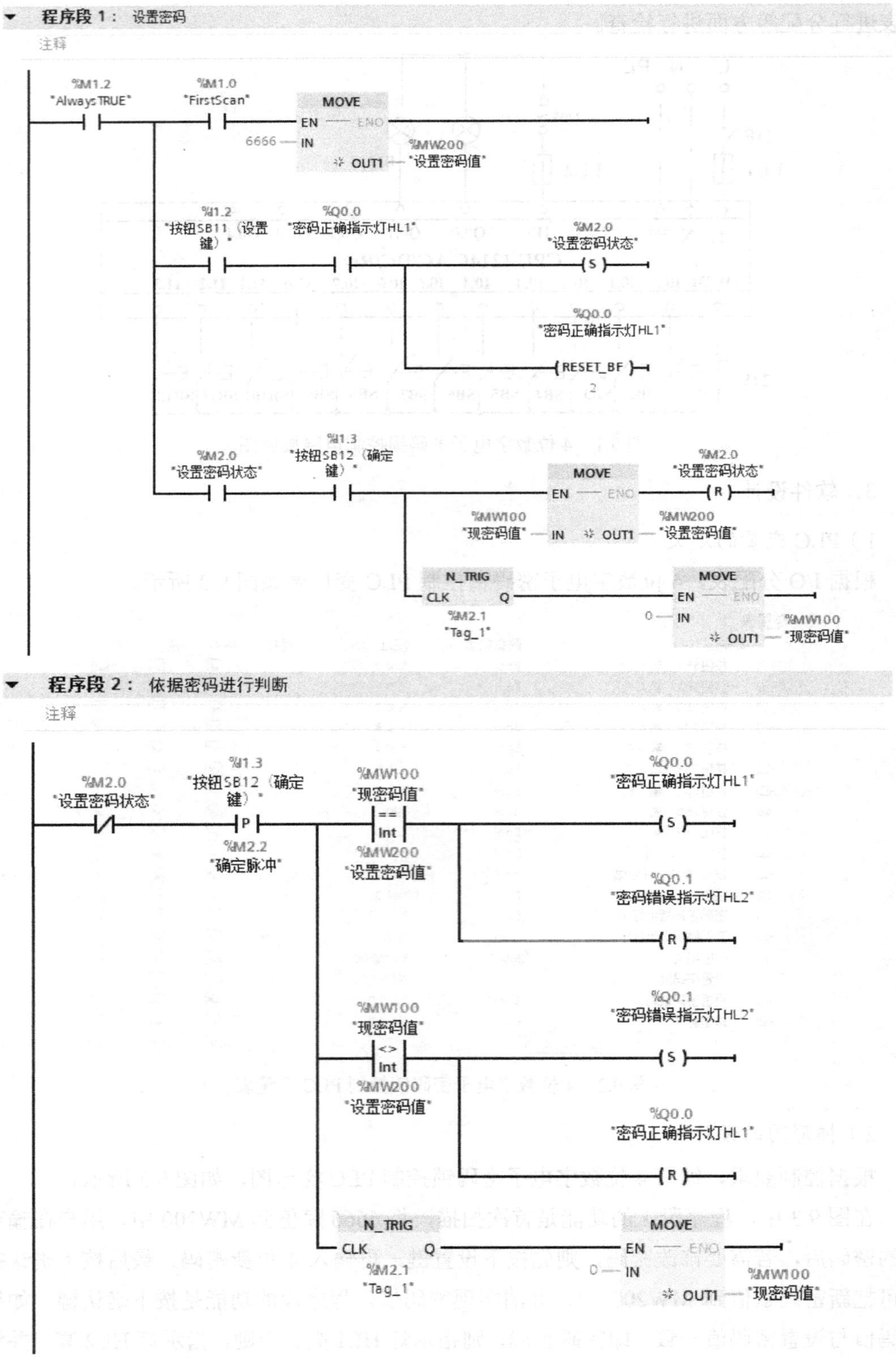

图 9.3　4 位数字电子密码锁控制 PLC 梯形图

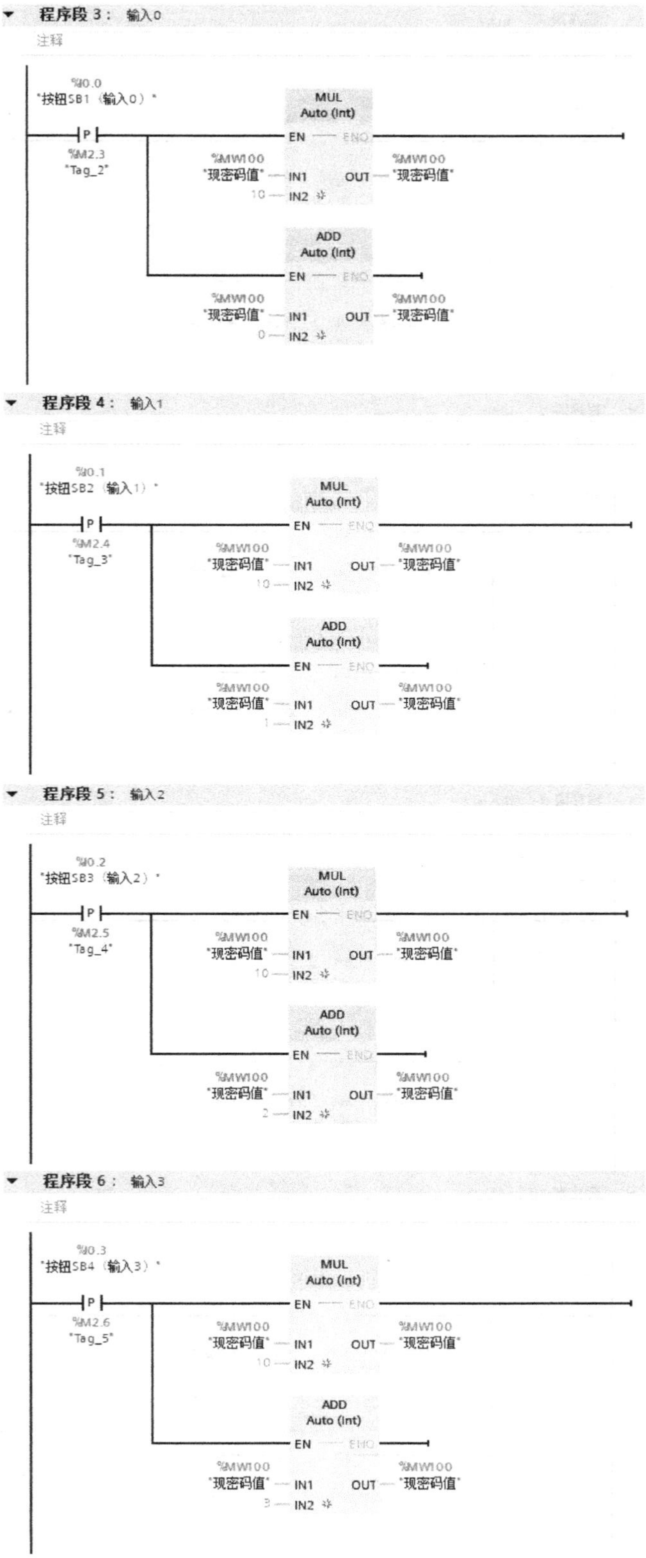

图 9.3　4 位数字电子密码锁控制 PLC 梯形图（续）

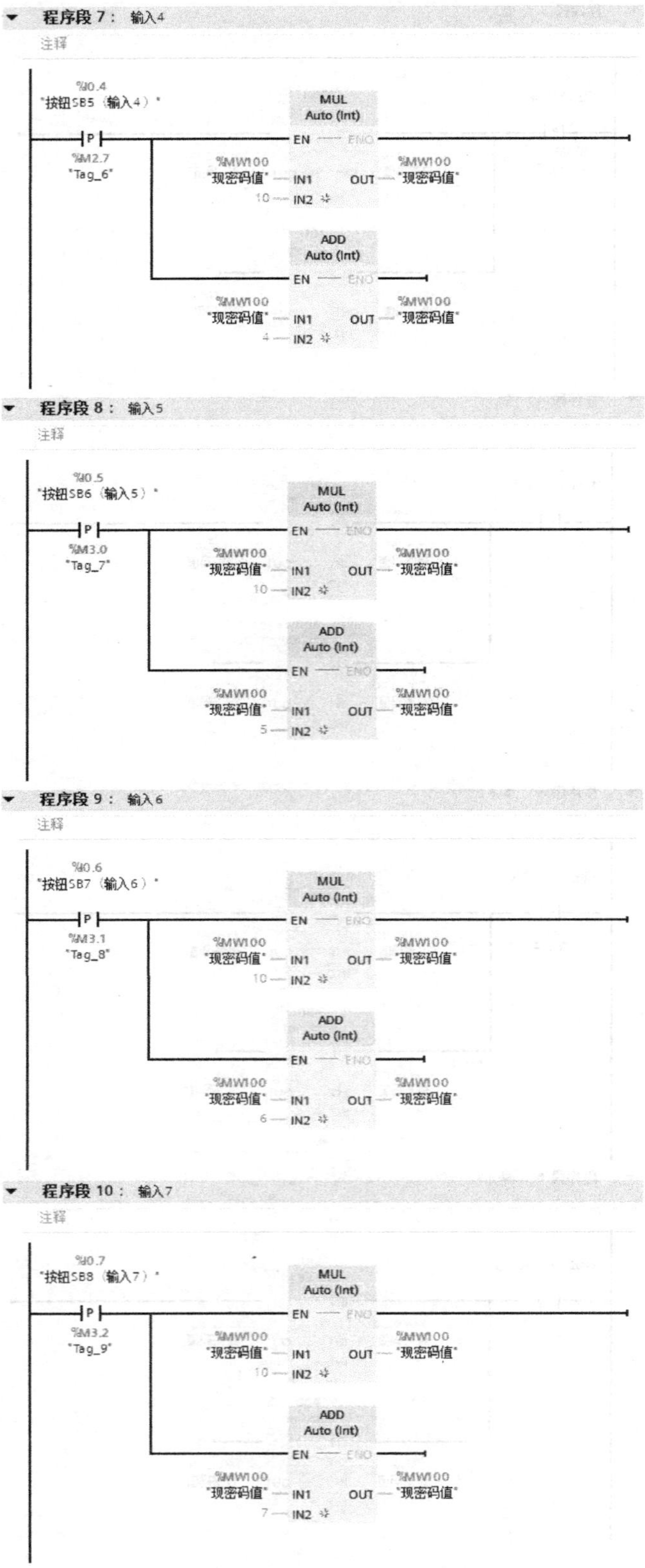

图 9.3　4 位数字电子密码锁控制 PLC 梯形图（续）

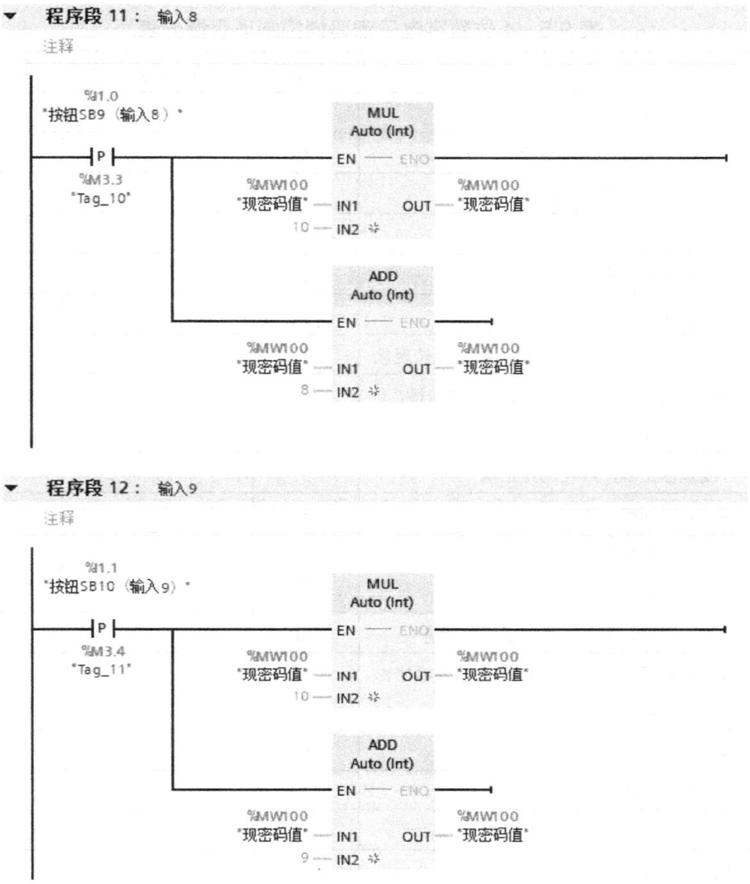

图 9.3　4 位数字电子密码锁控制 PLC 梯形图（续）

4．调试运行

下载程序，并按以下步骤进行调试：

（1）系统上电后，两盏灯都处于熄灭状态。

（2）输入密码“7546”，按下确认键，密码错误，指示灯 HL2 亮；输入密码“6666”，按下确认键，密码正确，指示灯 HL1 亮。

（3）在密码正确、指示灯 HL1 亮的情况下，按下设置键，输入密码“7546”，按下确认键；输入密码“6666”，按下确认键，密码错误，指示灯 HL2 亮；输入密码“7546”，按下确认键，密码正确，指示灯 HL1 亮，完成新密码的设置。

如果调试时，你的系统出现以上现象，恭喜你完成了任务；如果调试时，你的系统没有出现以上现象，请你和组员一起分析原因，并把系统调试成功。

5．考核评分

完成任务后，由质量监督员和教师分别进行任务评价，并填写表 9.5。

表 9.5　4 位数字电子密码锁控制项目评分表

项目	评分点	配分	质量监督员评分	教师评分	备注
控制系统电路设计	控制电路接线图设计正确	5			
	导线颜色和线号标注正确	5			
	绘制的电气系统图美观	5			
	电气元件的图形符号符合标准	5			
控制系统电路布置、连接工艺与调试	低压电气元件安装布局合理	5			
	电气元件安装牢固	3			
	接线头工艺美观、牢固，且无露铜过长现象	5			
	线槽工艺规范，所有连接线垂直进线槽，无明显斜向进线槽	2			
	导线颜色正确，线径选择正确	3			
	整体布线规范、美观	5			
控制功能实现	系统初步上电安全检查，上电后，初步检测的结果为各电气元件正常工作	2			
	系统上电后，两盏灯都处于熄灭状态	10			
	若输对密码，则指示灯 HL1 亮；若输错密码，则指示灯 HL2 亮	10			
	能够修改“6666”这一初始密码	5			
职业素养	小组成员间沟通顺畅	3			
	小组有决策计划	5			
	小组内部各岗位分工明确	2			
	安装完成后，工位无垃圾	5			
	职业操守好，完工后，工具和配件摆放整齐	5			
安全事项	在安装过程中，无损坏元器件及人身伤害现象	5			
	在通电调试过程中，无短路现象	5			
评分合计					

9.5　实训工单

请你和组员一起按照所扮演的岗位角色，填写好如下实训工单。

项目 9　实训工单（1）

<table>
<tr><td>项目名称</td><td colspan="5">4 位数字电子密码锁控制</td></tr>
<tr><td>派工岗位</td><td>技术员（硬件）</td><td>施工地点</td><td></td><td>施工时间</td><td></td></tr>
<tr><td>学生姓名</td><td></td><td>班级</td><td></td><td>学号</td><td></td></tr>
<tr><td>班组名称</td><td>电气施工____组</td><td>同组成员</td><td colspan="3"></td></tr>
<tr><td>实训目标</td><td colspan="5">（1）能设计出 4 位数字电子密码锁 PLC 控制的电气系统图。
（2）能用 TIA 博途软件编写及调试 4 位数字电子密码锁控制 PLC 程序。
（3）能实现 4 位数字电子密码锁的 PLC 控制。
（4）能排除程序调试过程中出现的故障</td></tr>
<tr><td colspan="6">一、项目控制要求</td></tr>
<tr><td colspan="6">（1）先通过按钮 SB1～SB10 输入 4 位数字密码，再按下按钮 SB12，若密码正确，则指示灯 HL1 亮；若密码错误，则指示灯 HL2 亮。初始密码为 6666。
（2）密码可以由用户修改设定（支持 4 位密码），将原来的密码输入正确后才能修改密码，首先按下按钮 SB11，然后输入 4 位新密码，再按下按钮 SB12，即可完成密码的修改。
（3）第一个密码数字不能为 0</td></tr>
<tr><td colspan="6">二、接受岗位任务</td></tr>
<tr><td colspan="6">（1）在实训工单上画出 4 位数字电子密码锁控制 I/O 分配表。
（2）使用绘图工具或软件绘制控制电路接线图。
（3）安装元器件，完成电路的接线。
（4）与负责软件部分的技术员一起完成项目的调试。
（5）场地 6S 整理</td></tr>
<tr><td colspan="6">三、任务准备</td></tr>
<tr><td colspan="6">（1）实施平台：TIA 博途软件 V15.1、编程计算机、安装了西门子 S7-1200 系列 PLC 的实训台或实训单元等。
（2）穿戴设施：绝缘鞋、安全帽、工作服等。
（3）常用工具：电工钳、斜口钳、剥线钳、压线钳、一字螺丝刀、十字螺丝刀、万用表、多股铜芯线（BV-0.75）、冷压头、安装板、线槽、空气开关、按钮、热继电器、交流接触器等。
（4）技术材料：工作计划表、PLC 编程手册、相关电气安装标准手册等</td></tr>
<tr><td colspan="6">四、实施过程</td></tr>
<tr><td colspan="6">（1）画出 I/O 分配表。</td></tr>
</table>

续表

（2）绘制控制电路接线图。
（3）展示电路接线完工图。
（4）展示系统调试成功效果图。

续表

五、遇到的问题及其解决措施	
遇到的问题： 解决措施：	
六、收获与反思	
收获： 反思：	
七、综合评分	

项目9　实训工单（2）

项目名称	4位数字电子密码锁控制				
派工岗位	技术员（软件）	施工地点		施工时间	
学生姓名		班级		学号	
班组名称	电气施工____组	同组成员			
实训目标	（1）能设计出4位数字电子密码锁PLC控制的电气系统图。 （2）能用TIA博途软件编写及调试4位数字电子密码锁控制PLC程序。 （3）能实现4位数字电子密码锁的PLC控制。 （4）能排除程序调试过程中出现的故障				

一、项目控制要求

（1）先通过按钮SB1～SB10输入4位数字密码，再按下按钮SB12，若密码正确，则指示灯HL1亮；若密码错误，则指示灯HL2亮。初始密码为6666。

（2）密码可以由用户修改设定（支持4位密码），将原来的密码输入正确后才能修改密码，首先按下按钮SB11，然后输入4位新密码，再按下按钮SB12，即可完成密码的修改。

（3）第一个密码数字不能为0

二、接受岗位任务

（1）在TIA博途软件中，对PLC变量进行定义。

（2）编写4位数字电子密码锁控制PLC程序。

（3）下载程序，与负责硬件部分的技术员一起完成项目的调试。

（4）场地6S整理

三、任务准备

（1）实施平台：TIA博途软件V15.1、编程计算机、安装了西门子S7-1200系列PLC的实训台或实训单元等。

（2）穿戴设施：绝缘鞋、安全帽、工作服等。

（3）常用工具：电工钳、斜口钳、剥线钳、压线钳、一字螺丝刀、十字螺丝刀、万用表、多股铜芯线（BV-0.75）、冷压头、安装板、线槽、空气开关、按钮、热继电器、交流接触器等。

（4）技术材料：工作计划表、PLC编程手册、相关电气安装标准手册等

四、实施过程

（1）对PLC变量进行定义。

（2）编写PLC程序。

续表

（3）展示程序调试成功效果图。	
五、遇到的问题及其解决措施	
遇到的问题： 解决措施：	
六、收获与反思	
收获： 反思：	
七、综合评分	

项目9　实训工单（3）

项目名称	4位数字电子密码锁控制				
派工岗位	工艺员	施工地点		施工时间	
学生姓名		班级		学号	
班组名称	电气施工____组	同组成员			
实训目标	（1）能设计出4位数字电子密码锁PLC控制的电气系统图。 （2）能用TIA博途软件编写及调试4位数字电子密码锁控制PLC程序。 （3）能实现4位数字电子密码锁的PLC控制。 （4）能排除程序调试过程中出现的故障				

一、项目控制要求

（1）先通过按钮SB1～SB10输入4位数字密码，再按下按钮SB12，若密码正确，则指示灯HL1亮；若密码错误，则指示灯HL2亮。初始密码为6666。

（2）密码可以由用户修改设定（支持4位密码），将原来的密码输入正确后才能修改密码，首先按下按钮SB11，然后输入4位新密码，再按下按钮SB12，即可完成密码的修改。

（3）第一个密码数字不能为0

二、接受岗位任务

（1）依据项目控制要求撰写小组决策计划。

（2）编写项目调试工艺流程。

（3）与负责硬件部分的技术员一起完成低压电气设备的选型。

（4）解决现场工艺问题，负责施工过程中工艺问题的预防与纠偏。

（5）场地6S整理

三、任务准备

（1）实施平台：TIA博途软件V15.1、编程计算机、安装了西门子S7-1200系列PLC的实训台或实训单元等

（2）穿戴设施：绝缘鞋、安全帽、工作服等。

（3）常用工具：电工钳、斜口钳、剥线钳、压线钳、一字螺丝刀、十字螺丝刀、万用表、多股铜芯线（BV-0.75）、冷压头、安装板、线槽、空气开关、按钮、热继电器、交流接触器等。

（4）技术材料：工作计划表、PLC编程手册、相关电气安装标准手册等

四、实施过程

（1）撰写小组决策计划。

（2）编写项目调试工艺流程。

续表

(3) 完成低压电气设备的选型。   (4) 总结施工过程中工艺问题的预防与纠偏情况。
五、遇到的问题及其解决措施
遇到的问题：   解决措施：
六、收获与反思
收获：   反思：
七、综合评分

项目9　实训工单（4）

项目名称	4位数字电子密码锁控制				
派工岗位	质量监督员	施工地点		施工时间	
学生姓名		班级		学号	
班组名称	电气施工____组	同组成员			
实训目标	（1）能设计出4位数字电子密码锁PLC控制的电气系统图。 （2）能用TIA博途软件编写及调试4位数字电子密码锁控制PLC程序。 （3）能实现4位数字电子密码锁的PLC控制。 （4）能排除程序调试过程中出现的故障				

一、项目控制要求

（1）先通过按钮SB1～SB10输入4位数字密码，再按下按钮SB12，若密码正确，则指示灯HL1亮；若密码错误，则指示灯HL2亮。初始密码为6666。

（2）密码可以由用户修改设定（支持4位密码），将原来的密码输入正确后才能修改密码，首先按下按钮SB11，然后输入4位新密码，再按下按钮SB12，即可完成密码的修改。

（3）第一个密码数字不能为0

二、接受岗位任务

（1）监督项目施工过程中各岗位的爱岗敬业情况。

（2）监督各岗位工作完成质量的达标情况。

（3）完成项目评分表的填写。

（4）总结所监督对象的工作过程情况，完成质量报告的撰写。

（5）场地6S检查

三、任务准备

（1）实施平台：TIA博途软件V15.1、编程计算机、安装了西门子S7-1200系列PLC的实训台或实训单元等。

（2）穿戴设施：绝缘鞋、安全帽、工作服等。

（3）常用工具：电工钳、斜口钳、剥线钳、压线钳、一字螺丝刀、十字螺丝刀、万用表、多股铜芯线（BV-0.75）、冷压头、安装板、线槽、空气开关、按钮、热继电器、交流接触器等。

（4）技术材料：工作计划表、PLC编程手册、相关电气安装标准手册等

四、实施过程

（1）监督项目施工过程中各岗位的爱岗敬业情况。

（2）监督各岗位工作完成质量的达标情况。

（3）负责场地6S检查。

续表

（4）完成项目评分表的评分。
（5）总结所监督对象的工作过程情况，简要撰写质量报告。
五、遇到的问题及其解决措施
遇到的问题： 解决措施：
六、收获与反思
收获： 反思：

七、综合评分	

项目 10　双向可调跑马灯控制

知识目标

（1）理解双向可调跑马灯控制的原理。
（2）掌握 S7-1200 PLC 中移位指令和循环移位指令的使用方法。

能力目标

（1）能设计出双向可调跑马灯 PLC 控制的电气系统图。
（2）能用 TIA 博途软件编写及调试双向可调跑马灯控制 PLC 程序。
（3）能实现双向可调跑马灯的 PLC 控制。
（4）能排除程序调试过程中出现的故障。

素质目标

（1）激发学生在学习过程中的自主探究意识。
（2）培养学生按国家标准或行业标准从事专业技术活动的职业习惯。
（3）提升学生综合运用专业知识的能力，培养学生精益求精的工匠精神。
（4）提升学生的团队协作能力和沟通能力。

10.1　项目导入

请你和组员一起用 PLC 设计一个双向可调跑马灯控制系统。具体控制要求如下：
（1）系统上电后，选择开关 SA 处于低电平，8 盏彩灯每隔 1s 逐位右移，如此循环。
（2）当选择开关 SA 处于高电平时，8 盏彩灯每隔 1s 逐位左移，如此循环。
（3）无论何时按下停止按钮 SB2，系统都会复位，8 盏彩灯全部熄灭。

10.2　项目分析

由上述控制要求可知，输入量有为选择开关 SA 和停止按钮 SB2 产生的信号，输出量为 8 盏彩灯产生的信号。可用从之前项目中学到的方法，即用 MOVE 数据传送指令配合定时器的方法来实现双向可调跑马灯控制。这样如果有多盏灯以跑马灯形式点亮，则势必增加程序段的数量，同时程序显得单调。如果使用移位指令或者循环移位指令配合系统时钟存储器或者定时器，则会使编程量大大降低，并能提高程序的可读性和可拓展性。

10.3 相关知识

1. 移位指令

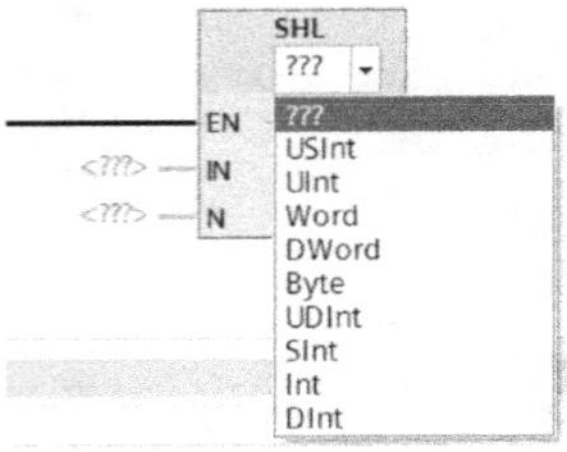

图 10.1　移位指令的数据类型

移位指令包括左移指令（SHL 指令）和右移指令（SHR 指令），将输入单元 IN 的值左移或右移，移位的结果会保存到 OUT 单元中。对于无符号数，移位后的空出位填 0；对于有符号数，移后的空出位填 0，右移后的空出位用符号位填空，正数的符号位为 0，负数的符号位为 1。移位指令的数据类型包括 USInt、UInt、Word、DWord、Byte、UDInt、SInt、Int、DInt，如图 10.1 所示。移位指令的指令符号和功能说明如表 10.1 所示。

表 10.1　移位指令的指令符号和功能说明

指令	指令符号	功能说明
右移指令	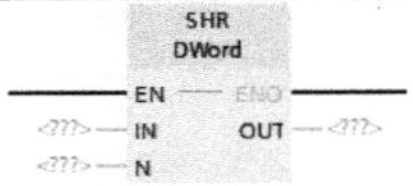	使用右移指令，将输入 IN 中操作数的内容按位向右移位，并在输出 OUT 中查询结果。参数 N 用于指定将指定值移位的位数
左移指令	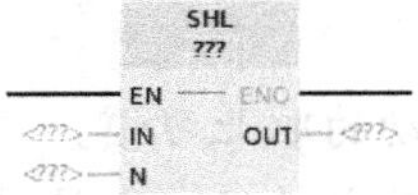	使用左移指令，将输入 IN 中操作数的内容按位向左移位，并在输出 OUT 中查询结果。参数 N 用于指定将指定值移位的位数

在执行移位指令时，IN、OUT 的数据类型为 Byte、Word、DWord，N 的数据类型为 UInt。

例如，以对 Word 类型的数据执行左移指令为例，输入 MW0 的值为 1110001010101101：

第一次执行指令，移位 1 位，输出 MW2 的值为 1100010101011010；

第二次执行指令，移位 1 位，输出 MW2 的值为 1000101010110100；

第三次执行指令，移位 1 位，输出 MW2 的值为 0001010101101000；

第四次执行指令，移位 1 位，输出 MW2 的值为 0010101011010000。

当 N 值为 0 时，不进行移位，并将 IN 值分配给 OUT。如果要移位的位数 N 超过目标值中的位数（Byte 为 8 位，Word 为 16 位，DWord 为 32 位），则所有原始位值将被移出并用 0 代替（将 0 分配给 OUT）。对于移位操作，ENO 始终为 TRUE。

2. 循环移位指令

循环移位指令包括循环左移指令（ROL 指令）和循环右移指令（ROR 指令），循环移位指令用于将参数 IN 的位序列循环左移或循环右移，并将结果分配给参数 OUT。参数 N 用于定义循环移位的位数。循环移位指令的数据类型包括 Word、DWord、Byte，如图 10.2 所示。循环移位指令的指令符号和功能说明如表 10.2 所示。

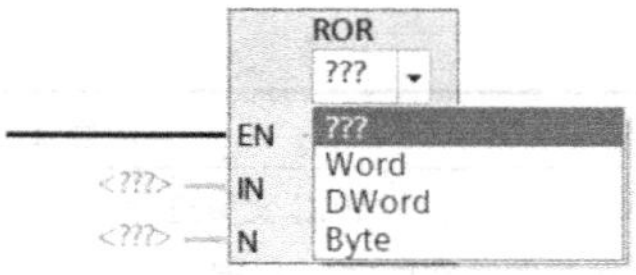

图 10.2　循环移位指令的数据类型

表 10.2　循环移位指令的指令符号和功能说明

指令	指令符号	功能说明
循环右移指令	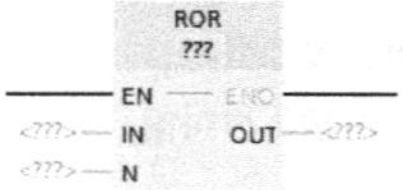	使用循环右移指令，将输入 IN 中操作数的内容按位向右循环移位，并在输出 OUT 中查询结果。参数 N 用于指定循环移位时待移动的位数。用移出的位填充因循环移位而空出的位
循环左移指令	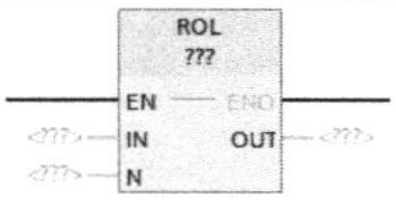	使用循环左移指令，将输入 IN 中操作数的内容按位向左循环移位，并在输出 OUT 中查询结果。参数 N 用于指定循环移位时待移动的位数。用移出的位填充因循环移位而空出的位

当 N 值为 0 时，不进行循环移位，并将 IN 值分配给 OUT。从目标值一侧循环移出的位数据将循环移位到目标值的另一侧，因此原始位值不会丢失。如果要循环移位的位数 N 超过目标值中的位数（Byte 为 8 位，Word 为 16 位，DWord 为 32 位），仍将执行循环移位。在执行循环移位指令之后，ENO 始终为 TRUE。

例如，以对 Word 类型的数据执行循环右移指令为例，输入 MW0 的值为 0100000000000001：

第一次执行指令，移位 1 位，输出 MW2 的值为 1010000000000000；

第二次执行指令，移位 1 位，输出 MW2 的值为 0101000000000000；

第三次执行指令，移位 1 位，输出 MW2 的值为 0010100000000000；

第四次执行指令，移位 1 位，输出 MW2 的值为 0001010000000000。

10.4　项目实施

1. 岗位派工

为达到控制要求，本项目引入技术员、工艺员和质量监督员三个岗位。请各小组成员分别扮演其中一个岗位角色，并参与项目实施。各岗位工作任务如表 10.3 所示，请各岗位人员按要求完成任务，并在本项目的实训工单中做好记录。

表 10.3　各岗位工作任务

岗位名称	角色任务
技术员（硬件）	（1）在实训工单上画出双向可调跑马灯控制 I/O 分配表。 （2）使用绘图工具或软件绘制控制电路接线图。 （3）安装元器件，完成电路的接线。 （4）与负责软件部分的技术员一起完成项目的调试。 （5）场地 6S 整理

续表

岗位名称	角色任务
技术员（软件）	（1）在 TIA 博途软件中，对 PLC 变量进行定义。 （2）编写双向可调跑马灯控制 PLC 程序。 （3）下载程序，与负责硬件部分的技术员一起完成项目的调试。 （4）场地 6S 整理
工艺员	（1）依据项目控制要求撰写小组决策计划。 （2）编写项目调试工艺流程。 （3）与负责硬件部分的技术员一起完成低压电气设备的选型。 （4）解决现场工艺问题，负责施工过程中工艺问题的预防与纠偏。 （5）场地 6S 整理
质量监督员	（1）监督项目施工过程中各岗位的爱岗敬业情况。 （2）监督各岗位工作完成质量的达标情况。 （3）完成项目评分表的填写。 （4）总结所监督对象的工作过程情况，完成质量报告的撰写。 （5）场地 6S 检查

2. 硬件电路设计与安装接线

1）I/O 分配

根据项目分析，对 PLC 的输入量、输出量进行分配，如表 10.4 所示。

表 10.4　双向可调跑马灯控制 I/O 分配表

输入端		输出端	
PLC 接口	元器件	PLC 接口	元器件
I0.0	选择开关 SA	Q0.0	第一盏灯 HL1
I0.1	停止按钮 SB2	Q0.1	第二盏灯 HL2
		Q0.2	第三盏灯 HL3
		Q0.3	第四盏灯 HL4
		Q0.4	第五盏灯 HL5
		Q0.5	第六盏灯 HL6
		Q0.6	第七盏灯 HL7
		Q0.7	第八盏灯 HL8

2）控制电路接线图

结合 PLC 的 I/O 分配表，设计双向可调跑马灯控制电路接线图，如图 10.3 所示。在电路中，CPU 采用 AC/DC/Rly 类型。

3）安装元器件并连接电路

根据图 10.3 安装元器件并连接电路。每接完一个电路，都要对电路进行一次必要的检查，以免出现严重的损坏。重点可从主电路有无短路现象，控制电路中的 PLC 电源部分、输入端和输出端部分有无短路现象，各接触器的触点是否接错，以及 I/O 口是否未按 I/O 分配表进行分配等方面进行检查。

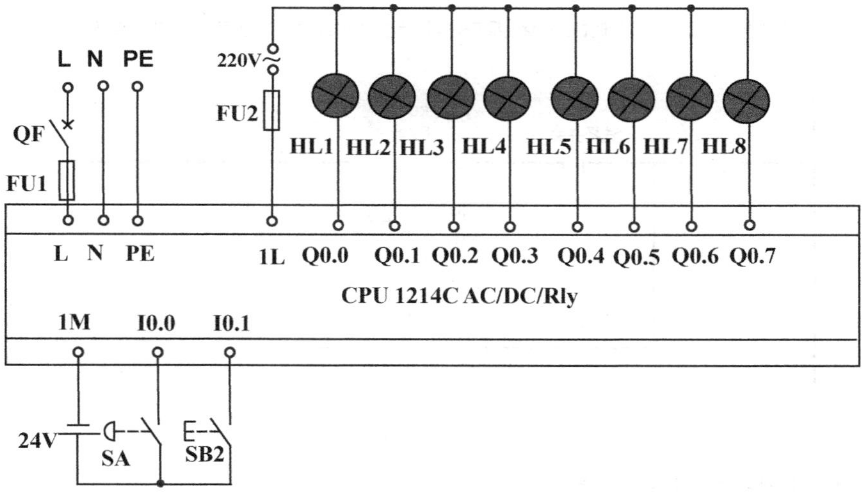

图 10.3　双向可调跑马灯控制电路接线图

3．软件设计

1）PLC 变量的定义

根据 I/O 分配表，双向可调跑马灯控制 PLC 变量表如图 10.4 所示。

默认变量表

	名称	数据类型	地址	保持	可从 ...	从 H...	在 H...
1	选择开关SA	Bool	%I0.0	☐	☑	☑	☑
2	停止按钮SB2	Bool	%I0.1	☐	☑	☑	☑
3	第一盏灯HL1	Bool	%Q0.0	☐	☑	☑	☑
4	第二盏灯HL2	Bool	%Q0.1	☐	☑	☑	☑
5	第三盏灯HL3	Bool	%Q0.2	☐	☑	☑	☑
6	第四盏灯HL4	Bool	%Q0.3	☐	☑	☑	☑
7	第五盏灯HL5	Bool	%Q0.4	☐	☑	☑	☑
8	第六盏灯HL6	Bool	%Q0.5	☐	☑	☑	☑
9	第七盏灯HL7	Bool	%Q0.6	☐	☑	☑	☑
10	第八盏灯HL8	Bool	%Q0.7	☐	☑	☑	☑

图 10.4　双向可调跑马灯控制 PLC 变量表

2）梯形图的设计

根据控制要求，编写双向可调跑马灯控制 PLC 梯形图，如图 10.5 所示。

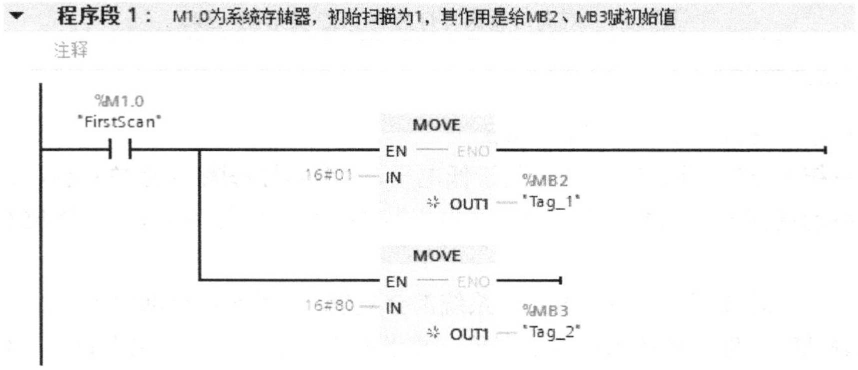

图 10.5　双向可调跑马灯控制 PLC 梯形图

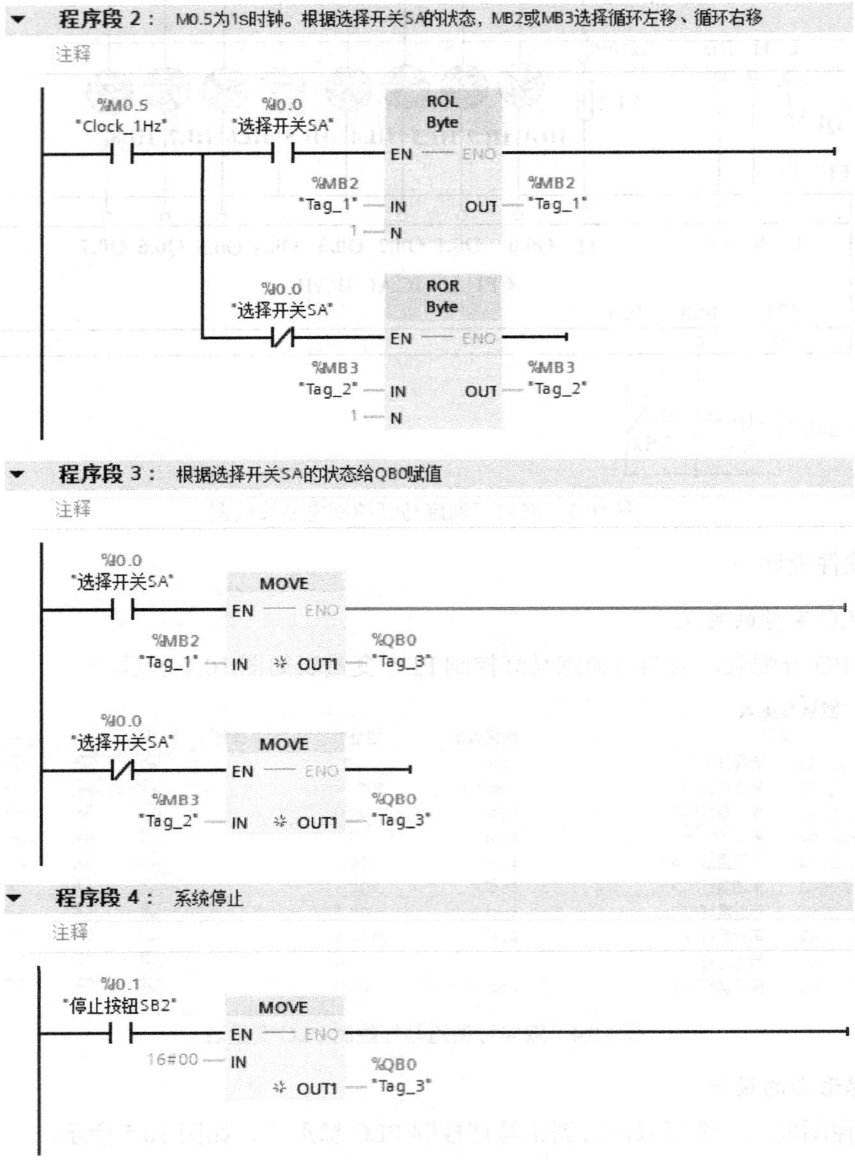

图 10.5 双向可调跑马灯控制 PLC 梯形图（续）

4. 调试运行

下载程序，并按以下步骤进行调试：

（1）系统上电后，选择开关 SA 处于低电平，8 盏彩灯每隔 1s 逐位右移，如此循环。

（2）拨动选择开关 SA，使之处于高电平状态，8 盏彩灯每隔以 1s 逐位左移，如此循环。

（3）无论何时按下停止按钮 SB2，系统都会复位，8 盏彩灯全部熄灭。

如果调试时，你的系统出现以上现象，恭喜你完成了任务；如果调试时，你的系统没有出现以上现象，请你和组员一起分析原因，并把系统调试成功。

5．考核评分

完成任务后，由质量监督员和教师分别进行任务评价，并填写表 10.5。

表 10.5　双向可调跑马灯控制项目评分表

项目	评分点	配分	质量监督员评分	教师评分	备注
控制系统电路设计	控制电路接线图设计正确	5			
	导线颜色和线号标注正确	5			
	绘制的电气系统图美观	5			
	电气元件的图形符号符合标准	5			
控制系统电路布置、连接工艺与调试	低压电气元件安装布局合理	5			
	电气元件安装牢固	3			
	接线头工艺美观、牢固，且无露铜过长现象	5			
	线槽工艺规范，所有连接线垂直进线槽，无明显斜向进线槽	2			
	导线颜色正确，线径选择正确	3			
	整体布线规范、美观	5			
控制功能实现	系统初步上电安全检查，上电后，初步检测的结果为各电气元件正常工作	2			
	选择开关 SA 处于低电平，8 盏彩灯每隔 1s 逐位右移，如此循环	10			
	拨动选择开关 SA，使之处于高电平状态，8 盏彩灯每隔 1s 逐位左移，如此循环	10			
	无论何时按下停止按钮 SB2，系统都会复位，8 盏彩灯全部熄灭	5			
职业素养	小组成员间沟通顺畅	3			
	小组有决策计划	5			
	小组内部各岗位分工明确	2			
	安装完成后，工位无垃圾	5			
	职业操守好，完工后，工具和配件摆放整齐	5			
安全事项	在安装过程中，无损坏元器件及人身伤害现象	5			
	在通电调试过程中，无短路现象	5			
评分合计					

10.5　实训工单

请你和组员一起按照所扮演的岗位角色，填写好如下实训工单。

项目 10　实训工单（1）

<table>
<tr><td>项目名称</td><td colspan="5">双向可调跑马灯控制</td></tr>
<tr><td>派工岗位</td><td>技术员（硬件）</td><td>施工地点</td><td></td><td>施工时间</td><td></td></tr>
<tr><td>学生姓名</td><td></td><td>班级</td><td></td><td>学号</td><td></td></tr>
<tr><td>班组名称</td><td>电气施工____组</td><td>同组成员</td><td colspan="3"></td></tr>
<tr><td>实训目标</td><td colspan="5">（1）能设计出双向可调跑马灯 PLC 控制的电气系统图。
（2）能用 TIA 博途软件编写及调试双向可调跑马灯控制 PLC 程序。
（3）能实现双向可调跑马灯的 PLC 控制。
（4）能排除程序调试过程中出现的故障</td></tr>
<tr><td colspan="6">一、项目控制要求</td></tr>
<tr><td colspan="6">（1）系统上电后，选择开关 SA 处于低电平，8 盏彩灯每隔 1s 逐位右移，如此循环。
（2）当选择开关 SA 处于高电平时，8 盏彩灯每隔 1s 逐位左移，如此循环。
（3）无论何时按下停止按钮 SB2，系统都会复位，8 盏彩灯全部熄灭</td></tr>
<tr><td colspan="6">二、接受岗位任务</td></tr>
<tr><td colspan="6">（1）在实训工单上画出双向可调跑马灯控制 I/O 分配表。
（2）使用绘图工具或软件绘制控制电路接线图。
（3）安装元器件，完成电路的接线。
（4）与负责软件部分的技术员一起完成项目的调试。
（5）场地 6S 整理</td></tr>
<tr><td colspan="6">三、任务准备</td></tr>
<tr><td colspan="6">（1）实施平台：TIA 博途软件 V15.1、编程计算机、安装了西门子 S7-1200 系列 PLC 的实训台或实训单元等。
（2）穿戴设施：绝缘鞋、安全帽、工作服等。
（3）常用工具：电工钳、斜口钳、剥线钳、压线钳、一字螺丝刀、十字螺丝刀、万用表、多股铜芯线（BV-0.75）、冷压头、安装板、线槽、空气开关、按钮、热继电器、交流接触器等。
（4）技术材料：工作计划表、PLC 编程手册、相关电气安装标准手册等</td></tr>
<tr><td colspan="6">四、实施过程</td></tr>
<tr><td colspan="6">（1）画出 I/O 分配表。</td></tr>
</table>

续表

（2）绘制控制电路接线图。   （3）展示电路接线完工图。   （4）展示系统调试成功效果图。

续表

五、遇到的问题及其解决措施	
遇到的问题： 解决措施：	
六、收获与反思	
收获： 反思：	
七、综合评分	

项目 10　实训工单（2）

<table>
<tr><td>项目名称</td><td colspan="5">双向可调跑马灯控制</td></tr>
<tr><td>派工岗位</td><td>技术员（软件）</td><td>施工地点</td><td></td><td>施工时间</td><td></td></tr>
<tr><td>学生姓名</td><td></td><td>班级</td><td></td><td>学号</td><td></td></tr>
<tr><td>班组名称</td><td>电气施工____组</td><td>同组成员</td><td colspan="3"></td></tr>
<tr><td>实训目标</td><td colspan="5">（1）能设计出双向可调跑马灯 PLC 控制的电气系统图。
（2）能用 TIA 博途软件编写及调试双向可调跑马灯控制 PLC 程序。
（3）能实现双向可调跑马灯的 PLC 控制。
（4）能排除程序调试过程中出现的故障</td></tr>
<tr><td colspan="6">一、项目控制要求</td></tr>
<tr><td colspan="6">（1）系统上电后，选择开关 SA 处于低电平，8 盏彩灯每隔 1s 逐位右移，如此循环。
（2）当选择开关 SA 处于高电平时，8 盏彩灯每隔 1s 逐位左移，如此循环。
（3）无论何时按下停止按钮 SB2，系统都会复位，8 盏彩灯全部熄灭</td></tr>
<tr><td colspan="6">二、接受岗位任务</td></tr>
<tr><td colspan="6">（1）在 TIA 博途软件中，对 PLC 变量进行定义。
（2）编写双向可调跑马灯控制 PLC 程序。
（3）下载程序，与负责硬件部分的技术员一起完成项目的调试。
（4）场地 6S 整理</td></tr>
<tr><td colspan="6">三、任务准备</td></tr>
<tr><td colspan="6">（1）实施平台：TIA 博途软件 V15.1、编程计算机、安装了西门子 S7-1200 系列 PLC 的实训台或实训单元等。
（2）穿戴设施：绝缘鞋、安全帽、工作服等。
（3）常用工具：电工钳、斜口钳、剥线钳、压线钳、一字螺丝刀、十字螺丝刀、万用表、多股铜芯线（BV-0.75）、冷压头、安装板、线槽、空气开关、按钮、热继电器、交流接触器等。
（4）技术材料：工作计划表、PLC 编程手册、相关电气安装标准手册等</td></tr>
<tr><td colspan="6">四、实施过程</td></tr>
<tr><td colspan="6">（1）对 PLC 变量进行定义。

（2）编写 PLC 程序。

</td></tr>
</table>

续表

（3）展示程序调试成功效果图。
五、遇到的问题及其解决措施
遇到的问题： 解决措施：
六、收获与反思
收获： 反思：

七、综合评分	

项目 10　实训工单（3）

<table>
<tr><td>项目名称</td><td colspan="5">双向可调跑马灯控制</td></tr>
<tr><td>派工岗位</td><td>工艺员</td><td>施工地点</td><td></td><td>施工时间</td><td></td></tr>
<tr><td>学生姓名</td><td></td><td>班级</td><td></td><td>学号</td><td></td></tr>
<tr><td>班组名称</td><td>电气施工____组</td><td>同组成员</td><td colspan="3"></td></tr>
<tr><td>实训目标</td><td colspan="5">（1）能设计出双向可调跑马灯 PLC 控制的电气系统图。
（2）能用 TIA 博途软件编写及调试双向可调跑马灯控制 PLC 程序。
（3）能实现双向可调跑马灯的 PLC 控制。
（4）能排除程序调试过程中出现的故障</td></tr>
</table>

一、项目控制要求

（1）系统上电后，选择开关 SA 处于低电平，8 盏彩灯每隔 1s 逐位右移，如此循环。

（2）当选择开关 SA 处于高电平时，8 盏彩灯每隔 1s 逐位左移，如此循环。

（3）无论何时按下停止按钮 SB2，系统都会复位，8 盏彩灯全部熄灭

二、接受岗位任务

（1）依据项目控制要求撰写小组决策计划。

（2）编写项目调试工艺流程。

（3）与负责硬件部分的技术员一起完成低压电气设备的选型。

（4）解决现场工艺问题，负责施工过程中工艺问题的预防与纠偏。

（5）场地 6S 整理

三、任务准备

（1）实施平台：TIA 博途软件 V15.1、编程计算机、安装了西门子 S7-1200 系列 PLC 的实训台或实训单元等。

（2）穿戴设施：绝缘鞋、安全帽、工作服等。

（3）常用工具：电工钳、斜口钳、剥线钳、压线钳、一字螺丝刀、十字螺丝刀、万用表、多股铜芯线（BV-0.75）、冷压头、安装板、线槽、空气开关、按钮、热继电器、交流接触器等。

（4）技术材料：工作计划表、PLC 编程手册、相关电气安装标准手册等

四、实施过程

（1）撰写小组决策计划。

（2）编写项目调试工艺流程。

续表

（3）完成低压电气设备的选型。
（4）总结施工过程中工艺问题的预防与纠偏情况。
五、遇到的问题及其解决措施
遇到的问题：   解决措施：
六、收获与反思
收获：   反思：

七、综合评分	

项目 10　实训工单（4）

项目名称	双向可调跑马灯控制				
派工岗位	质量监督员	施工地点		施工时间	
学生姓名		班级		学号	
班组名称	电气施工____组	同组成员			
实训目标	（1）能设计出双向可调跑马灯 PLC 控制的电气系统图。 （2）能用 TIA 博途软件编写及调试双向可调跑马灯控制 PLC 程序。 （3）能实现双向可调跑马灯的 PLC 控制。 （4）能排除程序调试过程中出现的故障				

一、项目控制要求

（1）系统上电后，选择开关 SA 处于低电平，8 盏彩灯每隔 1s 逐位右移，如此循环。

（2）当选择开关 SA 处于高电平时，8 盏彩灯每隔 1s 逐位左移，如此循环。

（3）无论何时按下停止按钮 SB2，系统都会复位，8 盏彩灯全部熄灭

二、接受岗位任务

（1）监督项目施工过程中各岗位的爱岗敬业情况。

（2）监督各岗位工作完成质量的达标情况。

（3）完成项目评分表的填写。

（4）总结所监督对象的工作过程情况，完成质量报告的撰写。

（5）场地 6S 检查

三、任务准备

（1）实施平台：TIA 博途软件 V15.1、编程计算机、安装了西门子 S7-1200 系列 PLC 的实训台或实训单元等。

（2）穿戴设施：绝缘鞋、安全帽、工作服等。

（3）常用工具：电工钳、斜口钳、剥线钳、压线钳、一字螺丝刀、十字螺丝刀、万用表、多股铜芯线（BV-0.75）、冷压头、安装板、线槽、空气开关、按钮、热继电器、交流接触器等。

（4）技术材料：工作计划表、PLC 编程手册、相关电气安装标准手册等

四、实施过程

（1）监督项目施工过程中各岗位的爱岗敬业情况。

（2）监督各岗位工作完成质量的达标情况。

（3）负责场地 6S 检查。

续表

（4）完成项目评分表的评分。 （5）总结所监督对象的工作过程情况，简要撰写质量报告。	
五、遇到的问题及其解决措施	
遇到的问题： 解决措施：	
六、收获与反思	
收获： 反思：	
七、综合评分	

项目 11　基于顺序控制设计法的运料小车往返控制

知识目标

（1）理解运料小车往返控制的原理。

（2）理解顺序功能图的相关概念。

（3）掌握 S7-1200 PLC 的顺序控制设计法。

能力目标

（1）能设计出运料小车往返 PLC 控制的电气系统图。

（2）能用 TIA 博途软件编写及调试运料小车往返控制 PLC 程序。

（3）能用顺序控制设计法实现运料小车往返的 PLC 控制。

（4）能排除程序调试过程中出现的故障。

素质目标

（1）激发学生在学习过程中的自主探究意识。

（2）培养学生按国家标准或行业标准从事专业技术活动的职业习惯。

（3）提升学生综合运用专业知识的能力，培养学生精益求精的工匠精神。

（4）提升学生的团队协作能力和沟通能力。

11.1　项目导入

请你和组员一起设计一个运料小车自动往返控制器。具体控制要求如下：

（1）当选择开关 SA 闭合时，小车自动运行：系统启动后，小车先在原位装料，15s 后，装料停止，小车右行；小车右行至右行程开关 SQ2 处停止，卸料，10s 后，卸料停止，小车左行；小车左行至左行程开关 SQ1 处停止，装料，如此循环 3 次后停止。在运行过程中，无论小车在什么位置，按下停止按钮，小车都要运行到装料处才停止。

（2）当选择开关 SA 断开时，小车只能手动控制：①在按下点动前进按钮后，小车接通前进电动机，点动前进至右行程开关 SQ2 处停止；②在按下点动后退按钮后，小车接通后退电动机，点动后退至左行程开关 SQ1 处停止。

（3）无论何时按下停止按钮 SB2，系统都会复位。

11.2 项目分析

运料小车往返控制设计是一个典型的顺序控制设计，顺序控制过程包括装料、右行、卸料、左行 4 个状态，各个状态按照一定的规律循环转换。因此，本项目宜采用顺序控制设计法。由上述控制要求可知，输入量有 7 个，即选择开关 SA、启动按钮 SB1、停止按钮 SB2、左行程开关 SQ1、右行程开关 SQ2、点动前进按钮和点动后退按钮产生的信号；输出量有 4 个，即装料电磁阀 YV1、右行接触器 KM1 的线圈、卸料电磁阀 YV2 和左行接触器 KM2 的线圈产生的信号。装料和卸料的状态受时间控制，因此设计中要用到定时器指令，小车右行、左行状态的结束由行程开关的位置决定，同时需要统计循环次数，还要用到计数器指令。所以，在本项目的设计中，需要用到的指令有基本逻辑指令中的常开指令、常闭指令、置位指令、复位指令及定时器指令，还需要用计数器指令来统计循环次数。运料小车往返控制示意图如图 11.1 所示。

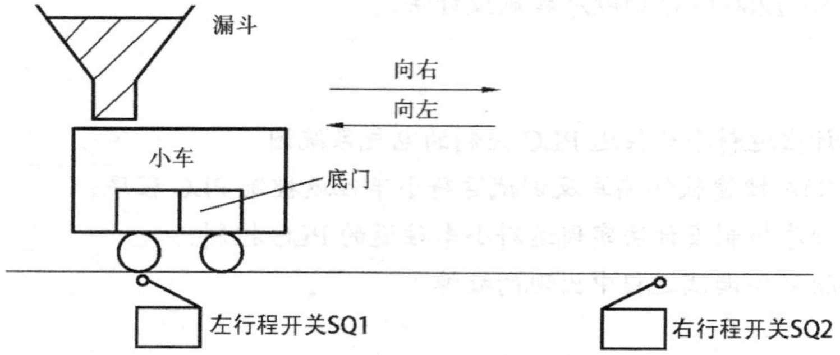

图 11.1 运料小车往返控制示意图

11.3 相关知识

1. 顺序功能图法

在工业控制领域，许多场合要应用顺序控制的方式进行控制。顺序控制是指使生产机械根据生产工艺的要求，按照预先安排的顺序自动动作。

顺序功能图是描述控制系统的控制过程、功能和特性的一种图形，也是设计 PLC 顺序控制程序的有力工具。

顺序功能图法就是依据顺序功能图设计 PLC 顺序控制程序的方法，其基本思想是将系统的一个工作周期分解成若干顺序相连的阶段，即步。顺序功能图主要由步、与步相关的动作（或命令）、有向连线、转换和转换条件组成。

1）步

步用矩形框表示，框内的数字为步的编号。在控制过程中的某给定时刻，一个步可以是活动的，也可以是非活动的。处于活动状态的步称为活动步，处于非活动状态的步称为非活动步。控制过程开始阶段的活动步与初始状态对应，称为起始步，用双线矩形框表示，每个顺序功能图至少应有一个起始步。

2）与步相关的动作（或命令）

控制系统的每个步都要完成某些动作（或命令），当某步处于活动状态时，与该步相关的动作（或命令）被执行；反之，动作（或命令）不被执行。与该步相关的动作（或命令）用矩形框表示，框内的文字或符号表示动作（或命令）的内容，该矩形框应与相应步的矩形框相连。在顺序功能图中，动作（或命令）可分为非存储型和存储型两类。当相应步活动时，动作（或命令）被执行；当相应步不活动时，如果动作（或命令）返回该步活动前的状态，则动作（或命令）是非存储型的；如果继续保持动作（或命令）的状态，则动作（或命令）是存储型的。

3）有向连线

在顺序功能图中，会发生步的活动状态的进展，用有向连线来表示。有向连线将步连接到转换，并将转换连接到步。步的活动状态是按有向连线规定的线路进行转换的，有向连线是垂直或水平的，根据习惯，进展的方向总是从上到下或从左到右。如果不遵守上述习惯，就必须加箭头。必要时，为了易于理解，也可以加箭头，箭头表示步的活动状态的进展方向。

4）转换和转换条件

在顺序功能图中，步的活动状态的进展是由一个或多个状态转换来实现的，并与控制过程的发展相对应。转换符号是一根与有向连线垂直的短横线，步与步由转换分割。转换条件在转换符号旁边，用文字或符号加以说明。当两步之间的转换条件得到满足时，转换得以实现，即上一步的活动结束，而下一步的活动开始，因此不会出现步的重叠现象。

2. 顺序功能图的基本结构

依据步的活动状态的进展形式，顺序功能图有以下几种基本结构。

1）单序列结构

单序列结构如图 11.2（a）所示。该结构的特点如下：每步后面只有一个转换，每个转换后面只有一步。各个工步按顺序执行，上一工步执行结束，转换条件成立，立即开通下一工步，同时关断上一工步。

2）并行序列结构

并行序列结构如图 11.2（b）所示，若步 3 为活动步，转换条件 e=1，则步 4 和步 6 同时转换为活动步，步 3 转换为非活动步。在步 4 和步 6 同时被激活后，每个序列中活动步的进展是独立的。步 5 和步 7 都为活动步，当转换条件 i=1 时，发生由步 5→步 10 和步 7→步 10 的进展。

3）选择序列结构

选择序列结构如图 11.2（c）所示，若步 5 为活动步，转换条件 h=1，则发生步 5→步 8 的转换；若步 5 为活动步，转换条件 k=1，则发生步 5→步 10 的转换，只允许选择一个序列。

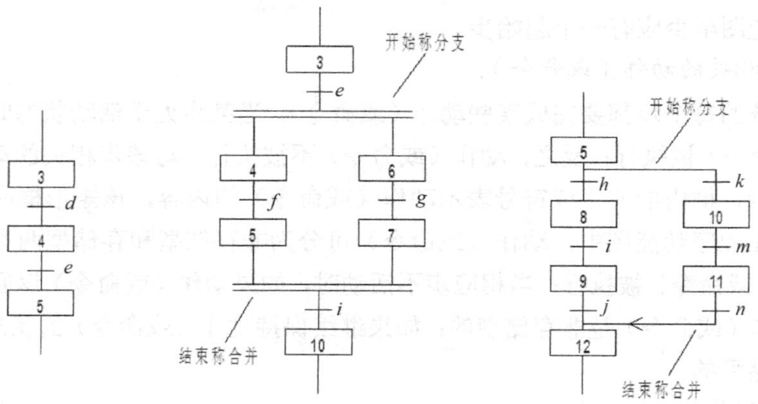

（a）单序列结构　（b）并行序列结构　（c）选择序列结构

图 11.2　顺序功能图的基本结构

4）有子步序列的结构

根据需要，在顺序功能图中，某个步又可分为几个子步，如图 11.3 所示。图 11.3（a）是以简略形式表示的步 3，而图 11.3（b）中将步 3 细分为 5 个子步，表示的是步 3 的细节。这种步的详细表示方法（子步）可以使系统的设计者在进行总体设计时以更加简洁的方式表达系统的总体功能和概貌，从功能入手，简要地对整个系统进行描述。在总体设计被确认后，再进行深入的细节设计。这样就可以使系统设计者在设计初期抓住系统的主要矛盾，从而免于陷入某些细节的纠缠，减少总体设计的错误。同时，便于系统设计者和相关人员进行设计思想的沟通，便于程序的分工设计、检查及调试，从而可以缩短程序设计时间和调试时间。

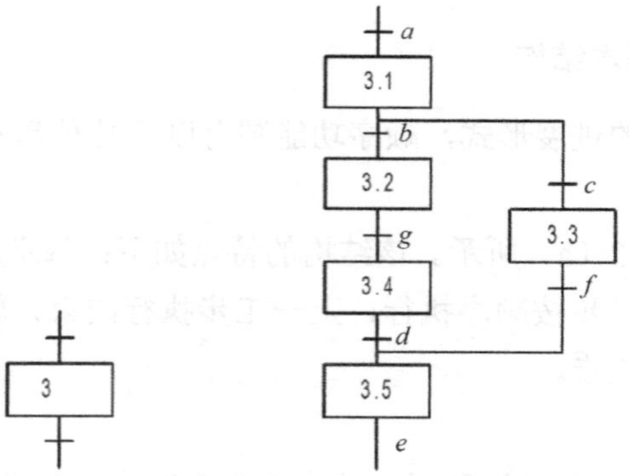

（a）　（b）

图 11.3　有子步序列的结构

11.4　项目实施

1．岗位派工

为达到控制要求，本项目引入技术员、工艺员和质量监督员三个岗位。请各小组成员分别扮演其中一个岗位角色，并参与项目实施。各岗位工作任务如表 11.1 所示，请各岗位人员按要求完成任务，并在本项目的实训工单中做好记录。

表 11.1　各岗位工作任务

岗位名称	角色任务
技术员（硬件）	（1）在实训工单上画出运料小车往返控制 I/O 分配表。 （2）使用绘图工具或软件绘制控制电路接线图。 （3）安装元器件，完成电路的接线。 （4）与负责软件部分的技术员一起完成项目的调试。 （5）场地 6S 整理
技术员（软件）	（1）在 TIA 博途软件中，对 PLC 变量进行定义。 （2）编写运料小车往返控制 PLC 程序。 （3）下载程序，与负责硬件部分的技术员一起完成项目的调试。 （4）场地 6S 整理
工艺员	（1）依据项目控制要求撰写小组决策计划。 （2）编写项目调试工艺流程。 （3）与负责硬件部分的技术员一起完成低压电气设备的选型。 （4）解决现场工艺问题，负责施工过程中工艺问题的预防与纠偏。 （5）场地 6S 整理
质量监督员	（1）监督项目施工过程中各岗位的爱岗敬业情况。 （2）监督各岗位工作完成质量的达标情况。 （3）完成项目评分表的填写。 （4）总结所监督对象的工作过程情况，完成质量报告的撰写。 （5）场地 6S 检查

2. 硬件电路设计与安装接线

1）I/O 分配

根据项目分析，对 PLC 的输入量、输出量进行分配，如表 11.2 所示。

表 11.2　运料小车往返控制 I/O 分配表

输入端		输出端	
PLC 接口	元器件	PLC 接口	元器件
I0.0	启动按钮 SB1	Q0.0	装料电磁阀 YV1
I0.1	停止按钮 SB2	Q0.1	右行接触器 KM1 的线圈
I0.2	左行程开关 SQ1	Q0.2	卸料电磁阀 YV2
I0.3	右行程开关 SQ2	Q0.3	左行接触器 KM2 的线圈
I1.0	选择开关 SA		
I0.6	点动前进按钮		
I0.7	点动后退按钮		

2）控制电路接线图

结合 PLC 的 I/O 分配表，设计运料小车往返控制电路接线图，如图 11.4 所示。在电路中，CPU 采用 AC/DC/Rly 类型。

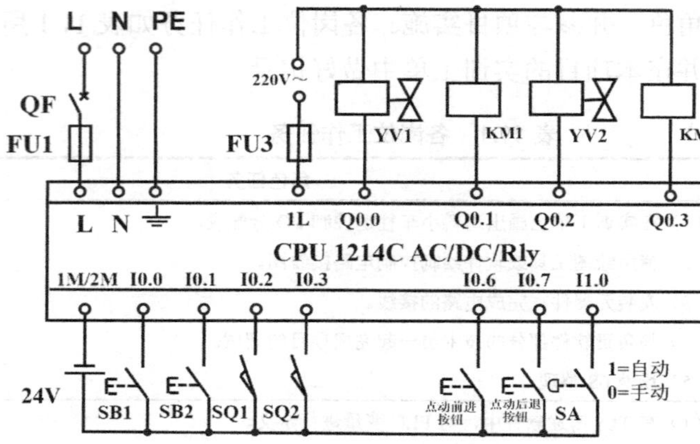

图 11.4　运料小车往返控制电路接线图

3）安装元器件并连接电路

根据图 11.4 安装元器件并连接电路。每接完一个电路，都要对电路进行一次必要的检查，以免出现严重的损坏。重点可从主电路有无短路现象，控制电路中的 PLC 电源部分、输入端和输出端部分有无短路现象，各接触器的触点是否接错，以及 I/O 口是否未按 I/O 分配表进行分配等方面进行检查。

3. 软件设计

软件设计包括 PLC 变量的定义，系统存储器的设置，状态图和顺序功能图的设计，以及梯形图的设计。在顺序控制程序的设计中，状态图的设计显得尤为重要。一般根据系统的运动规律，只要能够画出正确的状态图，程序设计就十分简单。

1）PLC 变量的定义

根据 I/O 分配表，运料小车往返控制 PLC 变量表如图 11.5 所示。

变量表_1

	名称	数据类型	地址 ▲	保持	可从 ...	从 H...	在 H...
1	启动按钮SB1	Bool	%I0.0	☐	☑	☑	☑
2	停止按钮SB2	Bool	%I0.1	☐	☑	☑	☑
3	左行程开关SQ1	Bool	%I0.2	☐	☑	☑	☑
4	右行程开关SQ2	Bool	%I0.3	☐	☑	☑	☑
5	点动前进按钮	Bool	%I0.6	☐	☑	☑	☑
6	点动后退按钮	Bool	%I0.7	☐	☑	☑	☑
7	选择开关SA	Bool	%I1.0	☐	☑	☑	☑
8	装料电磁阀YV1	Bool	%Q0.0	☐	☑	☑	☑
9	右行接触器KM1的线圈	Bool	%Q0.1	☐	☑	☑	☑
10	卸料电磁阀YV2	Bool	%Q0.2	☐	☑	☑	☑
11	左行接触器KM2的线圈	Bool	%Q0.3	☐	☑	☑	☑
12	<新增>			☐	☑	☑	☑

图 11.5　运料小车往返控制 PLC 变量表

2）系统存储器的设置

打开 PLC 的设备视图，单击“属性”选项卡，在“常规”列表中选择“系统和时钟存储器”选项，勾选“启用系统存储器字节”复选框，选择 MB10 作为系统存储器字节的地址，其中 M10.0 为首次循环位，通常将首次循环位作为程序中的初始化位使用，仅在首次扫描时为 1，如图 11.6 所示。

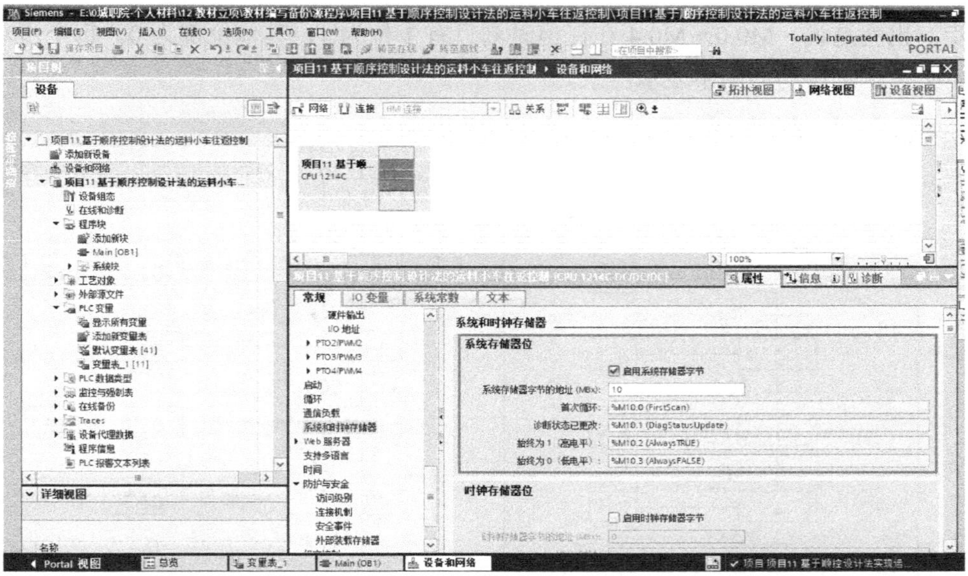

图 11.6　系统存储器的设置

3）状态图和顺序功能图的设计

采用顺序控制设计法设计程序，首先要画出顺序功能图，顺序功能图中的各步在实现转换时，使前级步的活动结束而使后级步的活动开始，步之间没有重叠。这使系统中大量复杂的联锁关系问题在步的转换中得以解决。对于每个步的程序段，只需要处理极其简单的逻辑关系，编程方法简单易学、规律性强，程序结构清晰、可读性好，调试方便，工作效率高。

系统的工作过程可以分为若干状态（本项目中共分为 5 个状态，首先是起始状态， 接着分别是装料、右行、卸料、左行 4 个状态），当满足某个条件时（时间条件或小车碰到行程开关），系统从当前状态转入下一状态，同时上一状态的动作结束。每个状态对应一个步，可将状态图转换为顺序功能图。顺序功能图可以非常直观、清晰地描述小车自动往返运料的控制过程。

在本项目中，5 个状态对应 5 个步，每个步用 1 个位存储器来表示，分别为 M0.0～M0.4，如图 11.7 所示。M0.0 为起始步，M0.1 为装料步，M0.2 为右行步，M0.3 为卸料步，M0.4 为左行步。以转换为中心的编程方法的顺序功能图描述如下：

转换的前级步是活动步，要实现图 11.7（b）中 I0.0 • I0.2 对应的转换需要同时满足两个条件，即该步为活动步（M0.0=1）和转换条件 I0.0 • I0.2=1，当这两个条件同时满足时，就从当前步 M0.0 转换为 M0.1，此时 M0.0 为非活动步，而 M0.1 为活动步。在顺序功能图中，可以用由 M0.0 和 I0.0、I0.2 的常开触点组成的串联关系来表示上述条件。当条件同时满足时，应将该转换的后续步变成活动步，并将该转换的前级步变成非活动步。这种编程方法与转换实现的基本规则之间有严密的对应关系，用它编制顺序功能图这种复杂的程序，更能显示出它的优越性。图 11.7 中给出了每个状态的输出信号及转换条件，给编程提供了极大的方便。其他各步的转换相同，不再讲述。

由图 11.7（b）可以看出，这是典型的单序列顺序功能图，其在任何时刻只有一个步为活动步，也就是说，M0.0～M0.4 在任何时刻只有 1 位为 1，其他位都为 0。每个步对应的输出也必须在顺序功能图中表示出来。

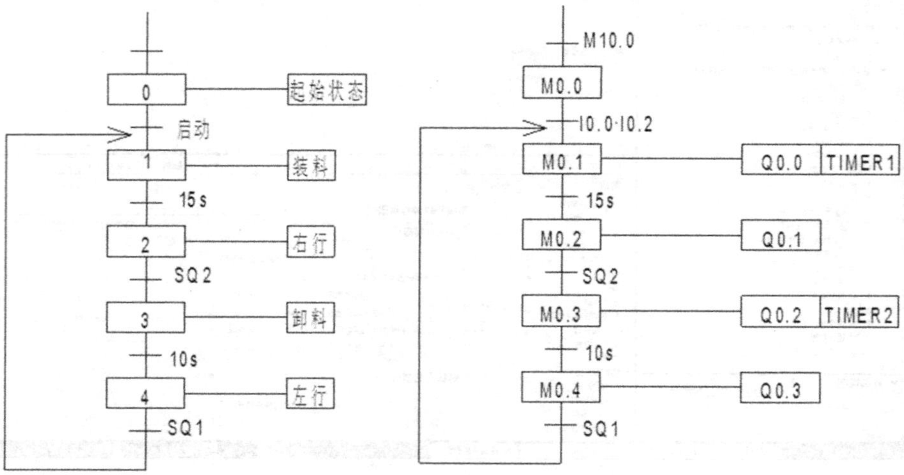

（a）状态图　　　　（b）顺序功能图

图 11.7　运料小车往返控制的状态图和顺序功能图

4）梯形图的设计

根据控制要求，编写运料小车往返控制 PLC 梯形图，如图 11.8 所示。在硬件组态时，已设置了系统存储器字节的地址为 MB10，首次循环位 M10.0=1，一般用于初始化子程序。整个梯形图采用以转换为中心的程序设计方法，结构清晰，程序易读。

程序段 1：初始化起始步，并将其他步的标志位和内部标志位清零。在 3 种情况下会初始化起始步：首次扫描，选择手动控制，循环 3 次后结束。

程序段 2：在自动控制状态下（I1.0=1），当前活动步为 M0.0，当满足小车在起始位置（I0.2=1）的条件，并按下启动按钮（I0.0=1）时，由起始步 M0.0 转换为 M0.1，到达装料步，此时 M0.0 为非活动步，M0.1 为活动步。

程序段 3：当前活动步为 M0.1，当装料时间到时，由 M0.1 转换为 M0.2，此时 M0.2 为活动步，系统进入右行状态。

程序段 4：当前活动步为 M0.2，小车右行到右侧行程开关处，I0.3=1，由 M0.2 步转换为 M0.3 步，此时 M0.3 为活动步，进入卸料状态。

程序段 5、6：卸料 10s，由 M0.3 转换为 M0.4，系统进入左行状态，小车左行到左行程开关处，I0.2=1，回到 M0.1 步，完成 1 次循环。

程序段 7：用计数器指令累计循环次数，设计要求循环 3 次，所以 M0.1 的计数值必须达到 4 次；当循环次数达到、选择手动控制或按下停止按钮时，必须将计数器复位。

程序段 8、9：按下停止按钮的处理，建立停止运行标志位 M0.5，并回到起始步。

程序段 10～13：输出的处理，包括手动输出的处理。

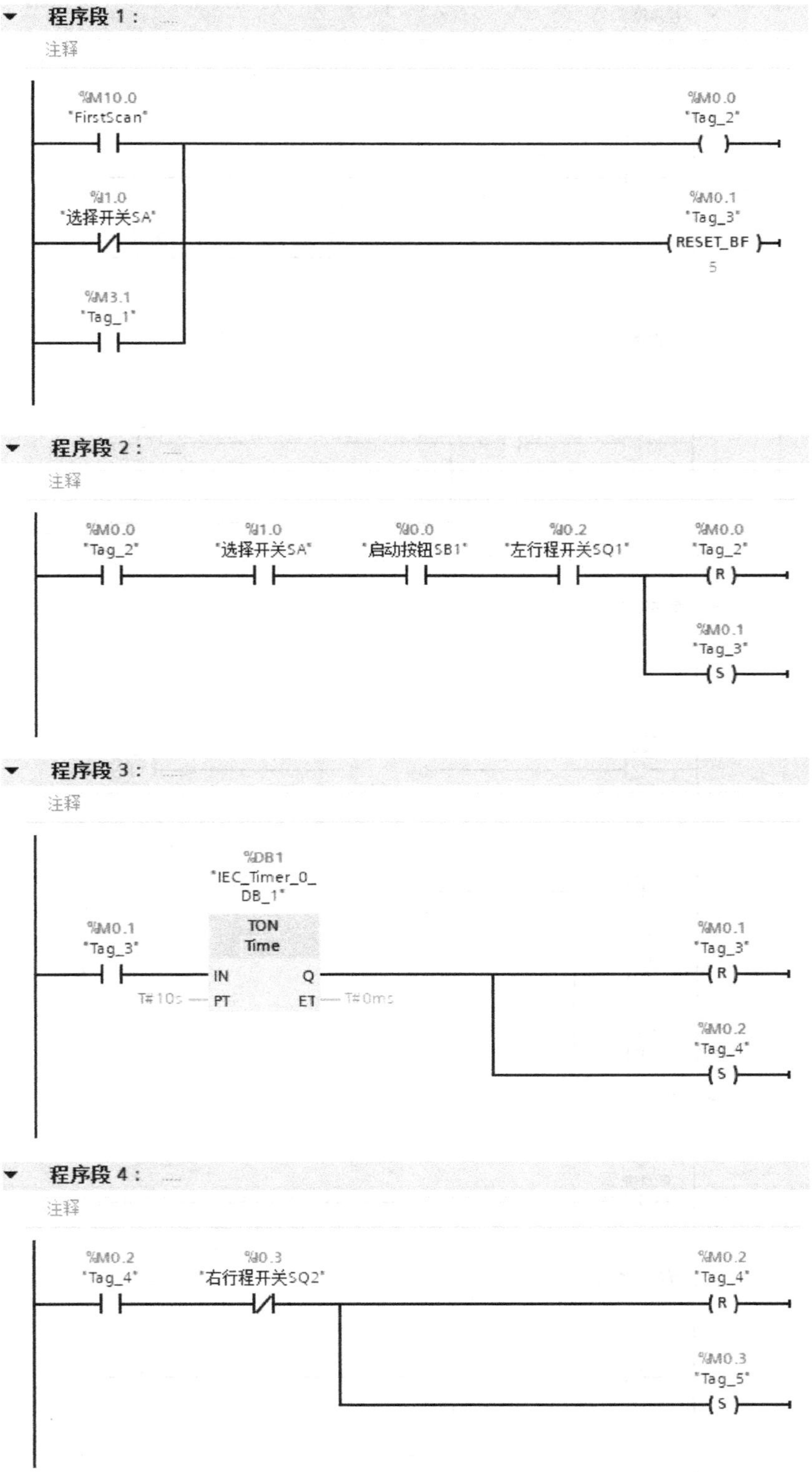

图 11.8　运料小车往返控制 PLC 梯形图

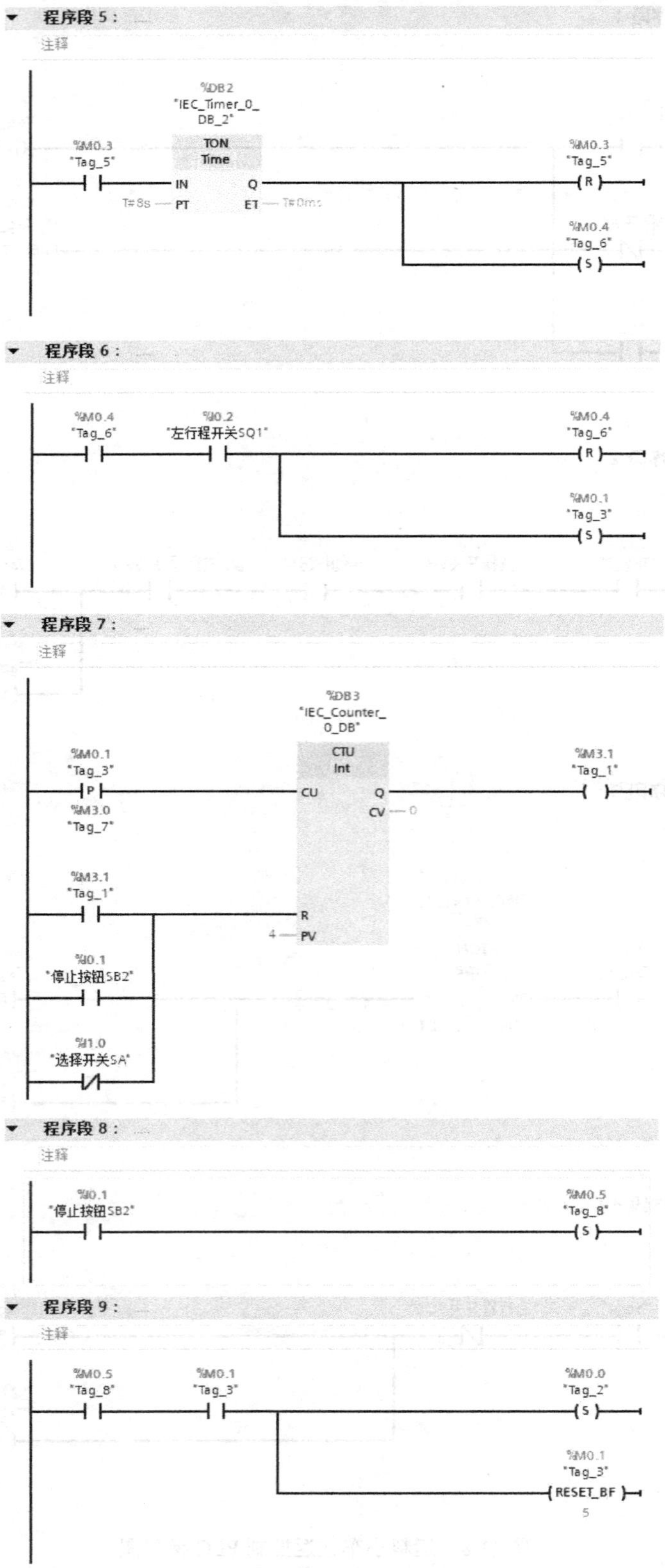

图 11.8　运料小车往返控制 PLC 梯形图（续）

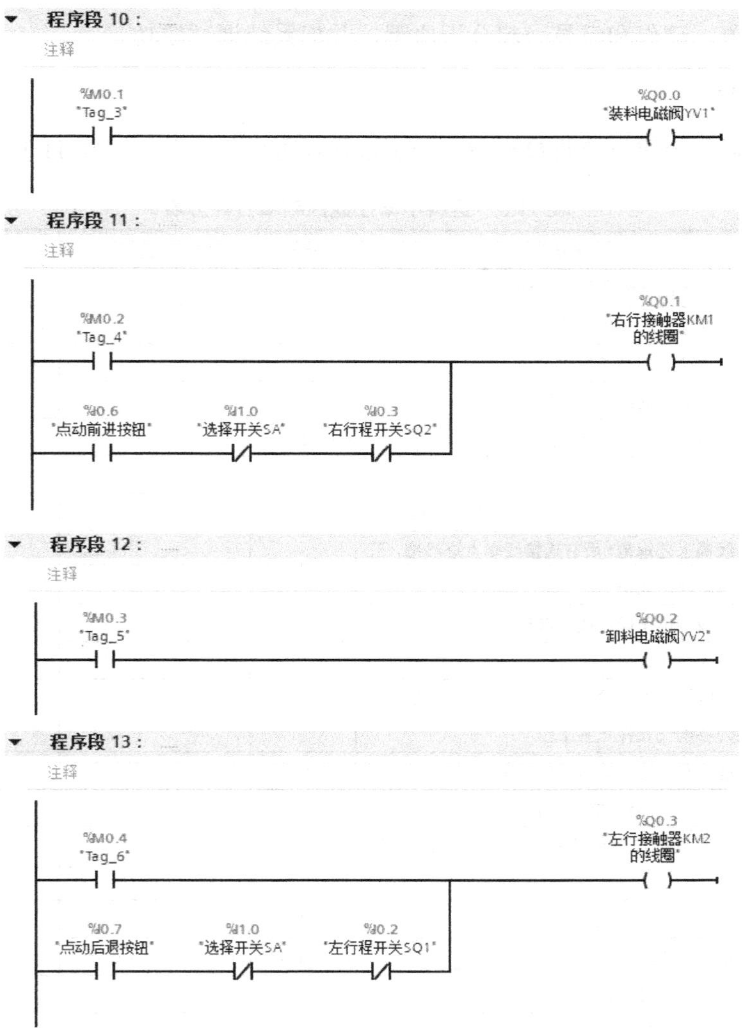

图 11.8　运料小车往返控制 PLC 梯形图（续）

4．调试运行

下载程序，并按以下步骤进行调试：

（1）系统上电后，拨动选择开关 SA，使之闭合，按下启动按钮，小车先在原位装料，15s 后，装料停止，小车右行；小车右行至右行程开关 SQ2 处停止，卸料，10s 后，卸料停止，小车左行；小车左行至左行程开关 SQ1 处停止，装料，如此循环 3 次后停止。在运行过程中，无论小车在什么位置，按下停止按钮，小车都要运行到装料处才停止。

（2）拨动选择开关 SA，使之断开，小车只能手动控制：①在按下点动前进按钮后，小车接通前进电动机，点动前进至右行程开关 SQ2 处停止；②在按下点动后退按钮后，小车接通后退电动机，点动后退至左行程开关 SQ1 处停止。

（3）无论何时按下停止按钮 SB2，系统都会复位。

如果调试时，你的系统出现以上现象，恭喜你完成了任务；如果调试时，你的系统没有出现以上现象，请你和组员一起分析原因，并把系统调试成功。

5. 考核评分

完成任务后，由质量监督员和教师分别进行任务评价，并填写表 11.3。

表 11.3　运料小车往返控制项目评分表

项目	评分点	配分	质量监督员评分	教师评分	备注
控制系统电路设计	控制电路接线图设计正确	5			
	导线颜色和线号标注正确	5			
	绘制的电气系统图美观	5			
	电气元件的图形符号符合标准	5			
控制系统电路布置、连接工艺与调试	低压电气元件安装布局合理	5			
	电气元件安装牢固	3			
	接线头工艺美观、牢固，且无露铜过长现象	5			
	线槽工艺规范，所有连接线垂直进线槽，无明显斜向进线槽	2			
	导线颜色正确，线径选择正确	3			
	整体布线规范、美观	5			
控制功能实现	系统初步上电检查，上电后，初步检测的结果为各电气元件正常工作	2			
	能达到自动模式运行的控制要求	10			
	能达到手动模式运行的控制要求	10			
	无论何时按下停止按钮 SB2，系统都会复位	5			
职业素养	小组成员间沟通顺畅	3			
	小组有决策计划	5			
	小组内部各岗位分工明确	2			
	安装完成后，工位无垃圾	5			
	职业操守好，完工后，工具和配件摆放整齐	5			
安全事项	在安装过程中，无损坏元器件及人身伤害现象	5			
	在通电调试过程中，无短路现象	5			
评分合计					

11.5　实训工单

请你和组员一起按照所扮演的岗位角色，填写好如下实训工单。

项目 11　实训工单（1）

<table>
<tr><td>项目名称</td><td colspan="5">基于顺序控制设计法的运料小车往返控制</td></tr>
<tr><td>派工岗位</td><td>技术员（硬件）</td><td>施工地点</td><td></td><td>施工时间</td><td></td></tr>
<tr><td>学生姓名</td><td></td><td>班级</td><td></td><td>学号</td><td></td></tr>
<tr><td>班组名称</td><td>电气施工____组</td><td>同组成员</td><td colspan="3"></td></tr>
<tr><td>实训目标</td><td colspan="5">（1）能设计出运料小车往返 PLC 控制的电气系统图。
（2）能用 TIA 博途软件编写及调试运料小车往返控制 PLC 程序。
（3）能用顺序控制设计法实现运料小车往返的 PLC 控制。
（4）能排除程序调试过程中出现的故障</td></tr>
<tr><td colspan="6">一、项目控制要求</td></tr>
<tr><td colspan="6">（1）当选择开关 SA 闭合时，小车自动运行：系统启动后，小车先在原位装料，15s 后，装料停止，小车右行；小车右行至右行程开关 SQ2 处停止，卸料，10s 后，卸料停止，小车左行；小车左行至左行程开关 SQ1 处停止，装料，如此循环 3 次后停止。在运行过程中，无论小车在什么位置，按下停止按钮，小车都要运行到装料处才停止。
（2）当选择开关 SA 断开时，小车只能手动控制：①在按下点动前进按钮后，小车接通前进电动机，点动前进至右行程开关 SQ2 处停止；②在按下点动后退按钮后，小车接通后退电动机，点动后退至左行程开关 SQ1 处停止。
（3）无论何时按下停止按钮 SB2，系统都会复位</td></tr>
<tr><td colspan="6">二、接受岗位任务</td></tr>
<tr><td colspan="6">（1）在实训工单上画出运料小车往返控制 I/O 分配表。
（2）使用绘图工具或软件绘制控制电路接线图。
（3）安装元器件，完成电路的接线。
（4）与负责软件部分的技术员一起完成项目的调试。
（5）场地 6S 整理</td></tr>
<tr><td colspan="6">三、任务准备</td></tr>
<tr><td colspan="6">（1）实施平台：TIA 博途软件 V15.1、编程计算机、安装了西门子 S7-1200 系列 PLC 的实训台或实训单元等。
（2）穿戴设施：绝缘鞋、安全帽、工作服等。
（3）常用工具：电工钳、斜口钳、剥线钳、压线钳、一字螺丝刀、十字螺丝刀、万用表、多股铜芯线（BV-0.75）、冷压头、安装板、线槽、空气开关、按钮、热继电器、交流接触器等。
（4）技术材料：工作计划表、PLC 编程手册、相关电气安装标准手册等</td></tr>
<tr><td colspan="6">四、实施过程</td></tr>
<tr><td colspan="6">（1）画出 I/O 分配表。</td></tr>
</table>

续表

（2）绘制控制电路接线图。
（3）展示电路接线完工图。
（4）展示系统调试成功效果图。

续表

五、遇到的问题及其解决措施	
遇到的问题： 解决措施：	
六、收获与反思	
收获： 反思：	
七、综合评分	

项目 11　实训工单（2）

项目名称	基于顺序控制设计法的运料小车往返控制				
派工岗位	技术员（软件）	施工地点		施工时间	
学生姓名		班级		学号	
班组名称	电气施工____组	同组成员			
实训目标	（1）能设计出运料小车往返 PLC 控制的电气系统图。 （2）能用 TIA 博途软件编写及调试运料小车往返控制 PLC 程序。 （3）能用顺序控制设计法实现运料小车往返的 PLC 控制。 （4）能排除程序调试过程中出现的故障				

一、项目控制要求

（1）当选择开关 SA 闭合时，小车自动运行：系统启动后，小车先在原位装料，15s 后，装料停止，小车右行；小车右行至右行程开关 SQ2 处停止，卸料，10s 后，卸料停止，小车左行；小车左行至左行程开关 SQ1 处停止，装料，如此循环 3 次后停止。在运行过程中，无论小车在什么位置，按下停止按钮，小车都要运行到装料处才停止。

（2）当选择开关 SA 断开时，小车只能手动控制：①在按下点动前进按钮后，小车接通前进电动机，点动前进至右行程开关 SQ2 处停止；②在按下点动后退按钮后，小车接通后退电动机，点动后退至左行程开关 SQ1 处停止。

（3）无论何时按下停止按钮 SB2，系统都会复位

二、接受岗位任务

（1）在 TIA 博途软件中，对 PLC 变量进行定义。

（2）编写运料小车往返控制 PLC 程序。

（3）下载程序，与负责硬件部分的技术员一起完成项目的调试。

（4）场地 6S 整理

三、任务准备

（1）实施平台：TIA 博途软件 V15.1、编程计算机、安装了西门子 S7-1200 系列 PLC 的实训台或实训单元等。

（2）穿戴设施：绝缘鞋、安全帽、工作服等。

（3）常用工具：电工钳、斜口钳、剥线钳、压线钳、一字螺丝刀、十字螺丝刀、万用表、多股铜芯线（BV-0.75）、冷压头、安装板、线槽、空气开关、按钮、热继电器、交流接触器等。

（4）技术材料：工作计划表、PLC 编程手册、相关电气安装标准手册等

四、实施过程

（1）对 PLC 变量进行定义。

（2）编写 PLC 程序。

续表

（3）展示程序调试成功效果图。
五、遇到的问题及其解决措施
遇到的问题： 解决措施：
六、收获与反思
收获： 反思：

七、综合评分	

项目 11　实训工单（3）

项目名称	基于顺序控制设计法的运料小车往返控制				
派工岗位	工艺员	施工地点		施工时间	
学生姓名		班级		学号	
班组名称	电气施工____组	同组成员			
实训目标	（1）能设计出运料小车往返 PLC 控制的电气系统图。 （2）能用 TIA 博途软件编写及调试运料小车往返控制 PLC 程序。 （3）能用顺序控制设计法实现运料小车往返的 PLC 控制。 （4）能排除程序调试过程中出现的故障				

一、项目控制要求

（1）当选择开关 SA 闭合时，小车自动运行：系统启动后，小车先在原位装料，15s 后，装料停止，小车右行；小车右行至右行程开关 SQ2 处停止，卸料，10s 后，卸料停止，小车左行；小车左行至左行程开关 SQ1 处停止，装料，如此循环 3 次后停止。在运行过程中，无论小车在什么位置，按下停止按钮，小车都要运行到装料处才停止。

（2）当选择开关 SA 断开时，小车只能手动控制：①在按下点动前进按钮后，小车接通前进电动机，点动前进至右行程开关 SQ2 处停止；②在按下点动后退按钮后，小车接通后退电动机，点动后退至左行程开关 SQ1 处停止。

（3）无论何时按下停止按钮 SB2，系统都会复位

二、接受岗位任务

（1）依据项目控制要求撰写小组决策计划。

（2）编写项目调试工艺流程。

（3）与负责硬件部分的技术员一起完成低压电气设备的选型。

（4）解决现场工艺问题，负责施工过程中工艺问题的预防与纠偏。

（5）场地 6S 整理

三、任务准备

（1）实施平台：TIA 博途软件 V15.1、编程计算机、安装了西门子 S7-1200 系列 PLC 的实训台或实训单元等。

（2）穿戴设施：绝缘鞋、安全帽、工作服等。

（3）常用工具：电工钳、斜口钳、剥线钳、压线钳、一字螺丝刀、十字螺丝刀、万用表、多股铜芯线（BV-0.75）、冷压头、安装板、线槽、空气开关、按钮、热继电器、交流接触器等。

（4）技术材料：工作计划表、PLC 编程手册、相关电气安装标准手册等

四、实施过程

（1）撰写小组决策计划。

（2）编写项目调试工艺流程。

续表

（3）完成低压电气设备的选型。   （4）总结施工过程中工艺问题的预防与纠偏情况。
五、遇到的问题及其解决措施
遇到的问题：   解决措施：
六、收获与反思
收获：   反思：

七、综合评分	

项目 11　实训工单（4）

<table>
<tr><td>项目名称</td><td colspan="5">基于顺序控制设计法的运料小车往返控制</td></tr>
<tr><td>派工岗位</td><td>质量监督员</td><td>施工地点</td><td></td><td>施工时间</td><td></td></tr>
<tr><td>学生姓名</td><td></td><td>班级</td><td></td><td>学号</td><td></td></tr>
<tr><td>班组名称</td><td>电气施工____组</td><td>同组成员</td><td colspan="3"></td></tr>
<tr><td>实训目标</td><td colspan="5">（1）能设计出运料小车往返 PLC 控制的电气系统图。
（2）能用 TIA 博途软件编写及调试运料小车往返控制 PLC 程序。
（3）能用顺序控制设计法实现运料小车往返的 PLC 控制。
（4）能排除程序调试过程中出现的故障</td></tr>
<tr><td colspan="6">一、项目控制要求</td></tr>
<tr><td colspan="6">（1）当选择开关 SA 闭合时，小车自动运行：系统启动后，小车先在原位装料，15s 后，装料停止，小车右行；小车右行至右行程开关 SQ2 处停止，卸料，10s 后，卸料停止，小车左行；小车左行至左行程开关 SQ1 处停止，装料，如此循环 3 次后停止。在运行过程中，无论小车在什么位置，按下停止按钮，小车都要运行到装料处才停止。
（2）当选择开关 SA 断开时，小车只能手动控制：①在按下点动前进按钮后，小车接通前进电动机，点动前进至右行程开关 SQ2 处停止；②在按下点动后退按钮后，小车接通后退电动机，点动后退至左行程开关 SQ1 处停止。
（3）无论何时按下停止按钮 SB2，系统都会复位</td></tr>
<tr><td colspan="6">二、接受岗位任务</td></tr>
<tr><td colspan="6">（1）监督项目施工过程中各岗位的爱岗敬业情况。
（2）监督各岗位工作完成质量的达标情况。
（3）完成项目评分表的填写。
（4）总结所监督对象的工作过程情况，完成质量报告的撰写。
（5）场地 6S 检查</td></tr>
<tr><td colspan="6">三、任务准备</td></tr>
<tr><td colspan="6">（1）实施平台：TIA 博途软件 V15.1、编程计算机、安装了西门子 S7-1200 系列 PLC 的实训台或实训单元等。
（2）穿戴设施：绝缘鞋、安全帽、工作服等。
（3）常用工具：电工钳、斜口钳、剥线钳、压线钳、一字螺丝刀、十字螺丝刀、万用表、多股铜芯线（BV-0.75）、冷压头、安装板、线槽、空气开关、按钮、热继电器、交流接触器等。
（4）技术材料：工作计划表、PLC 编程手册、相关电气安装标准手册等</td></tr>
<tr><td colspan="6">四、实施过程</td></tr>
<tr><td colspan="6">（1）监督项目施工过程中各岗位的爱岗敬业情况。

（2）监督各岗位工作完成质量的达标情况。

（3）负责场地 6S 检查。</td></tr>
</table>

续表

（4）完成项目评分表的评分。	
（5）总结所监督对象的工作过程情况，简要撰写质量报告。	
五、遇到的问题及其解决措施	
遇到的问题： 解决措施：	
六、收获与反思	
收获： 反思：	
七、综合评分	

项目 12　基于函数（FC）的电动机组启停控制

知识目标

（1）理解电动机组Y-△降压启动控制的原理。

（2）掌握函数的接口类型、特点和调用方法。

能力目标

（1）能设计出基于函数的电动机组启停 PLC 控制的电气系统图。

（2）能用 TIA 博途软件编写及调试基于函数的电动机组启停控制 PLC 程序。

（3）能用函数实现电动机组启停的 PLC 控制。

（4）能排除程序调试过程中出现的故障。

素质目标

（1）激发学生在学习过程中的自主探究意识。

（2）培养学生按国家标准或行业标准从事专业技术活动的职业习惯。

（3）提升学生综合运用专业知识的能力，培养学生精益求精的工匠精神。

（4）提升学生的团队协作能力和沟通能力。

12.1　项目导入

请你和组员一起使用 S7-1200 PLC 实现电动机组（由 3 台三相异步电动机 M1、M2、M3 构成）启停控制。具体控制要求如下：

（1）按下 M1 的启动按钮 SB1，M1 采用Y-△降压方式启动并运转。

（2）按下 M2 的启动按钮 SB2，M1 采用Y-△降压方式启动并运转。

（3）按下 M3 的启动按钮 SB3，M3 采用Y-△降压方式启动并运转。

（4）按下停止按钮 SB0，电动机组停止运行，并且系统复位。

12.2　项目分析

由上述控制要求可知，输入量有 4 个，即电动机的 3 个启动按钮和 1 个停止按钮产生的信号；输出量有 9 个，即 3 台电动机的电源接触器、星形接触器和三角形接触器产生的信号。电动机组的 3 台三相异步电动机都采用 Y-△降压方式启动，启动过程是一样的。我们可以把 Y-△降压启动这部分的程序放在 1 个函数中，将其作为 1 个子程序来调用，这样能使所编制的程序结构化，并增强程序的可读性。在日常工业控制中，当控制要求复杂时，逻辑关系变得相对复杂，编程难度也相对增大。结构化是可以轻松实现面向对象编程的 1 种重要手段。在本项目中，将通过 1 个实例给大家介绍函数的使用方法。

12.3　相关知识

1. 函数的接口类型

函数的接口类型有输入接口、输出接口、输入/输出接口、临时变量接口和常量接口。函数的接口类型及其读写访问和作用描述如表 12.1 所示。

表 12.1　函数的接口类型及其读写访问和作用描述

接口类型	读写访问	作用描述
Input（输入）	只读	在调用函数时，将用户程序数据传递到函数中，实参可以为常数
Output（输出）	读写	在调用函数时，将函数的执行结果传递到用户程序中，实参不能为常数
InOut（输入/输出）	读写	接收数据后进行运算，然后将执行结果返回，实参不能为常数
Temp（临时变量）	读写	仅在调用函数时生效，用于存储临时中间结果的变量
Constant（常量）	只读	在声明了常量符号名后，函数中可使用符号名代替常量

2. 接口区定义与梯形图的对应关系

打开函数后，在函数中可对函数的接口区进行定义，在函数的接口区中可定义接口，如图 12.1 所示。

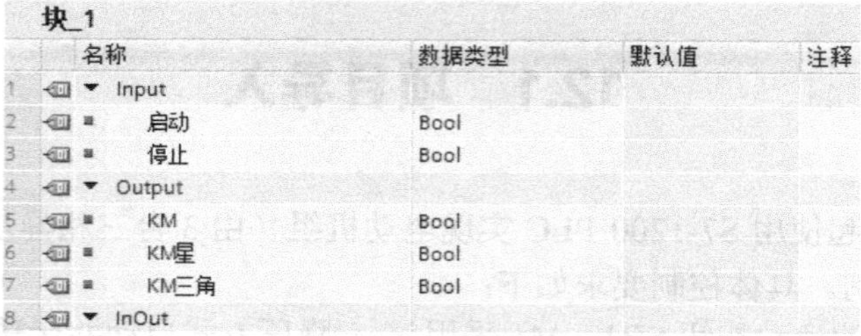

图 12.1　在函数的接口区中定义接口

3. PLC 程序编写

在变量建立完成后，开始编写 PLC 程序，如图 12.2 所示。

在程序中出现的变量前都会自动出现“#”，而且在建立变量时并无“#”，那么带有“#”的便是形参。另外，在程序中会出现黄色字样的变量“#KM1”，这里出现黄色警告是允许的，想要解除警告，只需将“KM1”变量声明为“InOut”即可，也就是实现“KM1”变量的可读、可写（输入/输出）。

图 12.2　编写 PLC 程序示例

12.4　项目实施

1．岗位派工

为达到控制要求，本项目引入技术员、工艺员和质量监督员三个岗位。请各小组成员分别扮演其中一个岗位角色，并参与项目实施。各岗位工作任务如表 12.2 所示，请各岗位人员按要求完成任务，并在本项目的实训工单中做好记录。

表 12.2　各岗位工作任务

岗位名称	角色任务
技术员（硬件）	（1）在实训工单上画出基于函数的电动机组启停控制 I/O 分配表。 （2）使用绘图工具或软件绘制主电路、控制电路的接线图。 （3）安装元器件，完成电路的接线。 （4）与负责软件部分的技术员一起完成项目的调试。 （5）场地 6S 整理
技术员（软件）	（1）在 TIA 博途软件中，对 PLC 变量进行定义。 （2）编写基于函数的电动机组启停控制 PLC 程序。 （3）下载程序，与负责硬件部分的技术员一起完成项目的调试。 （4）场地 6S 整理
工艺员	（1）依据项目控制要求撰写小组决策计划。 （2）编写项目调试工艺流程。 （3）与负责硬件部分的技术员一起完成低压电气设备的选型。 （4）解决现场工艺问题，负责施工过程中工艺问题的预防与纠偏。 （5）场地 6S 整理
质量监督员	（1）监督项目施工过程中各岗位的爱岗敬业情况。 （2）监督各岗位工作完成质量的达标情况。 （3）完成项目评分表的填写。 （4）总结所监督对象的工作过程情况，完成质量报告的撰写。 （5）场地 6S 检查

2．硬件电路设计与安装接线

1）I/O 分配

根据项目分析，对 PLC 的输入量、输出量进行分配，如表 12.3 所示。

表 12.3　基于函数的电动机组启停控制 I/O 分配表

输入端		输出端	
PLC 接口	元器件	PLC 接口	元器件
I0.1	M1 的启动按钮 SB1	Q0.0	M1 电源接触器 KM1
I0.2	M2 的启动按钮 SB2	Q0.1	M1 三角形接触器 KM2
I0.3	M3 的启动按钮 SB3	Q0.2	M1 星形接触器 KM3
I0.0	停止按钮 SB0	Q0.3	M2 电源接触器 KM4
		Q0.4	M2 三角形接触器 KM5
		Q0.5	M2 星形接触器 KM6
		Q0.6	M3 电源接触器 KM7
		Q0.7	M3 三角形接触器 KM8
		Q1.0	M3 星形接触器 KM9

2）控制电路接线图

结合 PLC 的 I/O 分配表，设计电动机组启停控制电路接线图，如图 12.3 所示。在电路中，CPU 采用 AC/DC/Rly 类型。为了防止电源短路，接触器 KM2 和 KM3 的线圈不能同时得电，接触器 KM5 和 KM6 的线圈不能同时得电，接触器 KM8 和 KM9 的线圈不能同时得电，在 PLC 的输出端设置了电气互锁。

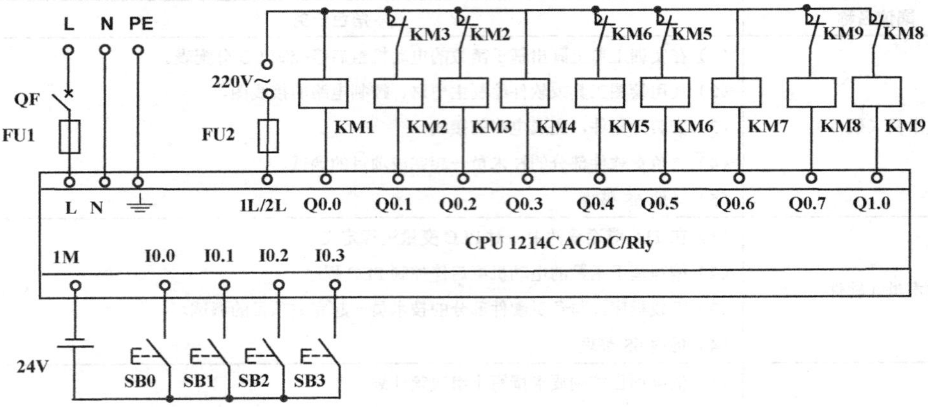

图 12.3　电动机组启停控制电路接线图

3）安装元器件并连接电路

该项目的主电路将 3 台 Y-△降压启动的电动机并联即可，此处不再赘述。根据图 12.3 安装元器件并连接电路。每接完一个电路，都要对电路进行一次必要的检查，以免出现严重的损坏。重点可从主电路有无短路现象，控制电路中的 PLC 电源部分、输入端和输出端部分有无短路现象，各接触器的触点是否接错，以及 I/O 口是否未按 I/O 分配表进行分配等方面进行检查。

3. 软件设计

1）PLC 变量的定义

根据 I/O 分配表，电动机组启停控制 PLC 变量表如图 12.4 所示。

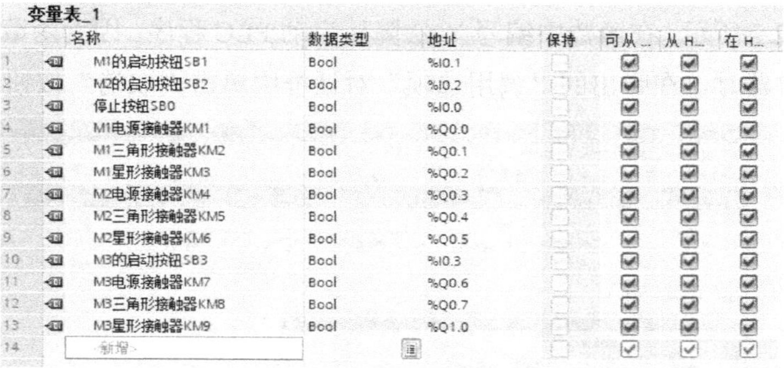

变量表_1

	名称	数据类型	地址	保持	可从...	从 H...	在 H...
1	M1的启动按钮SB1	Bool	%I0.1		☑	☑	☑
2	M2的启动按钮SB2	Bool	%I0.2		☑	☑	☑
3	停止按钮SB0	Bool	%I0.0		☑	☑	☑
4	M1电源接触器KM1	Bool	%Q0.0		☑	☑	☑
5	M1三角形接触器KM2	Bool	%Q0.1		☑	☑	☑
6	M1星形接触器KM3	Bool	%Q0.2		☑	☑	☑
7	M2电源接触器KM4	Bool	%Q0.3		☑	☑	☑
8	M2三角形接触器KM5	Bool	%Q0.4		☑	☑	☑
9	M2星形接触器KM6	Bool	%Q0.5		☑	☑	☑
10	M3的启动按钮SB3	Bool	%I0.3		☑	☑	☑
11	M3电源接触器KM7	Bool	%Q0.6		☑	☑	☑
12	M3三角形接触器KM8	Bool	%Q0.7		☑	☑	☑
13	M3星形接触器KM9	Bool	%Q1.0		☑	☑	☑
14	<新增>				☑	☑	☑

图 12.4　电动机组启停控制 PLC 变量表

2）梯形图的设计

根据控制要求，编写电动机组启停控制 PLC 梯形图，步骤如下：

（1）组态好硬件设备后，选择“添加新块”选项，如图 12.5 所示，单击“函数”图标，再单击“确定”按钮。

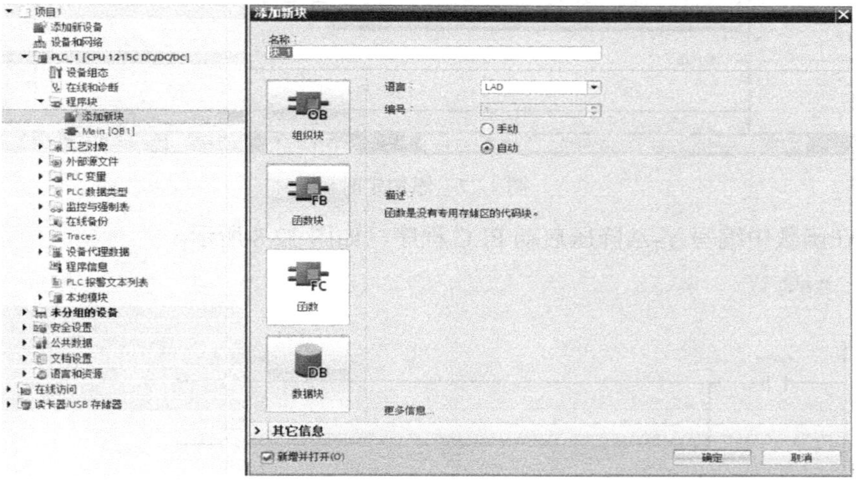

图 12.5　选择“添加新块”选项①

（2）如图 12.6 所示，在新建的函数的程序接口中，建立所需要的形参。

块_1

	名称	数据类型	默认值	注释
1	Input			
2	启动1	Bool		
3	停止	Bool		
4	<新增>			
5	Output			
6	KM	Bool		
7	KM星	Bool		
8	KM三角	Bool		
9	<新增>			
10	InOut			
11	KM状态	Bool		
12	KM星状态	Bool		
13	KM三角状态	Bool		
14	定时器	IEC_TIMER		
15	<新增>			
16	Temp			
17	<新增>			
18	Constant			

图 12.6　建立所需要的形参

① 软件图中“其它”的正确写法应为“其他”。

（3）如图 12.7 所示，在函数中编写 Y-△降压启动 PLC 程序。因为函数中不带数据块，所以在使用定时器时，在弹出的“调用选项”对话框中单击“取消”按钮。

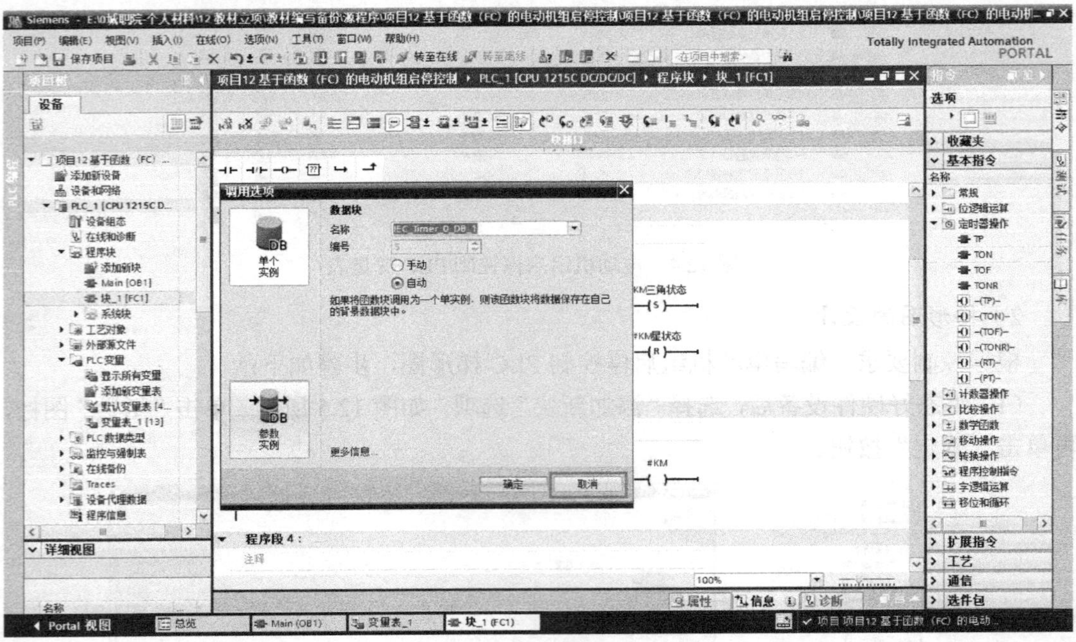

图 12.7　添加定时器

（4）在函数中编写 Y-△降压启动 PLC 程序，如图 12.8 所示。

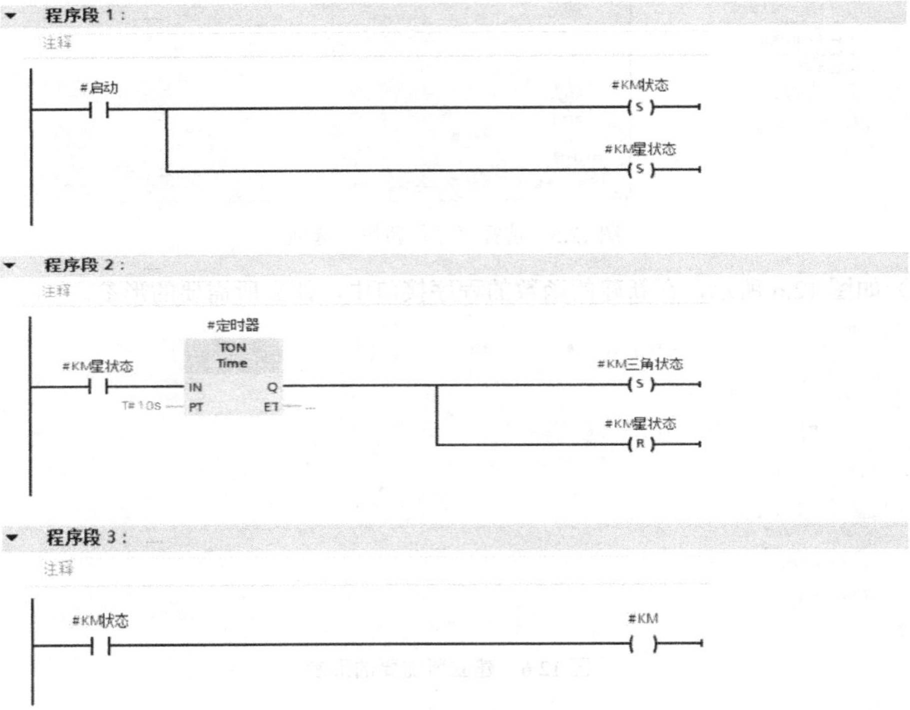

图 12.8　基于函数的 Y-△降压启动 PLC 程序

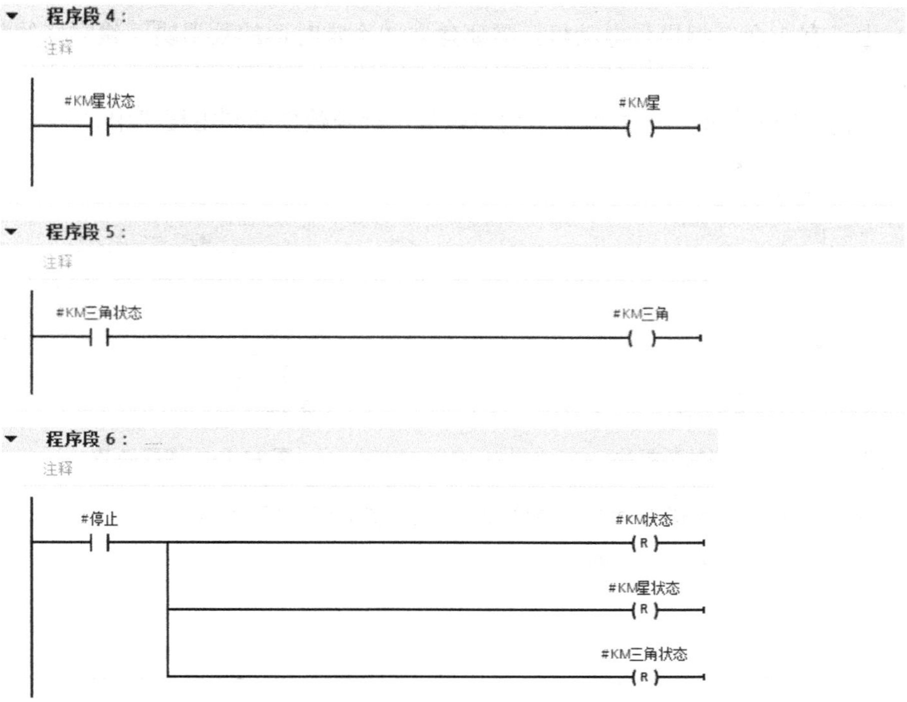

图 12.8　基于函数的 Y-△降压启动 PLC 程序（续）

（5）如图 12.9 所示，在函数程序接口的输入/输出类型的接口中定义 1 个定时器。

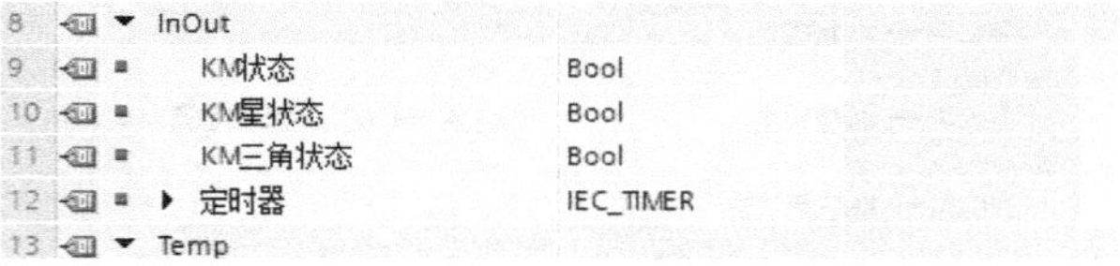

8	InOut	
9	KM状态	Bool
10	KM星状态	Bool
11	KM三角状态	Bool
12	定时器	IEC_TIMER
13	Temp	

图 12.9　输入/输出类型的接口

（6）如图 12.10 所示，在主程序中添加数据块，类型是 IEC_TIMER。

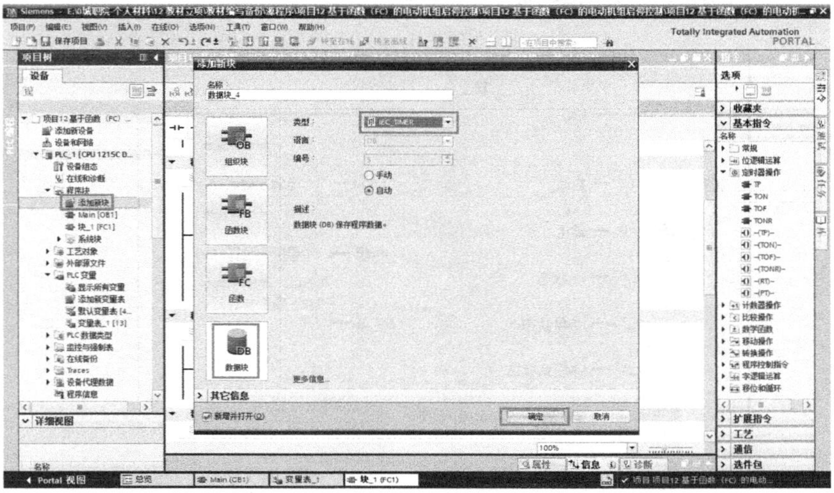

图 12.10　设置定时器接口类型

（7）由于有 3 台三相异步电动机，需要建立 3 个定时器的数据块，建立好的数据块如图 12.11 所示。

（8）如图 12.12 所示，在主程序中调用函数，把函数拖动到主程序中。

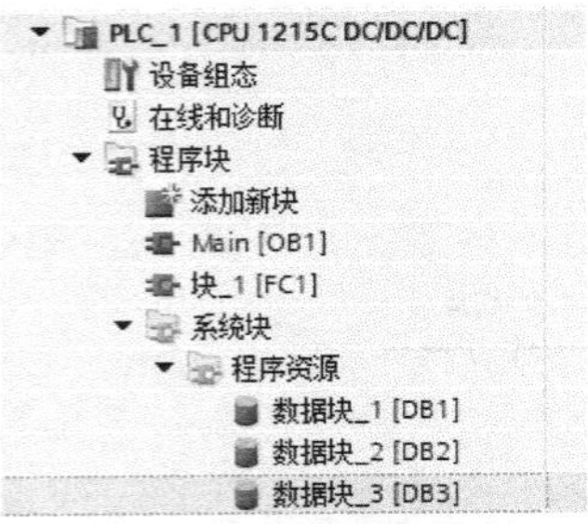

图 12.11　建立好的数据块

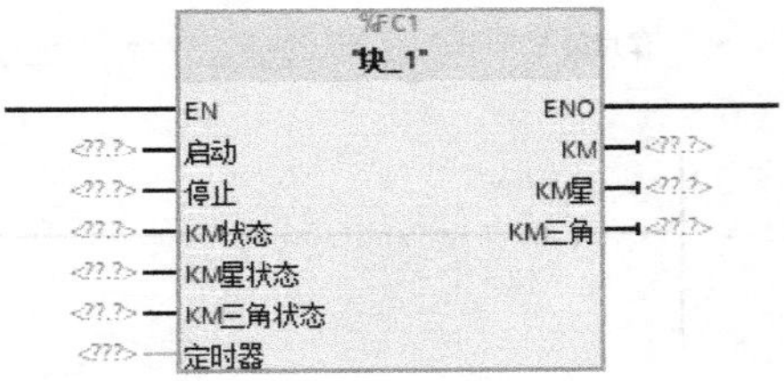

图 12.12　调用函数

（9）按照 I/O 接线连接好接口，最终的主程序如图 12.13 所示。

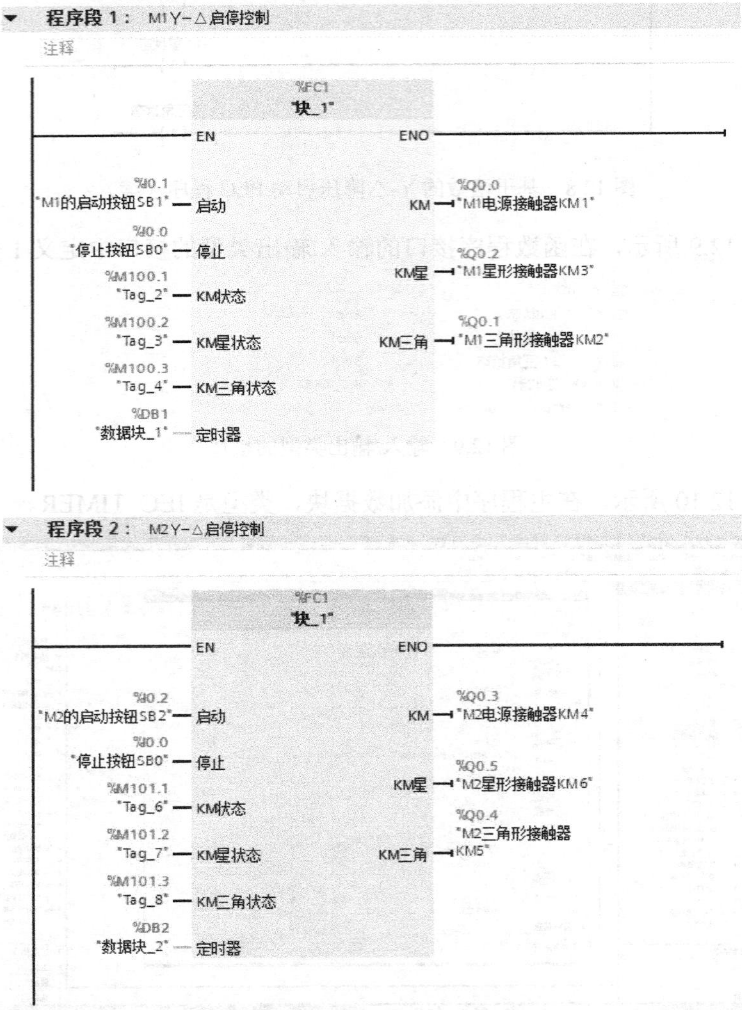

图 12.13　电动机组启停控制主程序

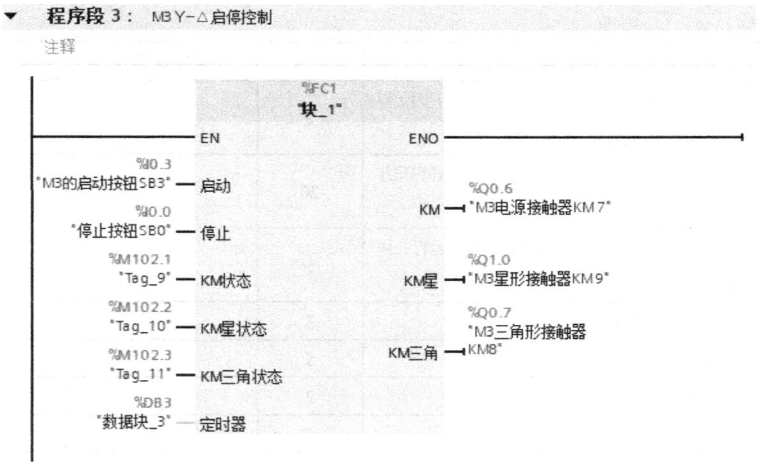

图 12.13　电动机组启停控制主程序（续）

4．调试运行

下载程序，并按以下步骤进行调试：

（1）按下 M1 的启动按钮 SB1，M1 采用 Y-△降压方式启动并运转。

（2）按下 M2 的启动按钮 SB2，M2 采用 Y-△降压方式启动并运转。

（3）按下 M3 的启动按钮 SB3，M3 采用 Y-△降压方式启动并运转。

（4）按下停止按钮 SB0，电动机组停止运行，并且系统复位。

如果调试时，你的系统出现以上现象，恭喜你完成了任务；如果调试时，你的系统没有出现以上现象，请你和组员一起分析原因，并把系统调试成功。

5．考核评分

完成任务后，由质量监督员和教师分别进行任务评价，并填写表 12.4。

表 12.4　电动机组启停控制项目评分表

项目	评分点	配分	质量监督员评分	教师评分	备注
控制系统电路设计	主电路接线图设计正确	5			
	控制电路接线图设计正确	5			
	导线颜色和线号标注正确	2			
	绘制的电气系统图美观	3			
	电气元件的图形符号符合标准	5			
控制系统电路布置、连接工艺与调试	低压电气元件安装布局合理	5			
	电气元件安装牢固	3			
	接线头工艺美观、牢固，且无露铜过长现象	5			
	线槽工艺规范，所有连接线垂直进线槽，无明显斜向进线槽	2			
	导线颜色正确，线径选择正确	3			
	整体布线规范、美观	5			

续表

项目	评分点	配分	质量监督员评分	教师评分	备注
控制功能实现	系统初步上电安全检查，上电后，初步检测的结果为各电气元件正常工作	2			
	3 台三相异步电动机组都采用 Y-△降压方式启动	20			
	按下停止按钮 SB0，电动机组停止运行，并且系统复位	5			
职业素养	小组成员间沟通顺畅	3			
	小组有决策计划	5			
	小组内部各岗位分工明确	2			
	安装完成后，工位无垃圾	5			
	职业操守好，完工后，工具和配件摆放整齐	5			
安全事项	在安装过程中，无损坏元器件及人身伤害现象	5			
	在通电调试过程中，无短路现象	5			
评分合计					

12.5　实训工单

请你和组员一起按照所扮演的岗位角色，填写好如下实训工单。

项目 12　实训工单（1）

项目名称	基于函数（FC）的电动机组启停控制				
派工岗位	技术员（硬件）	**施工地点**		**施工时间**	
学生姓名		**班级**		**学号**	
班组名称	电气施工____组	**同组成员**			
实训目标	（1）能设计出基于函数的电动机组启停 PLC 控制的电气系统图。 （2）能用 TIA 博途软件编写及调试基于函数的电动机组启停控制 PLC 程序。 （3）能用函数实现电动机组启停的 PLC 控制。 （4）能排除程序调试过程中出现的故障				

一、项目控制要求

（1）按下 M1 的启动按钮 SB1，M1 采用 Y-△降压方式启动并运转。

（2）按下 M2 的启动按钮 SB2，M2 采用 Y-△降压方式启动并运转。

（3）按下 M3 的启动按钮 SB3，M3 采用 Y-△降压方式启动并运转。

（4）按下停止按钮 SB0，电动机组停止运行，并且系统复位

二、接受岗位任务

（1）在实训工单上画出基于函数的电动机组启停控制 I/O 分配表。

（2）使用绘图工具或软件绘制主电路、控制电路的接线图。

（3）安装元器件，完成电路的接线。

（4）与负责软件部分的技术员一起完成项目的调试。

（5）场地 6S 整理

三、任务准备

（1）实施平台：TIA 博途软件 V15.1、编程计算机、安装了西门子 S7-1200 系列 PLC 的实训台或实训单元等。

（2）穿戴设施：绝缘鞋、安全帽、工作服等。

（3）常用工具：电工钳、斜口钳、剥线钳、压线钳、一字螺丝刀、十字螺丝刀、万用表、多股铜芯线（BV-0.75）、冷压头、安装板、线槽、空气开关、按钮、热继电器、交流接触器等。

（4）技术材料：工作计划表、PLC 编程手册、相关电气安装标准手册等

四、实施过程

（1）画出 I/O 分配表。

续表

（2）绘制主电路、控制电路的接线图。   （3）展示电路接线完工图。   （4）展示系统调试成功效果图。

续表

五、遇到的问题及其解决措施	
遇到的问题： 解决措施：	
六、收获与反思	
收获： 反思：	
七、综合评分	

项目 12　实训工单（2）

项目名称	基于函数（FC）的电动机组启停控制				
派工岗位	技术员（软件）	施工地点		施工时间	
学生姓名		班级		学号	
班组名称	电气施工____组	同组成员			
实训目标	（1）能设计出基于函数的电动机组启停 PLC 控制的电气系统图。 （2）能用 TIA 博途软件编写及调试基于函数的电动机组启停控制 PLC 程序。 （3）能用函数实现电动机组启停的 PLC 控制。 （4）能排除程序调试过程中出现的故障				

一、项目控制要求

（1）按下 M1 的启动按钮 SB1，M1 采用 Y-△降压方式启动并运转。

（2）按下 M2 的启动按钮 SB2，M2 采用 Y-△降压方式启动并运转。

（3）按下 M3 的启动按钮 SB3，M3 采用 Y-△降压方式启动并运转。

（4）按下停止按钮 SB0，电动机组停止运行，并且系统复位

二、接受岗位任务

（1）在 TIA 博途软件中，对 PLC 变量进行定义。

（2）编写基于函数的电动机组启停控制 PLC 程序。

（3）下载程序，与负责硬件部分的技术员一起完成项目的调试。

（4）场地 6S 整理

三、任务准备

（1）实施平台：TIA 博途软件 V15.1、编程计算机、安装了西门子 S7-1200 系列 PLC 的实训台或实训单元等。

（2）穿戴设施：绝缘鞋、安全帽、工作服等。

（3）常用工具：电工钳、斜口钳、剥线钳、压线钳、一字螺丝刀、十字螺丝刀、万用表、多股铜芯线（BV-0.75）、冷压头、安装板、线槽、空气开关、按钮、热继电器、交流接触器等。

（4）技术材料：工作计划表、PLC 编程手册、相关电气安装标准手册等

四、实施过程

（1）对 PLC 变量进行定义。

（2）编写 PLC 程序。

续表

（3）展示程序调试成功效果图。	
五、遇到的问题及其解决措施	
遇到的问题： 解决措施：	
六、收获与反思	
收获： 反思：	
七、综合评分	

项目 12　实训工单（3）

<table>
<tr><td>项目名称</td><td colspan="5">基于函数（FC）的电动机组启停控制</td></tr>
<tr><td>派工岗位</td><td>工艺员</td><td>施工地点</td><td></td><td>施工时间</td><td></td></tr>
<tr><td>学生姓名</td><td></td><td>班级</td><td></td><td>学号</td><td></td></tr>
<tr><td>班组名称</td><td>电气施工____组</td><td>同组成员</td><td colspan="3"></td></tr>
<tr><td>实训目标</td><td colspan="5">（1）能设计出基于函数的电动机组启停 PLC 控制的电气系统图。
（2）能用 TIA 博途软件编写及调试基于函数的电动机组启停控制 PLC 程序。
（3）能用函数实现电动机组启停的 PLC 控制。
（4）能排除程序调试过程中出现的故障</td></tr>
<tr><td colspan="6">一、项目控制要求</td></tr>
<tr><td colspan="6">（1）按下 M1 的启动按钮 SB1，M1 采用 Y-△降压方式启动并运转。
（2）按下 M2 的启动按钮 SB2，M2 采用 Y-△降压方式启动并运转。
（3）按下 M3 的启动按钮 SB3，M3 采用 Y-△降压方式启动并运转。
（4）按下停止按钮 SB0，电动机组停止运行，并且系统复位</td></tr>
<tr><td colspan="6">二、接受岗位任务</td></tr>
<tr><td colspan="6">（1）依据项目控制要求撰写小组决策计划。
（2）编写项目调试工艺流程。
（3）与负责硬件部分的技术员一起完成低压电气设备的选型。
（4）解决现场工艺问题，负责施工过程中工艺问题的预防与纠偏。
（5）场地 6S 整理</td></tr>
<tr><td colspan="6">三、任务准备</td></tr>
<tr><td colspan="6">（1）实施平台：TIA 博途软件 V15.1、编程计算机、安装了西门子 S7-1200 系列 PLC 的实训台或实训单元等。
（2）穿戴设施：绝缘鞋、安全帽、工作服等。
（3）常用工具：电工钳、斜口钳、剥线钳、压线钳、一字螺丝刀、十字螺丝刀、万用表、多股铜芯线（BV-0.75）、冷压头、安装板、线槽、空气开关、按钮、热继电器、交流接触器等。
（4）技术材料：工作计划表、PLC 编程手册、相关电气安装标准手册等</td></tr>
<tr><td colspan="6">四、实施过程</td></tr>
<tr><td colspan="6">（1）撰写小组决策计划。

（2）编写项目调试工艺流程。

</td></tr>
</table>

续表

（3）完成低压电气设备的选型。 （4）总结施工过程中工艺问题的预防与纠偏情况。	
五、遇到的问题及其解决措施	
遇到的问题： 解决措施：	
六、收获与反思	
收获： 反思：	
七、综合评分	

项目 12　实训工单（4）

<table>
<tr><td>项目名称</td><td colspan="5">基于函数（FC）的电动机组启停控制</td></tr>
<tr><td>派工岗位</td><td>质量监督员</td><td>施工地点</td><td></td><td>施工时间</td><td></td></tr>
<tr><td>学生姓名</td><td></td><td>班级</td><td></td><td>学号</td><td></td></tr>
<tr><td>班组名称</td><td>电气施工____组</td><td>同组成员</td><td colspan="3"></td></tr>
<tr><td>实训目标</td><td colspan="5">（1）能设计出基于函数的电动机组启停 PLC 控制的电气系统图。
（2）能用 TIA 博途软件编写及调试基于函数的电动机组启停控制 PLC 程序。
（3）能用函数实现电动机组启停的 PLC 控制。
（4）能排除程序调试过程中出现的故障</td></tr>
<tr><td colspan="6">一、项目控制要求</td></tr>
<tr><td colspan="6">（1）按下 M1 的启动按钮 SB1，M1 采用 Y-△降压方式启动并运转。
（2）按下 M2 的启动按钮 SB2，M2 采用 Y-△降压方式启动并运转。
（3）按下 M3 的启动按钮 SB3，M3 采用 Y-△降压方式启动并运转。
（4）按下停止按钮 SB0，电动机组停止运行，并且系统复位</td></tr>
<tr><td colspan="6">二、接受岗位任务</td></tr>
<tr><td colspan="6">（1）监督项目施工过程中各岗位的爱岗敬业情况。
（2）监督各岗位工作完成质量的达标情况。
（3）完成项目评分表的填写。
（4）总结所监督对象的工作过程情况，完成质量报告的撰写。
（5）场地 6S 检查</td></tr>
<tr><td colspan="6">三、任务准备</td></tr>
<tr><td colspan="6">（1）实施平台：TIA 博途软件 V15.1、编程计算机、安装了西门子 S7-1200 系列 PLC 的实训台或实训单元等。
（2）穿戴设施：绝缘鞋、安全帽、工作服等。
（3）常用工具：电工钳、斜口钳、剥线钳、压线钳、一字螺丝刀、十字螺丝刀、万用表、多股铜芯线（BV-0.75）、冷压头、安装板、线槽、空气开关、按钮、热继电器、交流接触器等。
（4）技术材料：工作计划表、PLC 编程手册、相关电气安装标准手册等</td></tr>
<tr><td colspan="6">四、实施过程</td></tr>
<tr><td colspan="6">（1）监督项目施工过程中各岗位的爱岗敬业情况。

（2）监督各岗位工作完成质量的达标情况。

（3）负责场地 6S 检查。</td></tr>
</table>

续表

（4）完成项目评分表的评分。 （5）总结所监督对象的工作过程情况，简要撰写质量报告。
五、遇到的问题及其解决措施
遇到的问题： 解决措施：
六、收获与反思
收获： 反思：
七、综合评分

项目 13　基于函数块（FB）的电动机组启停控制

知识目标

（1）理解电动机组 Y-△降压启动控制的原理。

（2）掌握函数块的接口类型、特点和调用方法。

能力目标

（1）能设计出基于函数块的电动机组启停 PLC 控制的电气系统图。

（2）能用 TIA 博途软件编写及调试基于函数块的电动机组启停控制 PLC 程序。

（3）能用函数块实现电动机组启停的 PLC 控制。

（4）能排除程序调试过程中出现的故障。

素质目标

（1）激发学生在学习过程中的自主探究意识。

（2）培养学生按国家标准或行业标准从事专业技术活动的职业习惯。

（3）提升学生综合运用专业知识的能力，培养学生精益求精的工匠精神。

（4）提升学生的团队协作能力和沟通能力。

13.1　项目导入

请你和组员一起使用 S7-1200 PLC 实现电动机组（由 3 台三相异步电动机构成）启停控制。具体控制要求如下：

（1）按下启动按钮 SB1，M1 采用 Y-△降压方式启动并运转。

（2）10s 后，M2 采用 Y-△降压方式启动并运转。

（3）10s 后，M3 采用 Y-△降压方式启动并运转。

（4）按下停止按钮 SB0，电动机组停止运行，并且系统复位。

（5）每台三相异步电动机星形变三角形的定时时间为 5s。

13.2 项目分析

由上述控制要求可知，输入量有 2 个，即 1 个启动按钮 SB1 和 1 个停止按钮 SB0 产生的信号；输出量有 9 个，即 3 台电动机的电源接触器、星形接触器和三角形接触器产生的信号。电动机组的 3 台三相异步电动机都采用 Y-△降压方式启动，启动过程是一样的。我们可以把 Y-△降压启动这部分的程序放在 1 个函数块中，将其作为 1 个子程序来调用，这样能使所编制的程序结构化，并增强程序的可读性。在主程序中，根据不同的时间序列，调用 3 次该函数块即可。

13.3 相关知识

1. 函数块的接口类型

函数块的接口类型比函数（FC）多了一种，即 Static，该接口类型不会生成外部接口，它在数据块中的地址是唯一的。它能保存数据，具有 InOut 的长处，克服了 Temp 的不足。函数块的接口类型及其读写访问和作用描述如表 13.1 所示。

表 13.1 函数块的接口类型及其读写访问和作用描述

接口类型	读写访问	作用描述
Input（输入）	只读	在调用函数时，将用户程序数据传递到函数块中，实参可以为常数
Output（输出）	读写	在调用函数时，将函数块的执行结果传递到用户程序中，实参不能为常数
InOut（输入/输出）	读写	接收数据后进行运算，然后将执行结果返回，实参不能为常数
Temp（临时变量）	读写	仅在调用函数块时生效，用于存储临时中间结果的变量
Constant（常量）	只读	在声明了常量符号名后，函数块中可使用符号名代替常量
Static（静态）	读写	不参与数据传递，用于存储中间过程值，可被其他程序块访问，相当于中间继电器或中间存储器

2. 接口区定义与梯形图的对应关系

在“项目树”窗格中选择“PLC_1[CPU_1214C AC/DC/Rly]”→“程序块”→“添加新块”选项，单击“函数块”图标，再单击“确定”按钮，添加函数块，如图 13.1 所示。

打开函数块后，在函数块的接口区中定义接口，如图 13.2 所示。

3. 函数块程序编写

在变量建立完成后，开始编写函数块程序，如图 13.3 所示。

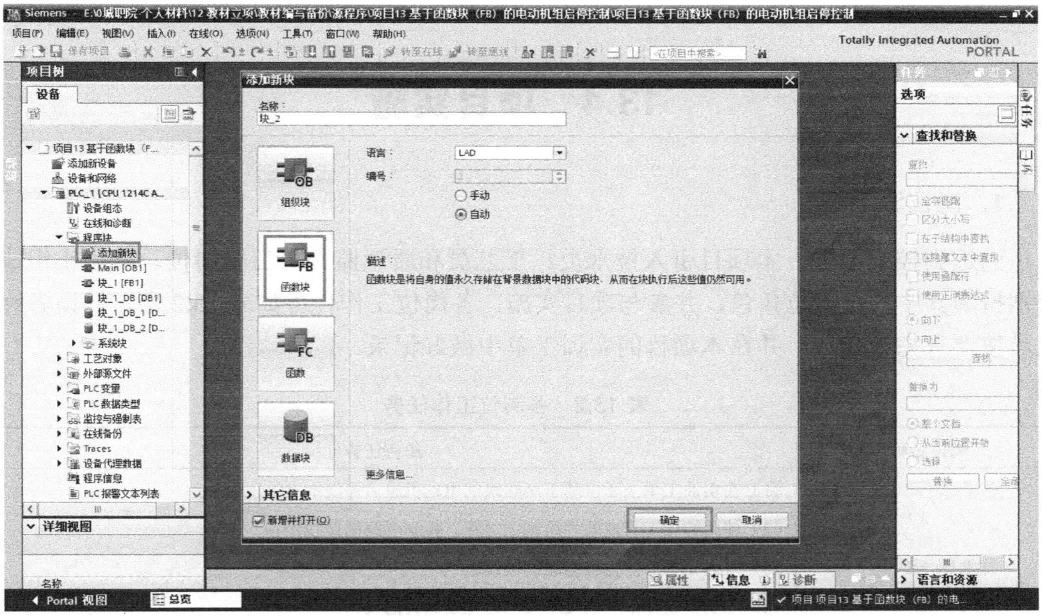

图 13.1　添加函数块

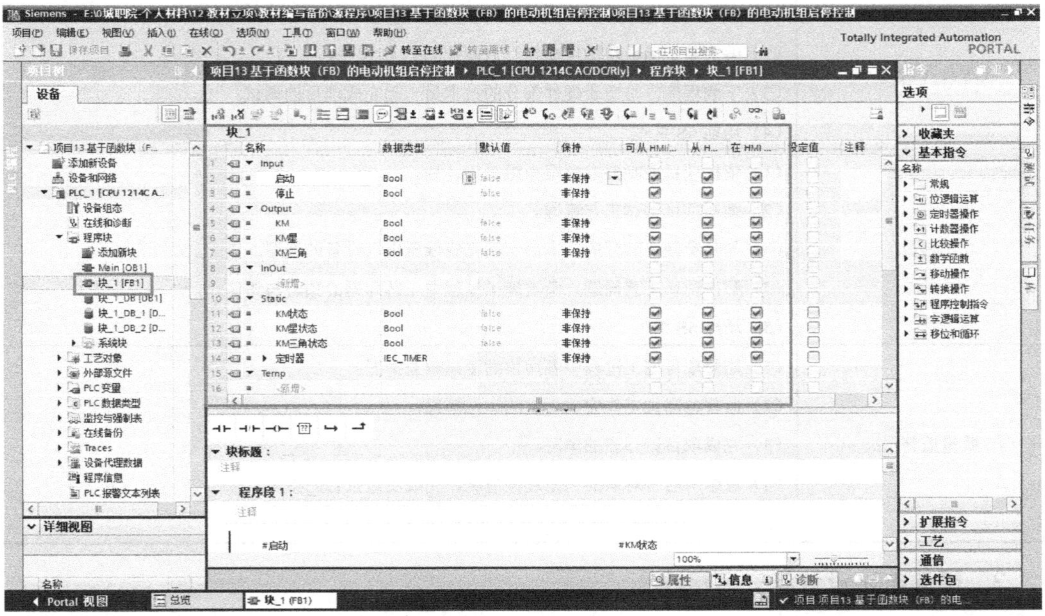

图 13.2　定义函数块的接口类型

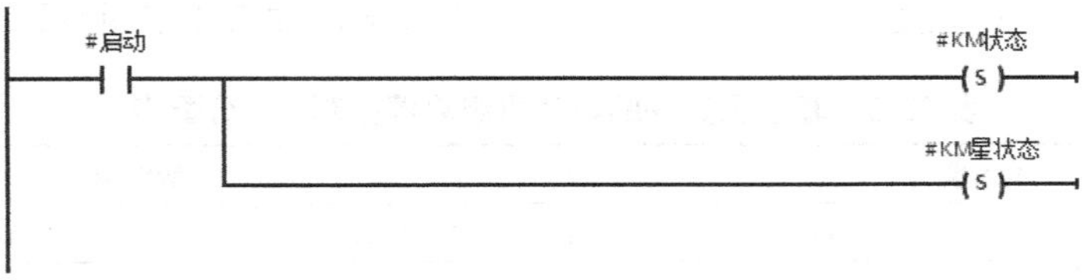

图 13.3　编写函数块程序示例

13.4 项目实施

1. 岗位派工

为达到控制要求，本项目引入技术员、工艺员和质量监督员三个岗位。请各小组成员分别扮演其中一个岗位角色，并参与项目实施。各岗位工作任务如表 13.2 所示，请各岗位人员按要求完成任务，并在本项目的实训工单中做好记录。

表 13.2 各岗位工作任务

岗位名称	角色任务
技术员（硬件）	（1）在实训工单上画出基于函数块的电动机组启停控制 I/O 分配表。 （2）使用绘图工具或软件绘制主电路、控制电路的接线图。 （3）安装元器件，完成电路的接线。 （4）与负责软件部分的技术员一起完成项目的调试。 （5）场地 6S 整理
技术员（软件）	（1）在 TIA 博途软件中，对 PLC 变量进行定义。 （2）编写基于函数块的电动机组启停控制 PLC 程序。 （3）下载程序，与负责硬件部分的技术员一起完成项目的调试。 （4）场地 6S 整理
工艺员	（1）依据项目控制要求撰写小组决策计划。 （2）编写项目调试工艺流程。 （3）与负责硬件部分的技术员一起完成低压电气设备的选型。 （4）解决现场工艺问题，负责施工过程中工艺问题的预防与纠偏。 （5）场地 6S 整理
质量监督员	（1）监督项目施工过程中各岗位的爱岗敬业情况。 （2）监督各岗位工作完成质量的达标情况。 （3）完成项目评分表的填写。 （4）总结所监督对象的工作过程情况，完成质量报告的撰写。 （5）场地 6S 检查

2. 硬件电路设计与安装接线

1）I/O 分配

根据项目分析，对 PLC 的输入量、输出量进行分配，如表 13.3 所示。

表 13.3 基于函数块的电动机组启停控制 I/O 分配表

输入端		输出端	
PLC 接口	元器件	PLC 接口	元器件
I0.1	启动按钮 SB1	Q0.0	M1 电源接触器 KM1
I0.0	停止按钮 SB0	Q0.1	M1 三角形接触器 KM2

续表

输入端		输出端	
PLC 接口	元器件	PLC 接口	元器件
		Q0.2	M1 星形接触器 KM3
		Q0.3	M2 电源接触器 KM4
		Q0.4	M2 三角形接触器 KM5
		Q0.5	M2 星形接触器 KM6
		Q0.6	M3 电源接触器 KM7
		Q0.7	M3 三角形接触器 KM8
		Q1.0	M3 星形接触器 KM9

2）控制电路接线图

结合 PLC 的 I/O 分配表，设计电动机组启停控制电路接线图，如图 13.4 所示。在电路中，CPU 采用 AC/DC/Rly 类型。为了防止电源短路，接触器 KM2 和 KM3 的线圈不能同时得电，接触器 KM5 和 KM6 的线圈不能同时得电，接触器 KM8 和 KM9 的线圈不能同时得电，在 PLC 的输出端设置了电气互锁。

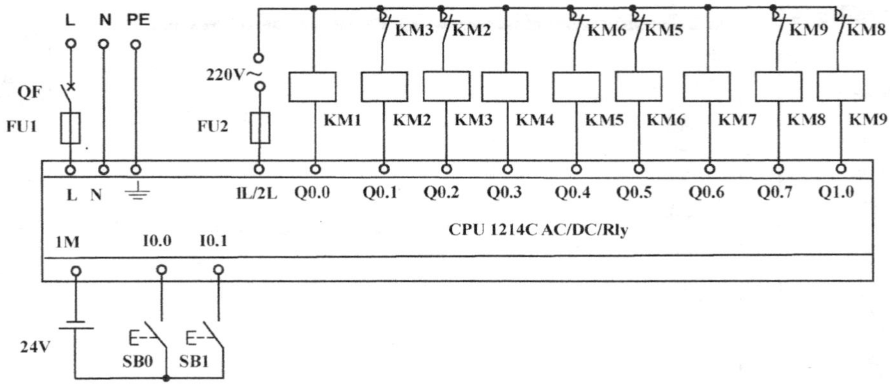

图 13.4　电动机组启停控制电路接线图

3）安装元器件并连接电路

该项目的主电路将 3 台 Y-△降压启动的电动机并联即可，此处不再赘述。根据图 13.4 安装元器件并连接电路。每接完 1 个电路，都要对电路进行 1 次必要的检查，以免出现严重的损坏。重点可从主电路有无短路现象，控制电路中的 PLC 电源部分、输入端和输出端部分有无短路现象，各接触器的触点是否接错，以及 I/O 口是否未按 I/O 分配表进行分配等方面进行检查。

3. 软件设计

1）PLC 变量的定义

根据 I/O 分配表，电动机组启停控制 PLC 变量表如图 13.5 所示。

2）梯形图的设计

根据控制要求，编写电动机组启停控制 PLC 梯形图，步骤如下：

（1）组态好硬件设备后，选择“添加新块”选项，如图 13.6 所示，单击“函数块”图标，再单击“确定”按钮。

默认变量表

	名称	数据类型	地址 ▲	保持	可从 ...	从 H...	在 H...
1	停止按钮SB0	Bool	%I0.0	☐	☑	☑	☑
2	启动按钮SB1	Bool	%I0.1	☐	☑	☑	☑
3	M1电源接触器KM1	Bool	%Q0.0	☐	☑	☑	☑
4	M1三角形接触器KM2	Bool	%Q0.1	☐	☑	☑	☑
5	M1星形接触器KM3	Bool	%Q0.2	☐	☑	☑	☑
6	M2电源接触器KM4	Bool	%Q0.3	☐	☑	☑	☑
7	M2三角形接触器KM5	Bool	%Q0.4	☐	☑	☑	☑
8	M2星形接触器KM6	Bool	%Q0.5	☐	☑	☑	☑
9	M3电源接触器KM7	Bool	%Q0.6	☐	☑	☑	☑
10	M3三角形接触器KM8	Bool	%Q0.7	☐	☑	☑	☑
11	M3星形接触器KM9	Bool	%Q1.0	☐	☑	☑	☑
12	启动M1的中间继电器	Bool	%M0.1	☐	☑	☑	☑
13	启动M2的中间继电器	Bool	%M0.2	☐	☑	☑	☑
14	启动M3的中间继电器	Bool	%M0.3	☐	☑	☑	☑
15	<新增>			☐	☑	☑	☑

图 13.5　电动机组启停控制 PLC 变量表

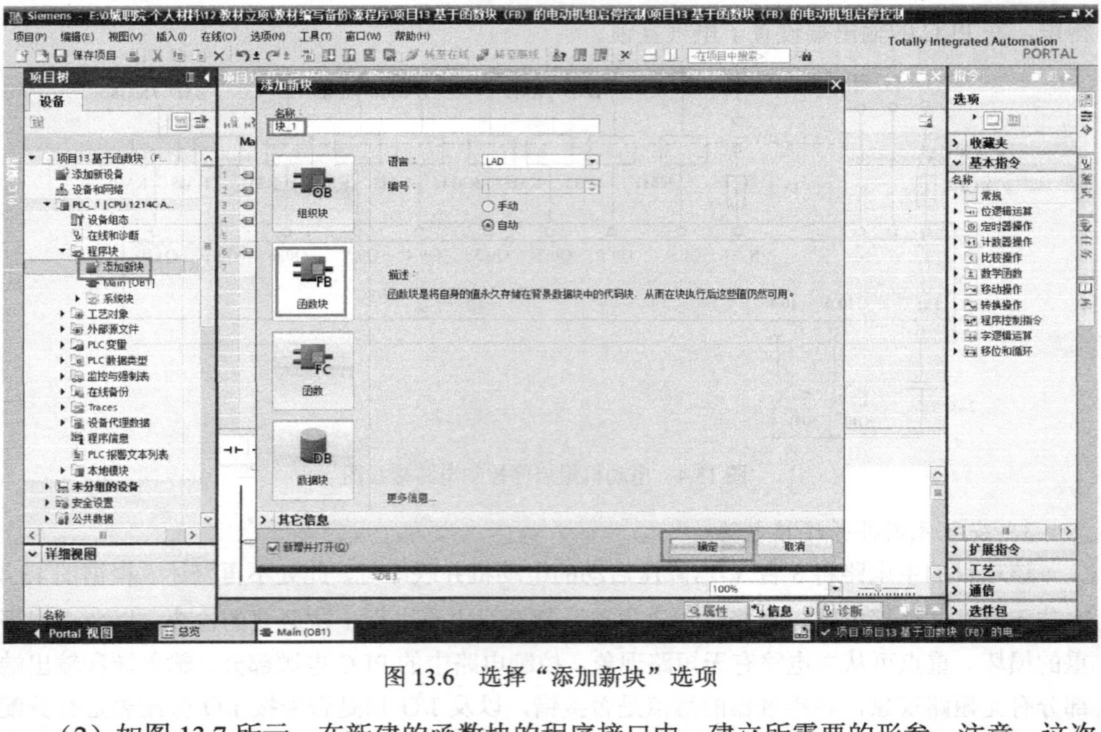

图 13.6　选择“添加新块”选项

（2）如图 13.7 所示，在新建的函数块的程序接口中，建立所需要的形参。注意，这次不是在 InOut 类型中定义接口参数，而是在 Static 类型中定义接口参数。

（3）如图 13.8 所示，在函数块中编写 Y-△降压启动 PLC 程序。添加定时器时，在弹出的“调用选项”对话框中单击“取消”按钮。

（4）在函数块中编写 Y-△降压启动 PLC 程序，如图 13.9 所示。

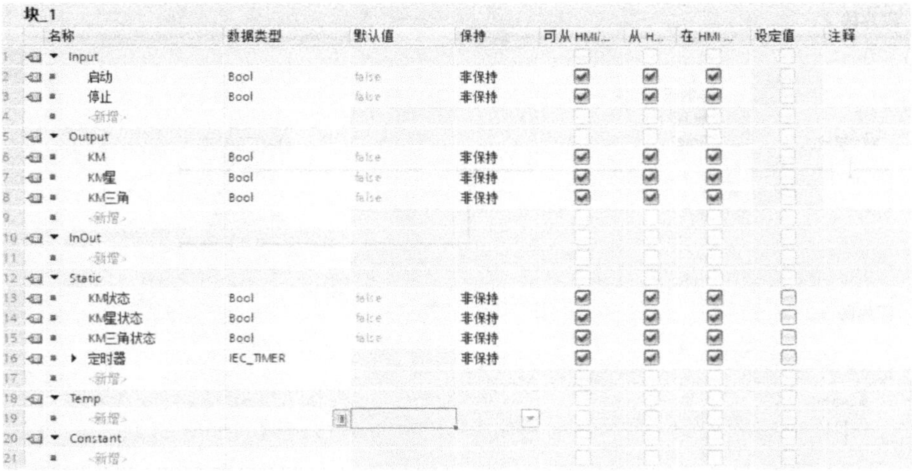

图 13.7　建立所需要的形参

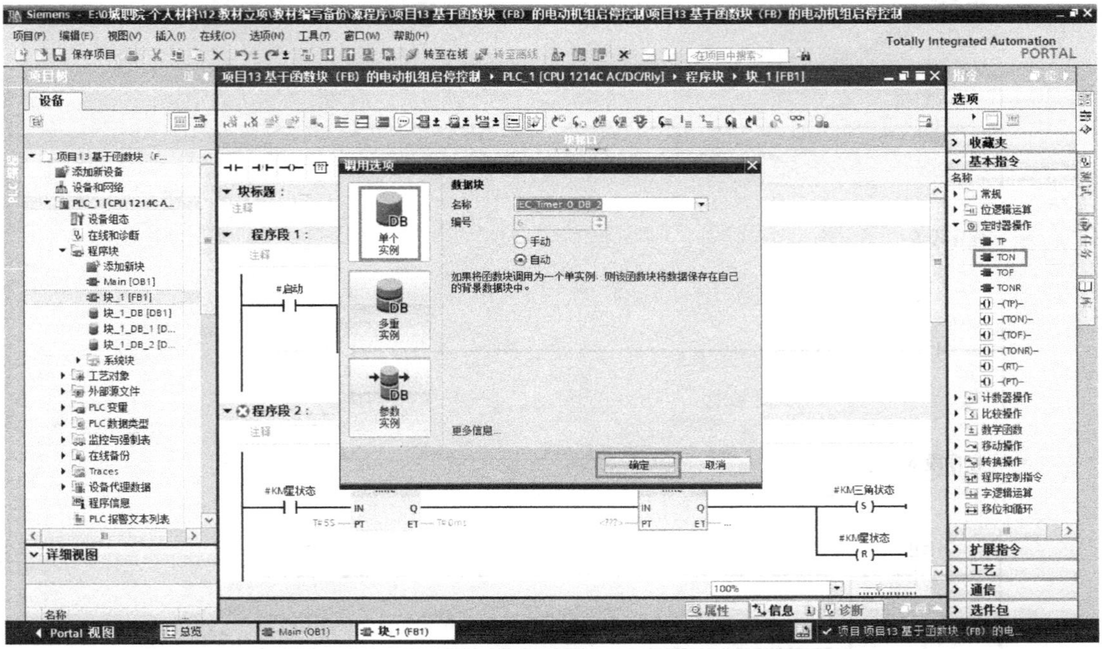

图 13.8　添加定时器

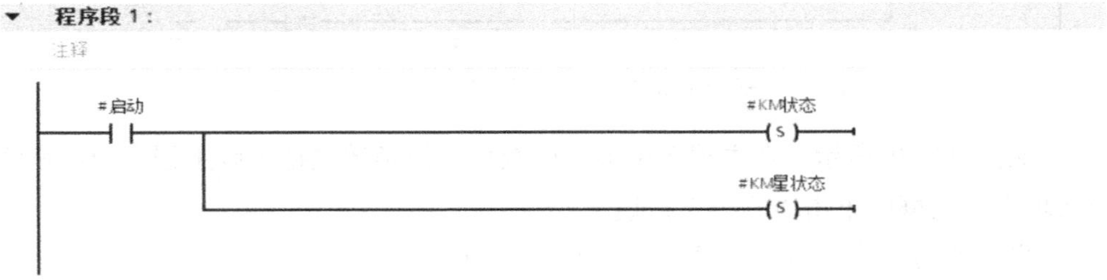

图 13.9　基于函数块的 Y-△降压启动 PLC 程序

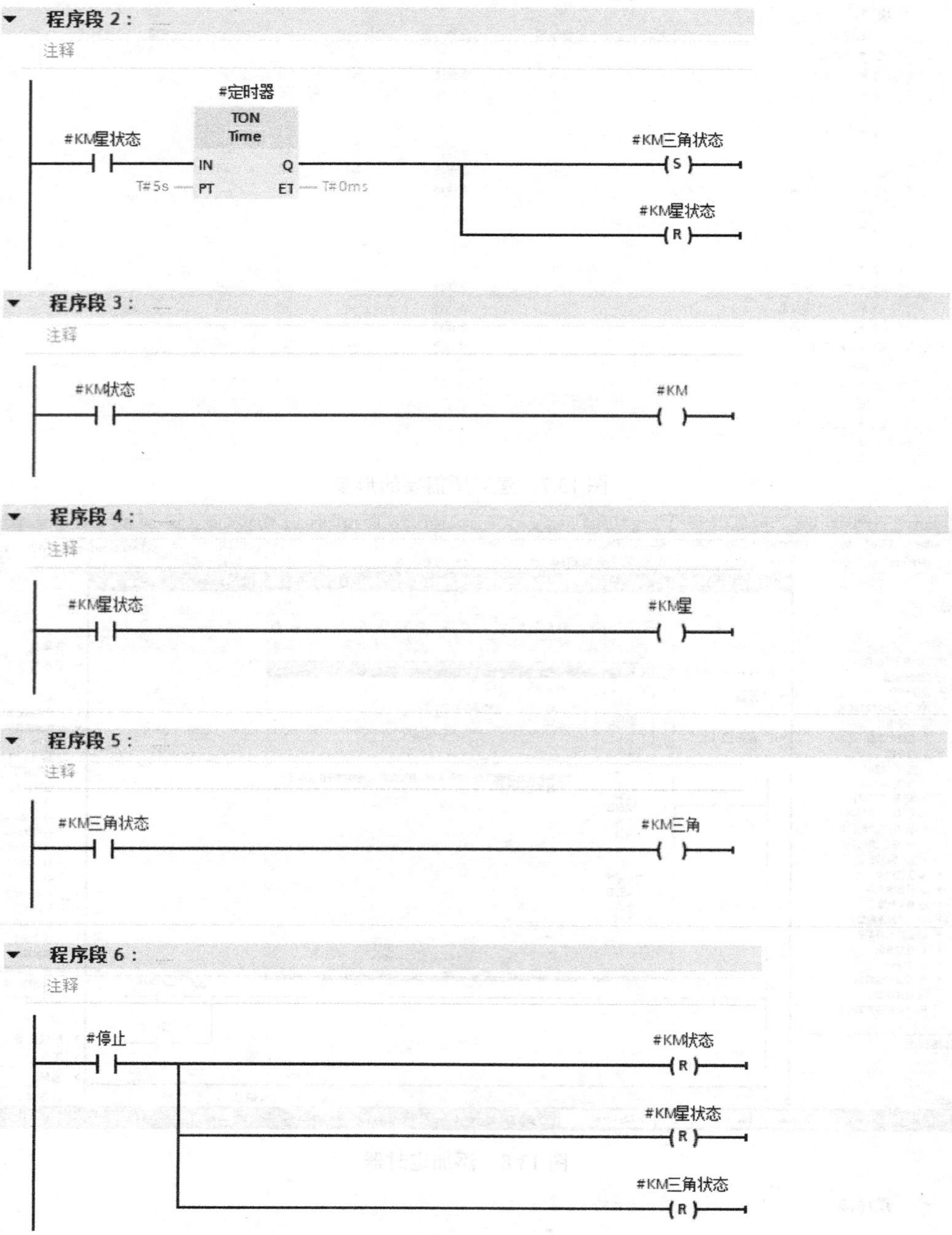

图 13.9　基于函数块的 Y-△降压启动 PLC 程序（续）

（5）如图 13.10 所示，在主程序中调用函数块，把函数块拖动到主程序中，在弹出的“调用选项”对话框中单击“确定”按钮。

（6）弹出调用函数块的指令窗口，如图 13.11 所示。

（7）按照 I/O 接线连接好接口，最终的主程序如图 13.12 所示。

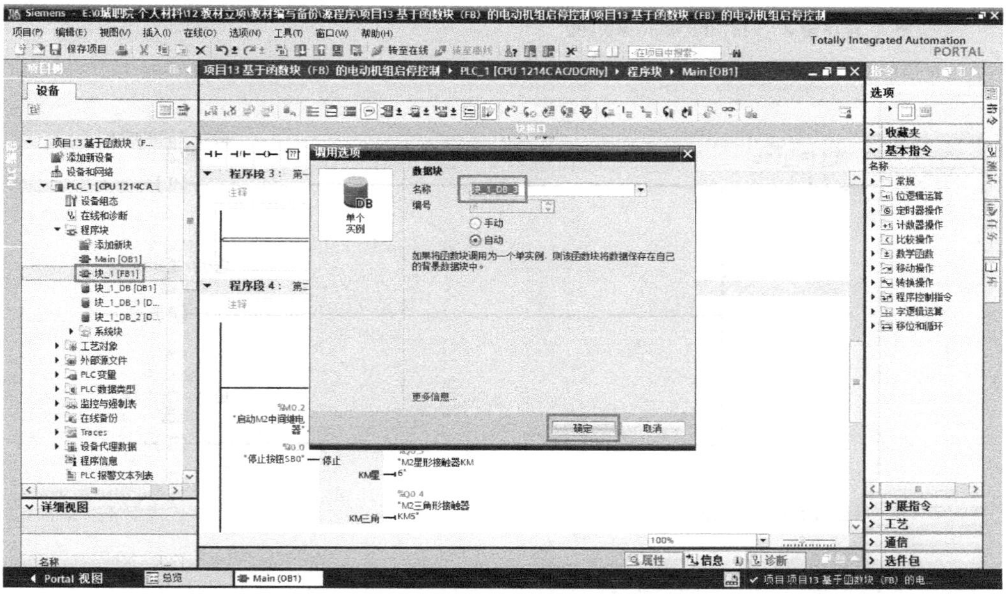

图 13.10　调用函数块

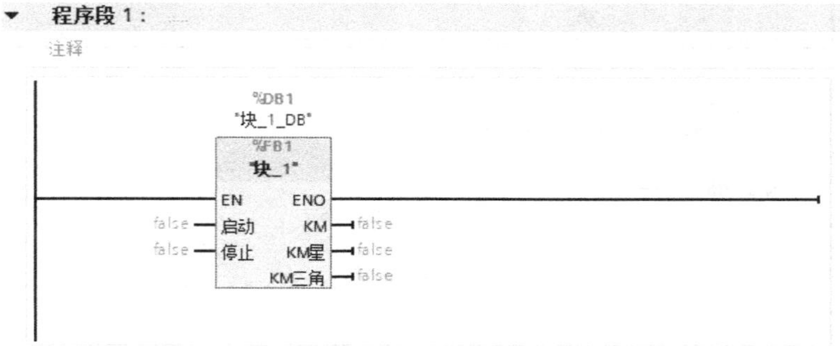

图 13.11　调用函数块的指令窗口

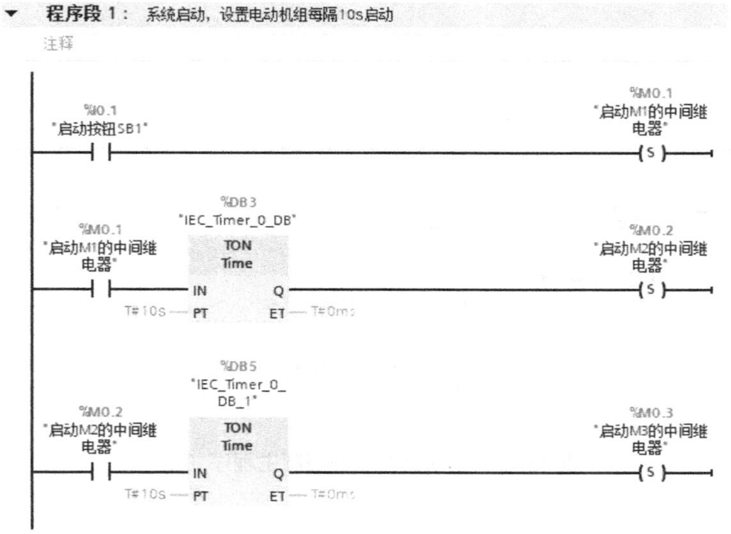

图 13.12　电动机组启停控制主程序

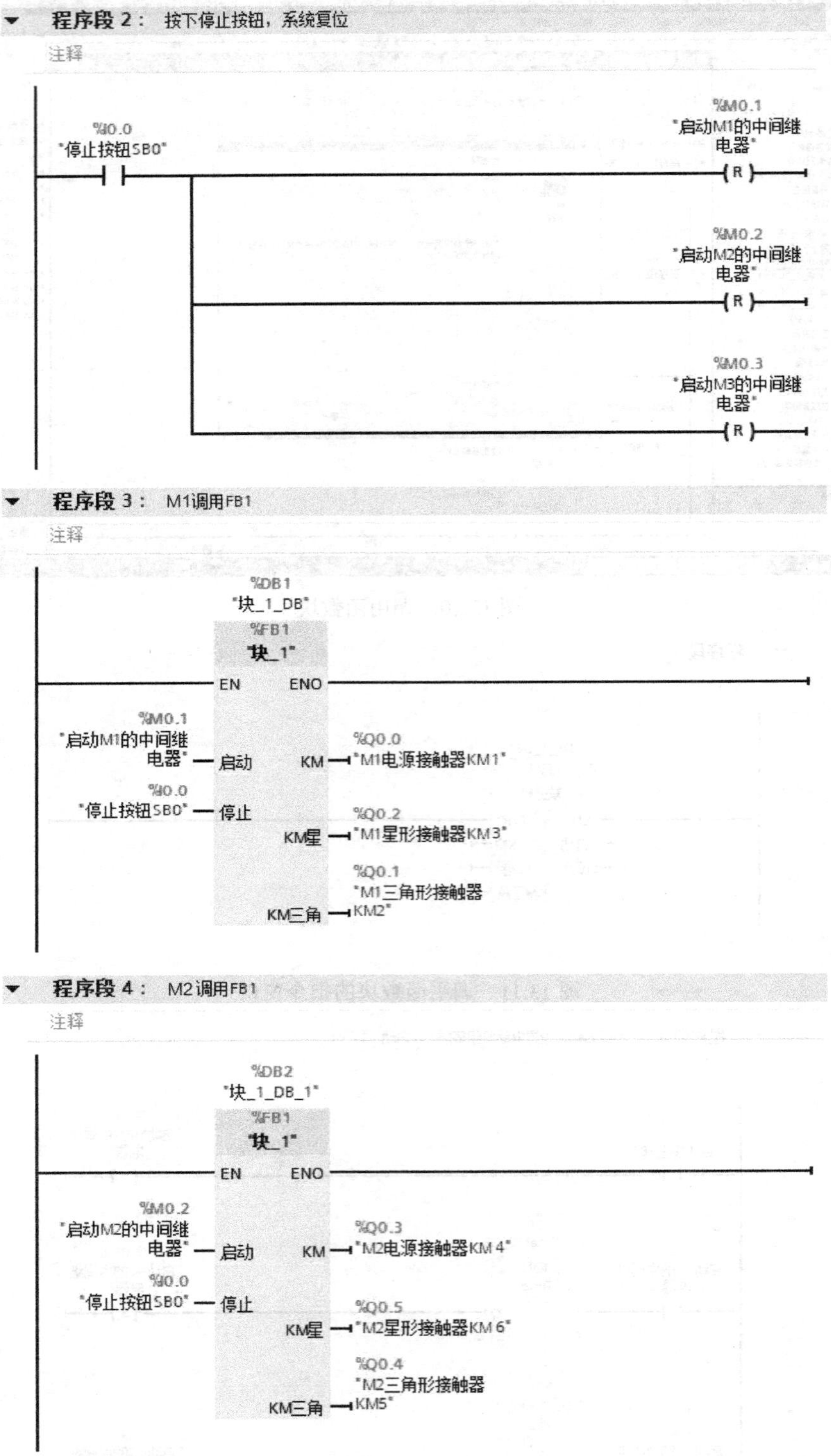

图 13.12　电动机组启停控制主程序（续）

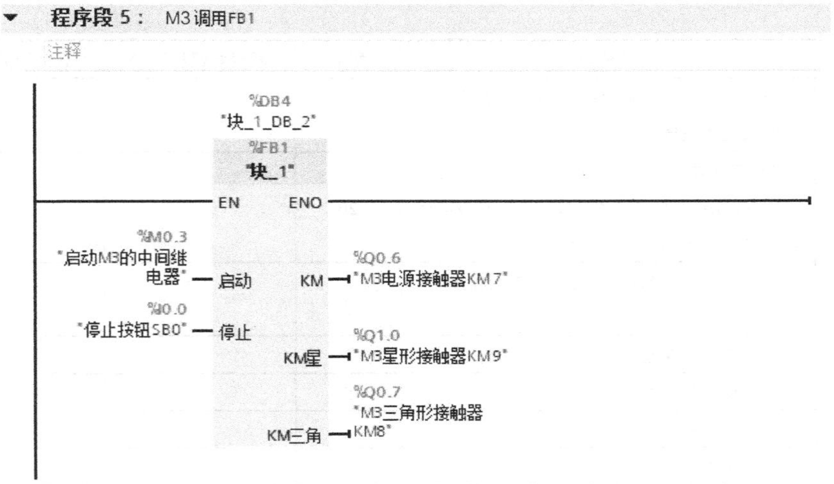

图 13.12 电动机组启停控制主程序（续）

4．调试运行

下载程序，并按以下步骤进行调试：

（1）按下启动按钮 SB1，M1 采用 Y-△降压方式启动并运转。

（2）10s 后，M2 采用 Y-△降压方式启动并运转。

（3）10s 后，M3 采用 Y-△降压方式启动并运转。

（4）按下停止按钮 SB0，电动机组停止运行，并且系统复位。

（5）每台三相异步电动机星形变三角形的定时时间为 5s。

如果调试时，你的系统出现以上现象，恭喜你完成了任务；如果调试时，你的系统没有出现以上现象，请你和组员一起分析原因，并把系统调试成功。

5．考核评分

完成任务后，由质量监督员和教师分别进行任务评价，并填写表 13.4。

表 13.4 电动机组启停控制项目评分表

项目	评分点	配分	质量监督员评分	教师评分	备注
控制系统电路设计	主电路接线图设计正确	5			
	控制电路接线图设计正确	5			
	导线颜色和线号标注正确	2			
	绘制的电气系统图美观	3			
	电气元件的图形符号符合标准	5			
控制系统电路布置、连接工艺与调试	低压电气元件安装布局合理	5			
	电气元件安装牢固	3			
	接线头工艺美观、牢固，且无露铜过长现象	5			
	线槽工艺规范，所有连接线垂直进线槽，无明显斜向进线槽	2			
	导线颜色正确，线径选择正确	3			
	整体布线规范、美观	5			

续表

项目	评分点	配分	质量监督员评分	教师评分	备注
控制功能实现	系统初步上电安全检查，上电后，初步检测的结果为各电气元件正常工作	2			
	3 台三相异步电动机组相互之间间隔 10s 均采用 Y-△降压方式启动，每台三相异步电动机星形变三角形的时间为 5s	20			
	按下停止按钮 SB0，电动机组停止运行，并且系统复位	5			
职业素养	小组成员间沟通顺畅	3			
	小组有决策计划	5			
	小组内部各岗位分工明确	2			
	安装完成后，工位无垃圾	5			
	职业操守好，完工后，工具和配件摆放整齐	5			
安全事项	在安装过程中，无损坏元器件及人身伤害现象	5			
	在通电调试过程中，无短路现象	5			
评分合计					

13.5　实训工单

请你和组员一起按照所扮演的岗位角色，填写好如下实训工单。

项目 13　实训工单（1）

项目名称	基于函数块（FB）的电动机组启停控制				
派工岗位	技术员（硬件）	施工地点		施工时间	
学生姓名		班级		学号	
班组名称	电气施工____组	同组成员			
实训目标	（1）能设计出基于函数块的电动机组启停 PLC 控制的电气系统图。 （2）能用 TIA 博途软件编写及调试基于函数块的电动机组启停控制 PLC 程序。 （3）能用函数块实现电动机组启停的 PLC 控制。 （4）能排除程序调试过程中出现的故障				
一、项目控制要求					
（1）按下启动按钮 SB1，M1 采用 Y-△降压方式启动并运转。 （2）10s 后，M2 采用 Y-△降压方式启动并运转。 （3）10s 后，M3 采用 Y-△降压方式启动并运转。 （4）按下停止按钮 SB0，电动机组停止运行，并且系统复位。 （5）每台三相异步电动机星形变三角形的定时时间为 5s					
二、接受岗位任务					
（1）在实训工单上画出基于函数块的电动机组启停控制 I/O 分配表。 （2）使用绘图工具或软件绘制主电路、控制电路的接线图。 （3）安装元器件，完成电路的接线。 （4）与负责软件部分的技术员一起完成项目的调试。 （5）场地 6S 整理					
三、任务准备					
（1）实施平台：TIA 博途软件 V15.1、编程计算机、安装了西门子 S7-1200 系列 PLC 的实训台或实训单元等。 （2）穿戴设施：绝缘鞋、安全帽、工作服等。 （3）常用工具：电工钳、斜口钳、剥线钳、压线钳、一字螺丝刀、十字螺丝刀、万用表、多股铜芯线（BV-0.75）、冷压头、安装板、线槽、空气开关、按钮、热继电器、交流接触器等。 （4）技术材料：工作计划表、PLC 编程手册、相关电气安装标准手册等					
四、实施过程					
（1）画出 I/O 分配表。					

续表

（2）绘制主电路、控制电路的接线图。
（3）展示电路接线完工图。
（4）展示系统调试成功效果图。

续表

五、遇到的问题及其解决措施	
遇到的问题： 解决措施：	
六、收获与反思	
收获： 反思：	
七、综合评分	

项目 13 实训工单（2）

<table>
<tr><td>项目名称</td><td colspan="5">基于函数块（FB）的电动机组启停控制</td></tr>
<tr><td>派工岗位</td><td>技术员（软件）</td><td>施工地点</td><td></td><td>施工时间</td><td></td></tr>
<tr><td>学生姓名</td><td></td><td>班级</td><td></td><td>学号</td><td></td></tr>
<tr><td>班组名称</td><td>电气施工____组</td><td>同组成员</td><td colspan="3"></td></tr>
<tr><td>实训目标</td><td colspan="5">（1）能设计出基于函数块的电动机组启停 PLC 控制的电气系统图。
（2）能用 TIA 博途软件编写及调试基于函数块的电动机组启停控制 PLC 程序。
（3）能用函数块实现电动机组启停的 PLC 控制。
（4）能排除程序调试过程中出现的故障</td></tr>
<tr><td colspan="6">一、项目控制要求</td></tr>
<tr><td colspan="6">（1）按下启动按钮 SB1，M1 采用 Y-△降压方式启动并运转。
（2）10s 后，M2 采用 Y-△降压方式启动并运转。
（3）10s 后，M3 采用 Y-△降压方式启动并运转。
（4）按下停止按钮 SB0，电动机组停止运行，并且系统复位。
（5）每台三相异步电动机星形变三角形的定时时间为 5s</td></tr>
<tr><td colspan="6">二、接受岗位任务</td></tr>
<tr><td colspan="6">（1）在 TIA 博途软件中，对 PLC 变量进行定义。
（2）编写基于函数块的电动机组启停控制 PLC 程序。
（3）下载程序，与负责硬件部分的技术员一起完成项目的调试。
（4）场地 6S 整理</td></tr>
<tr><td colspan="6">三、任务准备</td></tr>
<tr><td colspan="6">（1）实施平台：TIA 博途软件 V15.1、编程计算机、安装了西门子 S7-1200 系列 PLC 的实训台或实训单元等。
（2）穿戴设施：绝缘鞋、安全帽、工作服等。
（3）常用工具：电工钳、斜口钳、剥线钳、压线钳、一字螺丝刀、十字螺丝刀、万用表、多股铜芯线（BV-0.75）、冷压头、安装板、线槽、空气开关、按钮、热继电器、交流接触器等。
（4）技术材料：工作计划表、PLC 编程手册、相关电气安装标准手册等</td></tr>
<tr><td colspan="6">四、实施过程</td></tr>
<tr><td colspan="6">（1）对 PLC 变量进行定义。

（2）编写 PLC 程序。

</td></tr>
</table>

续表

（3）展示程序调试成功效果图。	
五、遇到的问题及其解决措施	
遇到的问题： 解决措施：	
六、收获与反思	
收获： 反思：	
七、综合评分	

项目 13　实训工单（3）

<table>
<tr><td>项目名称</td><td colspan="5">基于函数块（FB）的电动机组启停控制</td></tr>
<tr><td>派工岗位</td><td>工艺员</td><td>施工地点</td><td></td><td>施工时间</td><td></td></tr>
<tr><td>学生姓名</td><td></td><td>班级</td><td></td><td>学号</td><td></td></tr>
<tr><td>班组名称</td><td>电气施工____组</td><td>同组成员</td><td colspan="3"></td></tr>
<tr><td>实训目标</td><td colspan="5">（1）能设计出基于函数块的电动机组启停 PLC 控制的电气系统图。
（2）能用 TIA 博途软件编写及调试基于函数块的电动机组启停控制 PLC 程序。
（3）能用函数块实现电动机组启停的 PLC 控制。
（4）能排除程序调试过程中出现的故障</td></tr>
<tr><td colspan="6">一、项目控制要求</td></tr>
<tr><td colspan="6">（1）按下启动按钮 SB1，M1 采用 Y-△降压方式启动并运转。
（2）10s 后，M2 采用 Y-△降压方式启动并运转。
（3）10s 后，M3 采用 Y-△降压方式启动并运转。
（4）按下停止按钮 SB0，电动机组停止运行，并且系统复位。
（5）每台三相异步电动机星形变三角形的定时时间为 5s</td></tr>
<tr><td colspan="6">二、接受岗位任务</td></tr>
<tr><td colspan="6">（1）依据项目控制要求撰写小组决策计划。
（2）编写项目调试工艺流程。
（3）与负责硬件部分的技术员一起完成低压电气设备的选型。
（4）解决现场工艺问题，负责施工过程中工艺问题的预防与纠偏。
（5）场地 6S 整理</td></tr>
<tr><td colspan="6">三、任务准备</td></tr>
<tr><td colspan="6">（1）实施平台：TIA 博途软件 V15.1、编程计算机、安装了西门子 S7-1200 系列 PLC 的实训台或实训单元等。
（2）穿戴设施：绝缘鞋、安全帽、工作服等。
（3）常用工具：电工钳、斜口钳、剥线钳、压线钳、一字螺丝刀、十字螺丝刀、万用表、多股铜芯线（BV-0.75）、冷压头、安装板、线槽、空气开关、按钮、热继电器、交流接触器等。
（4）技术材料：工作计划表、PLC 编程手册、相关电气安装标准手册等</td></tr>
<tr><td colspan="6">四、实施过程</td></tr>
<tr><td colspan="6">（1）撰写小组决策计划。

（2）编写项目调试工艺流程。

</td></tr>
</table>

续表

（3）完成低压电气设备的选型。
（4）总结施工过程中工艺问题的预防与纠偏情况。
五、遇到的问题及其解决措施
遇到的问题： 解决措施：
六、收获与反思
收获： 反思：

七、综合评分	

项目 13　实训工单（4）

项目名称	基于函数块（FB）的电动机组启停控制				
派工岗位	质量监督员	施工地点		施工时间	
学生姓名		班级		学号	
班组名称	电气施工____组	同组成员			
实训目标	（1）能设计出基于函数块的电动机组启停 PLC 控制的电气系统图。 （2）能用 TIA 博途软件编写及调试基于函数块的电动机组启停控制 PLC 程序。 （3）能用函数块实现电动机组启停的 PLC 控制。 （4）能排除程序调试过程中出现的故障				

一、项目控制要求

（1）按下启动按钮 SB1，M1 采用 Y-△降压方式启动并运转。

（2）10s 后，M2 采用 Y-△降压方式启动并运转。

（3）10s 后，M3 采用 Y-△降压方式启动并运转。

（4）按下停止按钮 SB0，电动机组停止运行，并且系统复位。

（5）每台三相异步电动机星形变三角形的定时时间为 5s

二、接受岗位任务

（1）监督项目施工过程中各岗位的爱岗敬业情况。

（2）监督各岗位工作完成质量的达标情况。

（3）完成项目评分表的填写。

（4）总结所监督对象的工作过程情况，完成质量报告的撰写。

（5）场地 6S 检查

三、任务准备

（1）实施平台：TIA 博途软件 V15.1、编程计算机、安装了西门子 S7-1200 系列 PLC 的实训台或实训单元等。

（2）穿戴设施：绝缘鞋、安全帽、工作服等。

（3）常用工具：电工钳、斜口钳、剥线钳、压线钳、一字螺丝刀、十字螺丝刀、万用表、多股铜芯线（BV-0.75）、冷压头、安装板、线槽、空气开关、按钮、热继电器、交流接触器等。

（4）技术材料：工作计划表、PLC 编程手册、相关电气安装标准手册等

四、实施过程

（1）监督项目施工过程中各岗位的爱岗敬业情况。

（2）监督各岗位工作完成质量的达标情况。

（3）负责场地 6S 检查。

续表

（4）完成项目评分表的评分。
（5）总结所监督对象的工作过程情况，简要撰写质量报告。
五、遇到的问题及其解决措施
遇到的问题： 解决措施：
六、收获与反思
收获： 反思：

七、综合评分	

模块 4　西门子 S7-1200 PLC 的高级应用

项目 14　步进电动机运动控制

知识目标

（1）了解步进电动机运动控制的原理。
（2）了解高速计数器控制的原理。
（3）能用 S7-1200 PLC 高速计数器测量数据。
（4）掌握 S7-1200 PLC 运动控制指令及高速计数器的使用方法。

能力目标

（1）能设计出步进电动机运动 PLC 控制的电气系统图。
（2）能用 TIA 博途软件编写及调试步进电动机运动控制 PLC 程序。
（3）能实现步进电动机运动的 PLC 控制。
（4）能排除程序调试过程中出现的故障。

素质目标

（1）激发学生在学习过程中的自主探究意识。
（2）培养学生按国家标准或行业标准从事专业技术活动的职业习惯。
（3）提升学生综合运用专业知识的能力，培养学生精益求精的工匠精神。
（4）提升学生的团队协作能力和沟通能力。

14.1　项目导入

步进电动机是将电脉冲信号转换成相应的角位移或线位移的离散值控制电动机，每当输入一个电脉冲，这种电动机就动一步，所以又称之为脉冲电动机。步进电动机主要用于数字控制系统中，精度高，运行可靠。如采用位置检测和速度反馈，亦可实现闭环控制。

步进电动机已广泛地应用于数字控制系统中，如用于数模转换装置、数控机床、计算机外围设备、自动记录仪、钟表等。另外，在工业自动化生产线、印刷设备等中亦有应用。请你和组员一起使用 S7-1200 PLC 实现步进电动机运动控制。具体控制要求如下：

（1）实现步进电动机的点动、回原点、绝对位置运动控制。

（2）用高速计数器监控 PTO。

14.2 项目分析

由上述控制要求可知，本项目通过 S7-1200 PLC 运动控制输出脉冲和方向信号来驱动步进电动机，使其接收到信号，从而实现步进电动机的点动、回原点、绝对位置运动控制。要实现以上控制要求，需要学习高速脉冲输出的指令和高速计数器的指令，输入端可不用 I 点，使用中间继电器 KA 即可；输出直接使用 Q0.0 脉冲输出和 Q0.1 方向输出。

14.3 相关知识

1. 步进电动机及其驱动

步进电动机是将电脉冲信号转换为角位移或线位移的执行机构。当步进驱动器接收到一个电脉冲信号时，就驱动步进电动机按设定的方向转动一个固定的角度（步距角）。根据步进电动机的工作原理，步进电动机在工作过程中需要有一定相序的、较大电流的电脉冲信号，生产装备中使用的步进电动机都配备有专门的驱动器来直接驱动与控制步进电动机。

步进电动机的工作受电脉冲信号的控制，步进电动机的转子的角位移量和转速与脉冲数和脉冲频率成正比，可以通过控制脉冲数来控制转子的角位移量，从而达到准确定位的目的；也可以通过控制脉冲频率来控制电动机转动的速度和加速度，从而达到调速的目的。步进电动机的运行特性还与其线圈绕组的相数和通电运行方式有关。

步进电动机的运行特性不仅与步进电动机本身和负载有关，而且与配套使用的驱动器有着十分密切的关系。现在使用的绝大部分步进电动机驱动器由硬件环形脉冲分配器与功率放大器构成，可实现脉冲分配和功率放大两个功能。步进电动机驱动器上设置了多种功能选择开关，用于实现具体工程应用项目中驱动器步距角的细分选择和驱动电流大小的设置。

本项目中采用三相混合式步进电动机，其型号为步科 3S57Q-04079，步距角为 1.2°，输出相电流为 5.8A，驱动电压为 DC 24V。

步科 3M458 为三相步进驱动器，在该驱动器侧面的连接端子中间有一个八位 DIP 功能设定开关，可以用来设定驱动器的工作方式和工作参数等。八位 DIP 功能设定开关的实物图和正视图如图 14.1 所示。其中，DIP1～DIP3 用于设定细分精度；DIP4 用于设定自动半流功能，ON 时表示禁用该功能，OFF 时表示启动该功能；DIP5～DIP8 用于设定电动机运行时的电流。八位 DIP 功能设定开关的具体设置说明如表 14.1、表 14.2 所示。

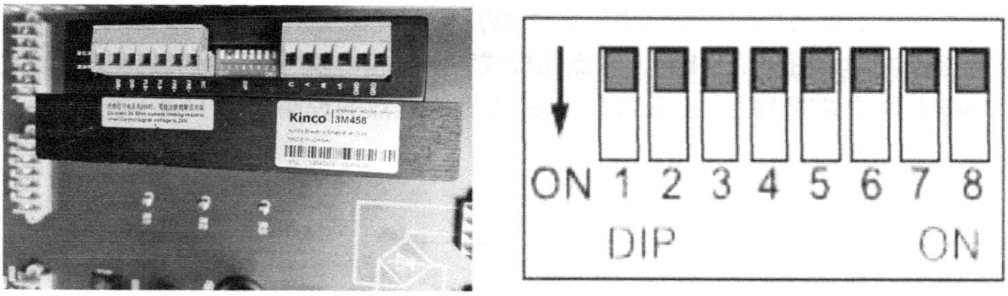

（a）实物图　　（b）正视图

图 14.1　八位 DIP 功能设定开关的实物图和正视图

表 14.1　细分精度设定表

DIP1	DIP2	DIP3	每转的细分步数
ON	ON	ON	400
ON	ON	OFF	500
ON	OFF	ON	600
ON	OFF	OFF	1000
OFF	ON	ON	2000
OFF	ON	OFF	4000
OFF	OFF	ON	5000
OFF	OFF	OFF	10000

表 14.2　输出相电流设定表

DIP5	DIP6	DIP7	DIP8	输出电流峰值
OFF	OFF	OFF	OFF	3.0A
OFF	OFF	OFF	ON	4.0A
OFF	OFF	ON	ON	4.6A
OFF	ON	ON	ON	5.2A
ON	ON	ON	ON	5.8A

2．高速脉冲输出及其指令

S7-1200 PLC 的每个 CPU 都有 4 个 PTO 发生器，通过 CPU 集成的 Q0.0～Q0.7 输出 PTO（见表 14.3）。CPU 1211C 没有 Q0.4～Q0.7，CPU 1212C 没有 Q0.6 和 Q0.7。脉冲宽度与脉冲周期之比称为占空比，PTO 的功能是提供占空比为 50%的方波脉冲列输出。

表 14.3　PTO/PWM 发生器的输出地址

PTO1 脉冲	PTO1 方向	PTO2 脉冲	PTO2 方向	PTO3 脉冲	PTO3 方向	PTO4 脉冲	PTO4 方向
Q0.0	Q0.1	Q0.2	Q0.3	Q0.4	Q0.5	Q0.6	Q0.7

S7-1200 PLC 在运动控制中使用了轴的概念，通过轴的配置，将硬件接口、位置定义、动态性能和机械特性等与相关的指令块组合使用，可实现绝对位置控制、相对位置控制、

点动控制、转速控制及寻找参考点等功能。

本项目使用了运动控制指令集中的启动/禁用轴指令块［见图 14.2（a）］，归位轴、设置起始位置指令块［见图 14.2（b）］，以点动模式移动轴指令块［见图 14.2（c）］，以绝对方式定位轴指令块［见图 14.2（d）］。指令块相关输入触点的说明如表 14.4～表 14.7 所示。

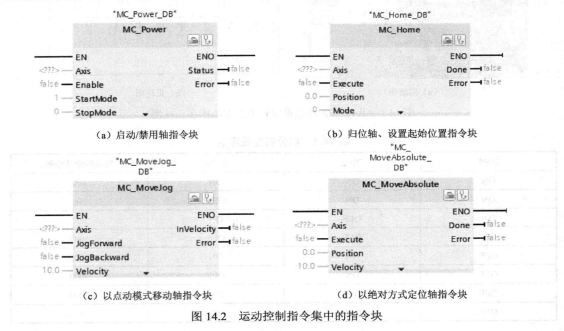

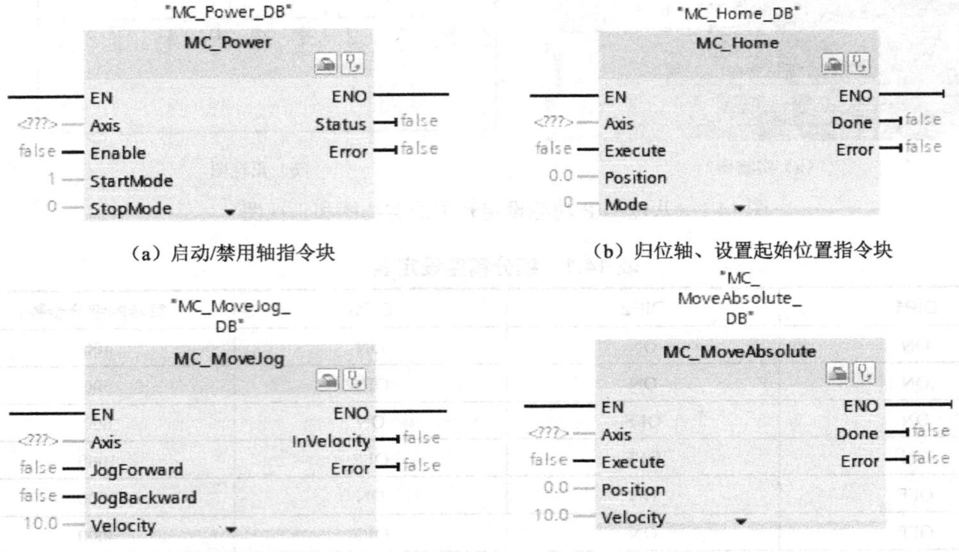

（a）启动/禁用轴指令块

（b）归位轴、设置起始位置指令块

（c）以点动模式移动轴指令块

（d）以绝对方式定位轴指令块

图 14.2　运动控制指令集中的指令块

表 14.4　启动/禁用轴指令块相关输入触点的说明

参数	数据类型	说明	
Axis	TO_Axis	轴工艺对象	
Enable	Bool	TRUE	轴已启动
		FALSE	根据组态的“StopMode”中断当前所有作业，停止并禁用轴
StartMode	Int	0	启用位置不受控的定位轴
		1	启用位置受控的定位轴
StopMode	Int	0	紧急停止。 如果禁用轴的请求处于待决状态，则轴将以组态的急停减速度进行制动。轴在变为处于静止状态后被禁用
		1	立即停止。 如果禁用轴的请求处于待决状态，则会输出该设定值 0，并禁用轴。轴将根据驱动器中的组态进行制动，并转入停止状态
		2	带有加速度变化率控制的紧急停止。 如果禁用轴的请求处于待决状态，则轴将以组态的急停减速度进行制动。如果激活了加速度变化率控制，则会将组态的加速度变化率考虑在内。轴在变为处于静止状态后被禁用

表 14.5　归位轴、设置起始位置指令块相关输入触点的说明

参数	数据类型	说明	
Axis	TO_Axis	轴工艺对象	
Execute	Bool	上升沿时启动命令	
Position	Real	Mode=0、2 和 3：完成回原点操作之后，轴的绝对位置。 Mode=1：对当前轴位置的修正值	
Mode	Int	回原点模式	
		0	绝对式直接归位，新的轴位置为参数“Position”位置的值
		1	相对式直接归位，新的轴位置为当前轴位置+参数“Position”位置的值
		2	被动回原点，将根据轴组态进行回原点操作。回原点后，将新的轴位置设置为参数“Position”的值
		3	主动回原点，按照轴组态进行回原点操作。回原点后，将新的轴位置设置为参数“Position”的值
		6	绝对编码器调节（相对），将当前轴位置的偏移值设置为参数“Position”的值。将计算出的绝对值偏移值保存在 CPU 内
		7	绝对编码器调节（绝对），将当前的轴位置设置为参数“Position”的值。将计算出的绝对值偏移值保存在 CPU 内

表 14.6　以点动模式移动轴指令块相关输入触点的说明

参数	数据类型	说明
Axis	TO_SpeedAxis	轴工艺对象
JogForward	Bool	如果参数值为 TRUE，则轴都将按参数“Velocity”中指定的速度正向移动
JogBackward	Bool	如果参数值为 TRUE，则轴都将按参数“Velocity”中指定的速度反向移动
Velocity	Real	点动模式的预设速度。 限值：启动/停止速度≤速度≤最大速度
InVelocity	Real	如果参数值为 TRUE，则轴都将达到参数“Velocity”中指定的速度

表 14.7　以绝对方式定位轴指令块相关输入触点的说明

参数	数据类型	说明
Axis	TO_PositioningAxis	轴工艺对象
Execute	Bool	上升沿时启动命令
Position	Real	绝对目标位置
Velocity	Real	轴的速度。 由于所组态的加速度、减速度及待接近的目标位置等因素，轴不会始终保持这一速度。 限制：启动/停止速度≤速度≤最大速度

3. 高速计数器及其指令

1）高速计数器概述

高速计数器能对超出 CPU 普通计数器能力的电脉冲信号进行测量。S7-1200 PLC 中的

CPU 提供了多个高速计数器（HSC1～HSC6），用以快速响应脉冲输入信号。高速计数器的计数速度比 PLC 的扫描速度要快得多，因此高速计数器可独立于用户程序工作，不受扫描时间的限制。用户通过相关指令和硬件组态控制高速计数器的工作。高速计数器的典型应用是利用光电编码器测量转速和位移。

2）高速计数器的工作模式

所有高速计数器在同种计数器运行模式下的工作模式相同。高速计数器共有以下四种工作模式。

单相计数，内部方向控制：高速计数器采集并记录时钟信号的个数，当内部方向信号为高电平时，高速计数器的当前数值增大；当内部方向信号为低电平时，高速计数器的当前数值减小。高速计数器单相计数，内部方向控制的原理如图 14.3 所示。

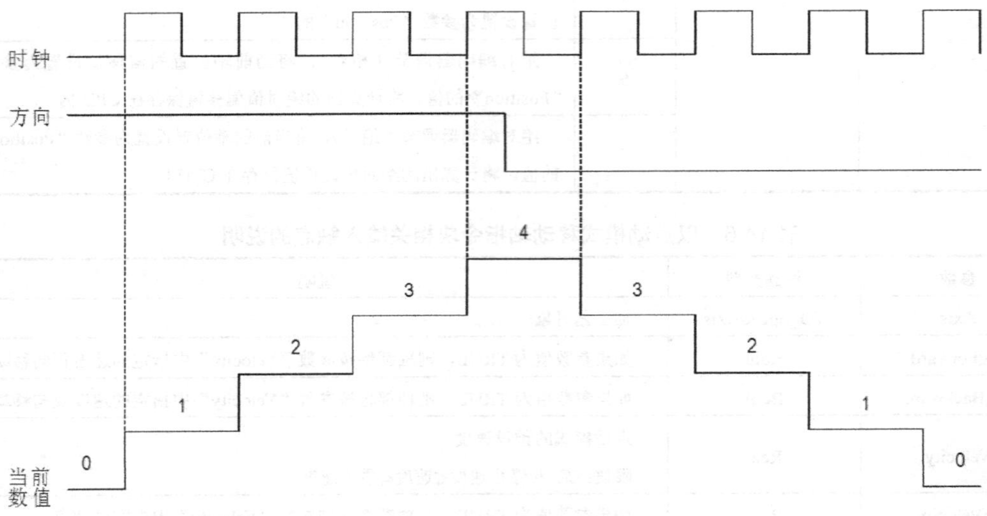

图 14.3　高速计数器单相计数，内部方向控制的原理

单相计数，外部方向控制：高速计数器采集并记录时钟信号的个数，当外部方向信号（如外部按钮信号）为高电平时，高速计数器的当前数值增大；当外部方向信号为低电平时，高速计数器的当前数值减小。

加减两相计数，两路时钟脉冲输入信号：高速计数器采集并记录时钟信号的个数，加计数信号端子与减计数信号端子分开。当加计数有效时，高速计数器的当前数值增大；当减计数有效时，高速计数器的当前数值减小。高速计数器加减两相计数的原理如图 14.4 所示。

A/B 相正交计数：高速计数器采集并记录时钟信号的个数，A 相计数信号端子和 B 相计数信号端子分开。当 A 相计数信号超前时，高速计数器的当前数值增大；当 B 相计数信号超前时，高速计数器的当前数值减小。在利用光电编码器（或者光栅尺）测量位移和速度时，通常采用这种工作方式。高速计数器 A/B 相正交计数的原理如图 14.5 所示。

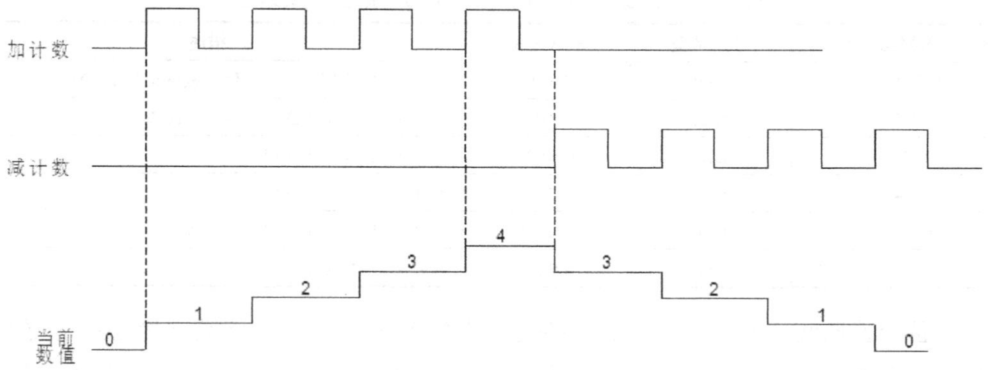

图 14.4　高速计数器加减两相计数的原理

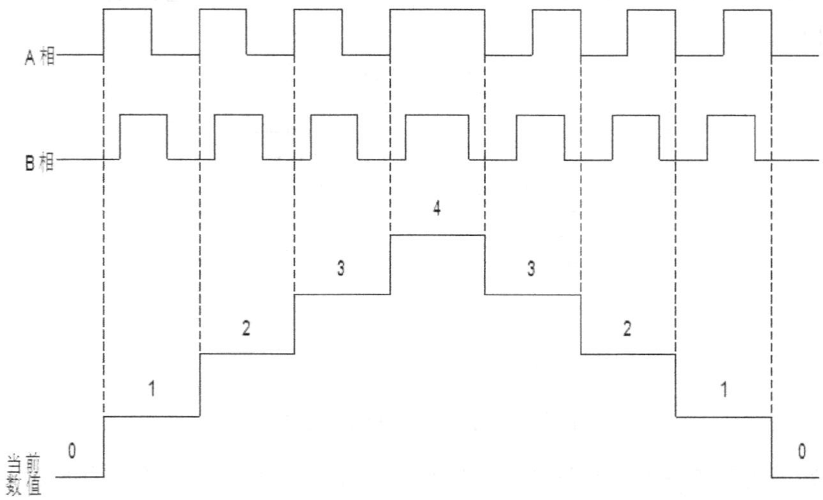

图 14.5　高速计数器 A/B 相正交计数的原理

S7-12OOPLC 支持 1 倍速、双倍速和 4 倍速输入脉冲频率。

3）高速计数器的应用

高速计数器的典型应用是对由运动控制轴编码器生成的脉冲进行计数。必须先在项目设置 PLC 设备配置中组态高速计数器，然后才能在程序中使用高速计数器。高速计数器设备配置设置包括选择计数模式、I/O 口连接、中断分配，以及是作为高速计数器来测量脉冲频率还是作为设备来测量脉冲频率。无论是否采用程序控制，均可操作高速计数器。

CPU 将每个高速计数器的当前值存储在一个 I 地址中。表 14.8 中列出了为每个高速计数器当前值分配的默认地址。可以通过在设备配置中修改 CPU 的属性来更改高速计数器当前值的 I 地址。

表 14.8　为每个高速计数器当前值分配的默认地址

高速计数器当前值	数据类型	默认地址	描述
HSC1	DInt	ID1000	使用 CPU 集成 I/O 口、信号板或监控 PTO1
HSC2	DInt	ID1004	使用 CPU 集成 I/O 口、监控 PTO2
HSC3	DInt	ID1008	使用 CPU 集成 I/O 口
HSC4	DInt	ID1012	使用 CPU 集成 I/O 口
HSC5	DInt	ID1016	使用 CPU 集成 I/O 口、信号板
HSC6	DInt	ID1020	使用 CPU 集成 I/O 口

在设备配置期间分配高速计数器设备使用的数字量 I/O 口。在将数字量 I/0 口分配给高速计数器设备之后，无法通过监视表格强制功能修改所分配的数字量 I/O 口的地址值。

4）高速计数器的指令

高速计数器指令块共有两条，分别为 CTRL_HSC_EXT 指令块和 CTRL_HSC 指令块。高速计数时，CTRL_HSC_EXT 指令块不常使用，这里仅介绍高速计数器 CTRL_HSC 指令块（见图 14.6）。

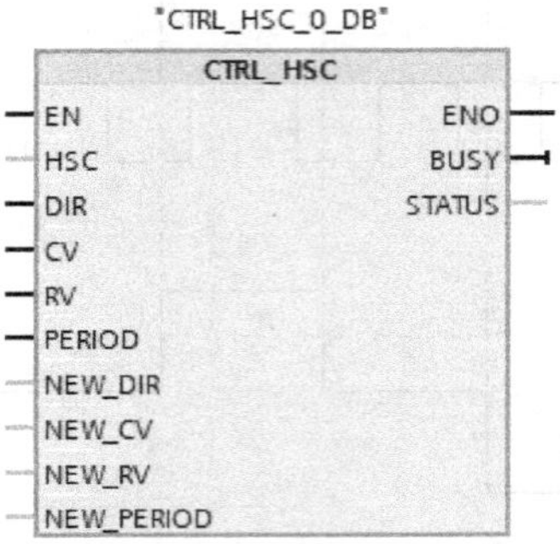

图 14.6　高速计数器 CTRL_HSC 指令块

高速计数器 CTRL_HSC 指令块的参数名称和参数的数据类型及说明如表 14.9 所示。

表 14.9 高速计数器 CTRL_HSC 指令块的参数名称和参数的数据类型及说明

参数名称	数据类型	说明
ENO	Bool	使能输出
HSC	HW_HSC	高速计数器的硬件地址（HW-ID）
DIR	Bool	启用新的计数方向，参数值为“1”表示使能新方向
CV	Bool	启用新的计数值，参数值为“1”表示使能新初始值
RV	Bool	启用新的参考值，参数值为“1”表示使能新参考值
PERIOD	Bool	启用新的频率测量周期
NEW_DIR	Int	DIR=TRUE 时装载的计数方向
NEW_CV	DInt	CV=TRUE 时装载的计数值
NEW_RV	DInt	当 RV=TRUE 时，装载参考值
NEW_PERIOD	Int	PERIOD=TRUE 时装载的频率测量周期
BUSY	Bool	处理状态，当 CPU 或信号板中带有高速计数器时，BUSY 的参数通常为 0
STATUS	Word	运行状态，可查找指令执行期是否出错

14.4　项目实施

1. 岗位派工

为达到控制要求，本项目引入技术员、工艺员和质量监督员三个岗位。请各小组成员分别扮演其中一个岗位角色，并参与项目实施。各岗位工作任务如表 14.10 所示，请各岗位人员按要求完成任务，并在本项目的实训工单中做好记录。

表 14.10　各岗位工作任务

岗位名称	角色任务
技术员（硬件）	（1）使用绘图工具或软件绘制控制电路接线图。 （2）安装元器件，完成电路的接线。 （3）与负责软件部分的技术员一起完成项目的调试。 （4）场地 6S 整理
技术员（软件）	（1）在 TIA 博途软件中，建立、组态 PLC 工艺对象（轴）和组态高速计数器。 （2）编写步进电动机运动控制 PLC 程序。 （3）下载程序，与负责硬件部分的技术员一起完成项目的调试。 （4）场地 6S 整理
工艺员	（1）依据项目控制要求撰写小组决策计划。 （2）编写项目调试工艺流程。 （3）与负责硬件部分的技术员一起完成低压电气设备的选型。 （4）解决现场工艺问题，负责施工过程中工艺问题的预防与纠偏。 （5）场地 6S 整理
质量监督员	（1）监督项目施工过程中各岗位的爱岗敬业情况。 （2）监督各岗位工作完成质量的达标情况。 （3）完成项目评分表的填写。 （4）总结所监督对象的工作过程情况，完成质量报告的撰写。 （5）场地 6S 检查

2. 硬件电路设计与安装接线

1）控制电路接线图

本项目中选用的步进电动机型号为步科 3S57Q-04079，步进电动机的驱动器选用步科 3M458。PLC 控制步进电动机系统设计示意图如图 14.7 所示，步进电动机运动控制电路接线图如图 14.8 所示。

2）安装元器件并连接电路

根据图 14.8 安装元器件并连接电路。每接完一个电路，都要对电路进行一次必要的检查，以免出现严重的损坏。需要注意的是，PLS+、DIR+根据 PLC 实际程序接对应的脉冲输出端口、方向输出端口。

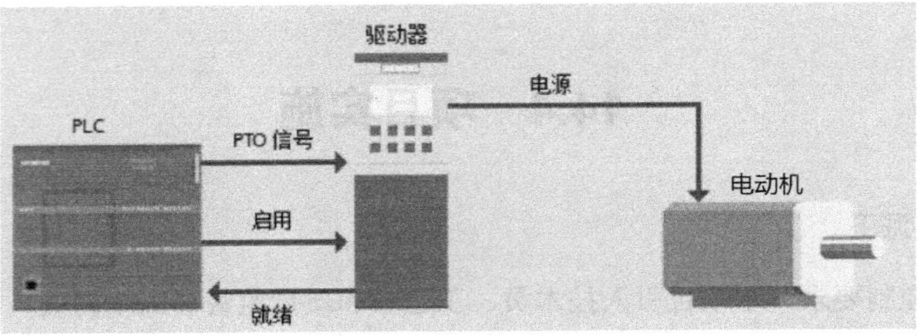

图 14.7　PLC 控制步进电动机系统设计示意图

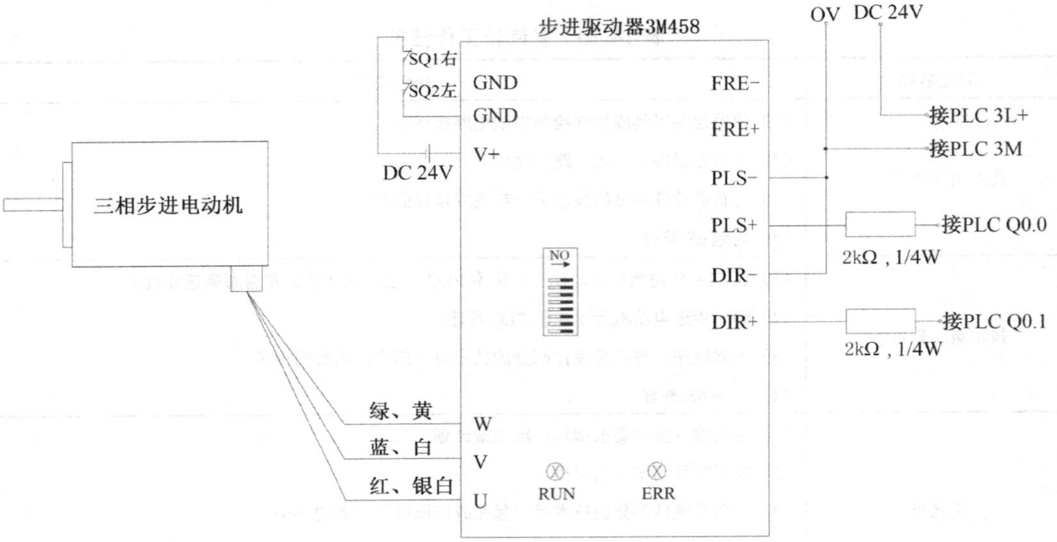

图 14.8　步进电动机运动控制电路接线图

3. 软件设计

1）建立 PLC 工艺对象（轴）

建立 PLC 工艺对象（轴）如图 14.9 所示。在“项目树”窗格中选择“PLC_1[CPU 1214C DC/DC/DC]”→“工艺对象”→“新增对象”选项，弹出“新增对象”对话框。在该对话框中单击“运动控制”图标，再设置名称，然后选择“TO_PositioningAxis”选项，默认自动选择的编号（也可改为手动自设置，编号指的是该轴的数据块编号），最后单击“确定”按钮，等待一段时间。

2）组态 PLC 工艺对象（轴）

进入该轴的属性设置界面，如图 14.10 所示，选择“基本参数”→“驱动器”选项，修改参数：将“脉冲发生器”设置为“Pulse_1”，将“信号类型”设置为“PTO（脉冲 A 和方向 B）”，将“脉冲输出”设置为“轴_1_脉冲”“%Q0.0”，将“方向输出”设置为“轴_1_方向”“%Q0. 1”，其余默认。

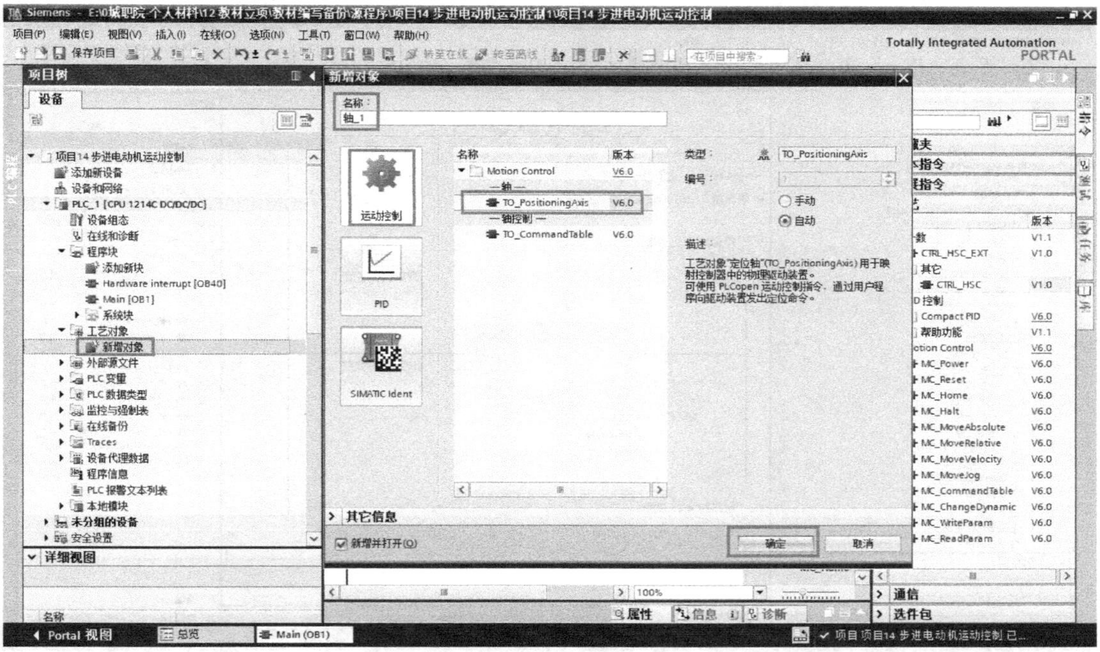

图 14.9　建立 PLC 工艺对象（轴）

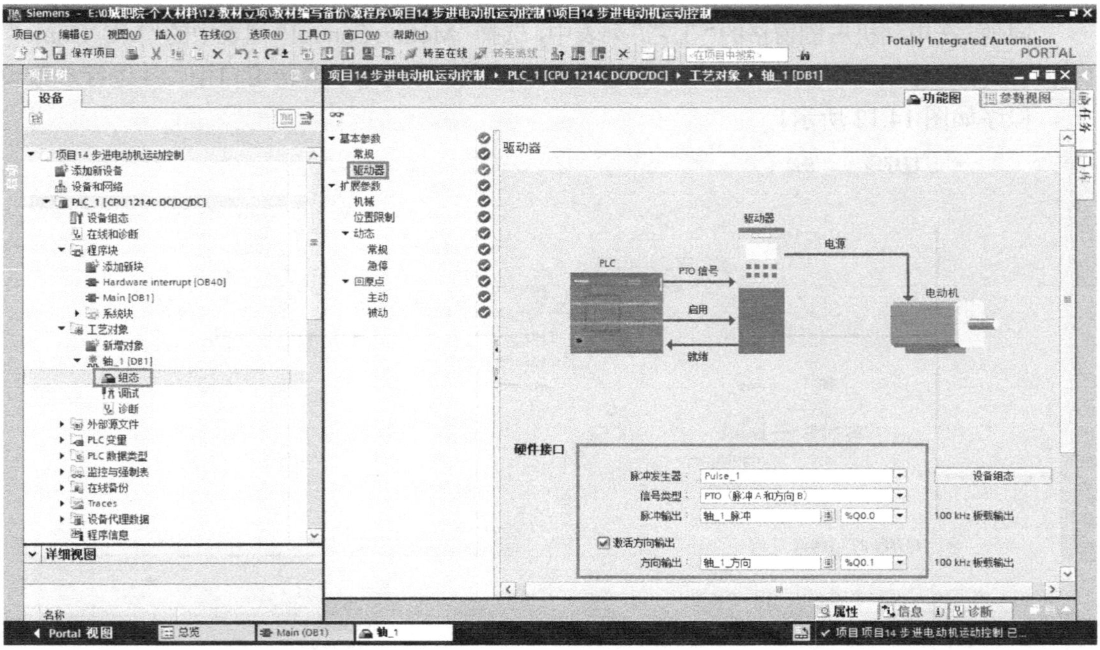

图 14.10　PLC 工艺对象（轴）属性设置

3）编写 PLC 控制步进电动机程序

导入步进电动机驱动块，并进行参数设置。如图 14.11 所示，在电动机右侧窗格的“工艺”列表中选择“Motion Control”列表中的“MC_Power”选项，将其拖动到程序编辑窗口中，并进行参数设置。

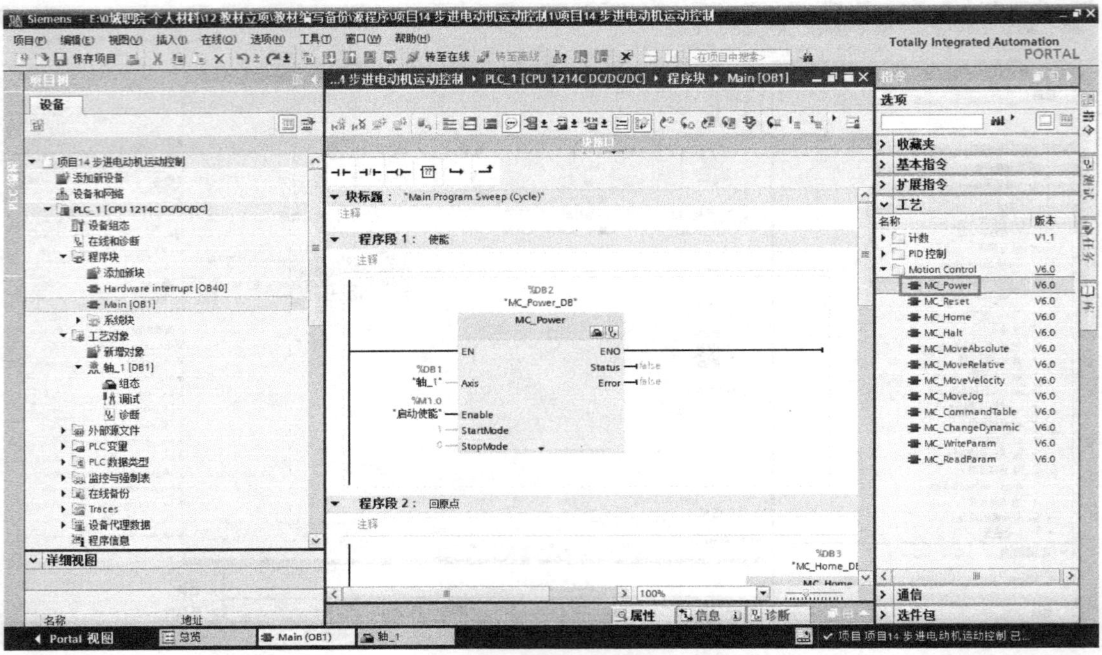

图 14.11　导入步进电动机驱动块，并进行参数设置

同理，在电动机右侧窗格的“工艺”列表中，选择“Motion Control”列表中的“MC_Home”“MC_MoveJog”“MC_MoveAbsolute”选项，将三者拖动到程序编辑窗口中，并进行参数设置，程序如图 14.12 所示。

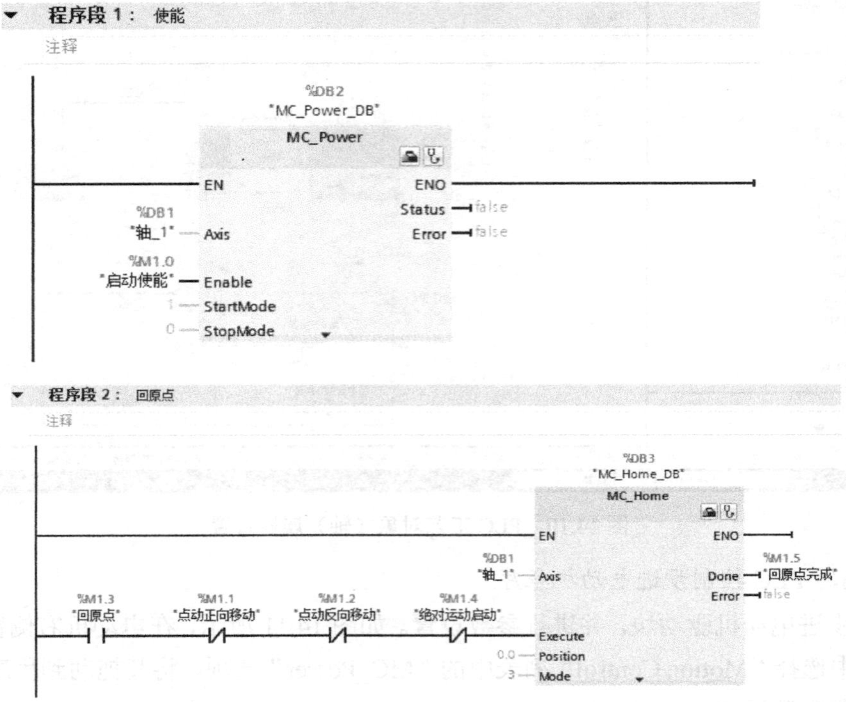

图 14.12　回原点、点动及绝对值运动指令块的设置

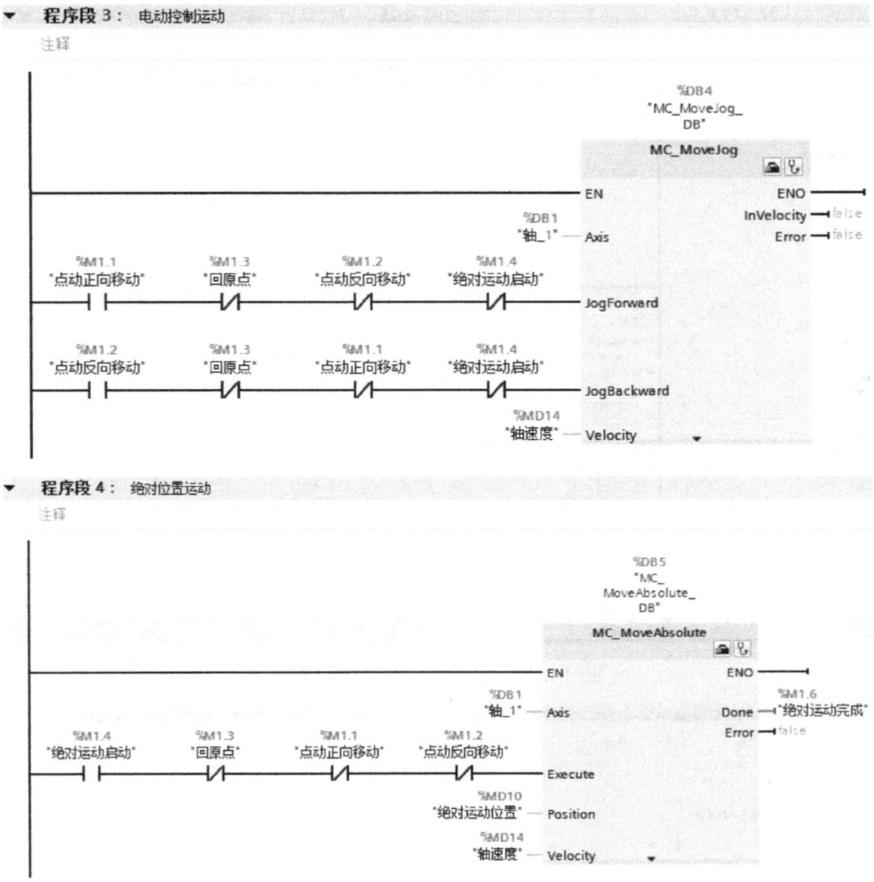

图 14.12　回原点、点动及绝对值运动指令块的设置（续）

4）组态高速计数器

打开 PLC 设备视图，选中其中的 CPU。启用高速计数器 HSC1 如图 14.13 所示。在“常规”选项卡中，选择“高速计数器（HSC）”→“HSC1”选项，勾选“启用该高速计数器”复选框。

设置高速计数器的功能如图 14.14 所示。在“常规”选项卡中，选择“高速计数器（HSC）”→“HSC1”→“功能”选项，将“计数类型”设置为“计数”、“周期”、“频率”或“Motion Control”，将“工作模式”设置为“单相”、“两相位”、“A/B 计数器”或“AB 计数器 4 倍频”，将“计数方向取决于”设置为“用户程序（内部方向控制）”或“输入（外部方向控制）”，将“初始计数方向”设置为“加计数”或“减计数”。

设置高速计数器的初始值如图 14.15 所示。在“常规”选项卡中，选择“高速计数器（HSC）”→“HSC1”→“初始值”选项，然后设置“初始计数器值”和“初始参考值”。

设置高速计数器的 I/O 地址如图 14.16 所示。在“常规”选项卡中，选择“高速计数器（HSC）”→“HSC1”→“I/O 地址”选项，可以修改高速计数器的起始地址。高速计数器默认的起始地址为 1000。

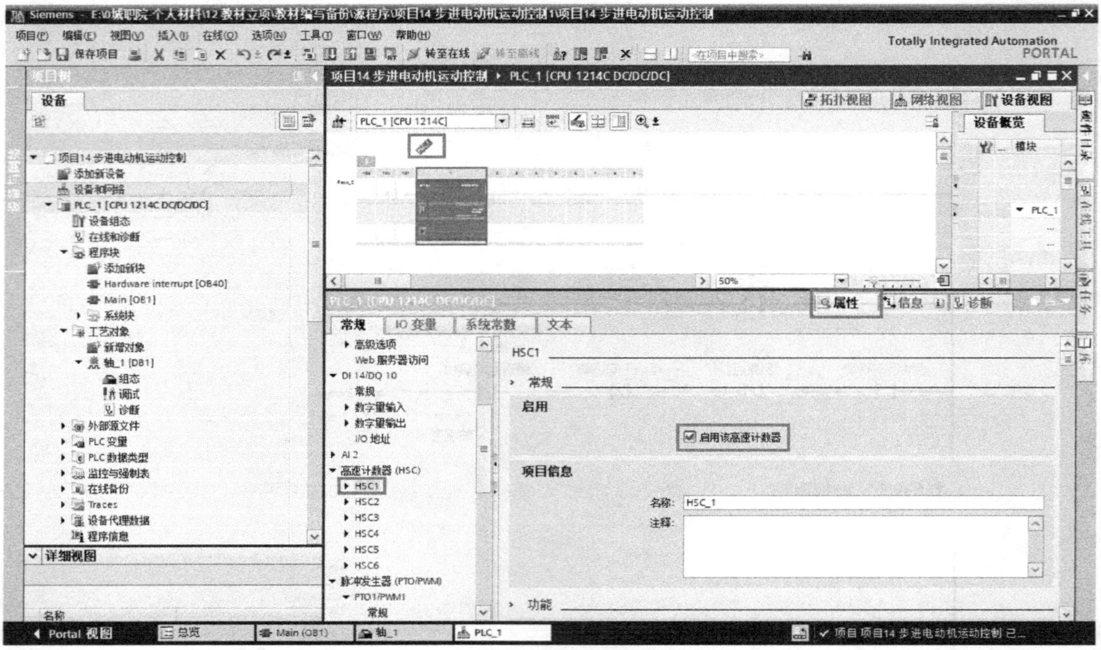

图 14.13　启用高速计数器 HSC1

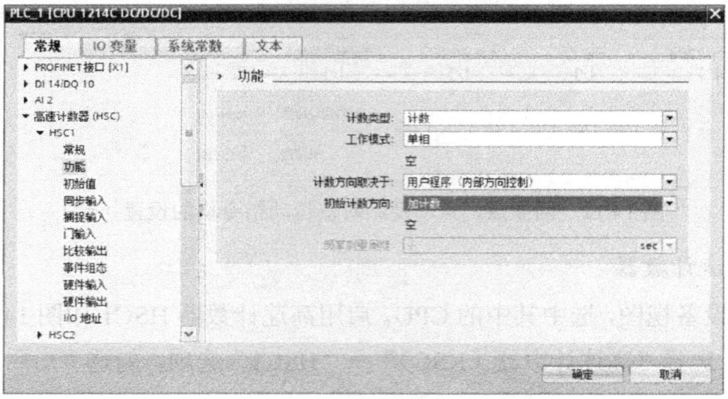

图 14.14　设置高速计数器的功能

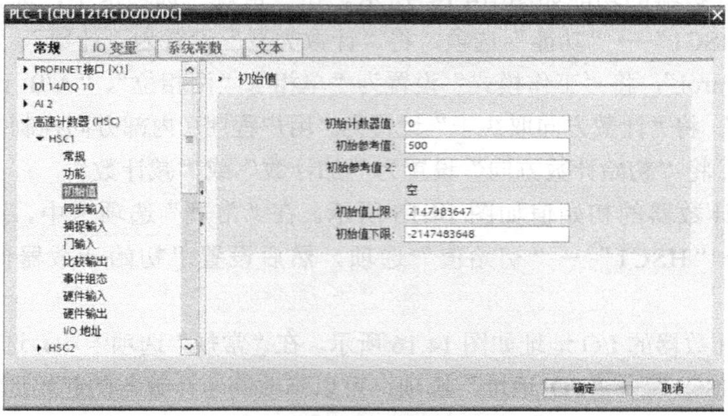

图 14.15　设置高速计数器的初始值

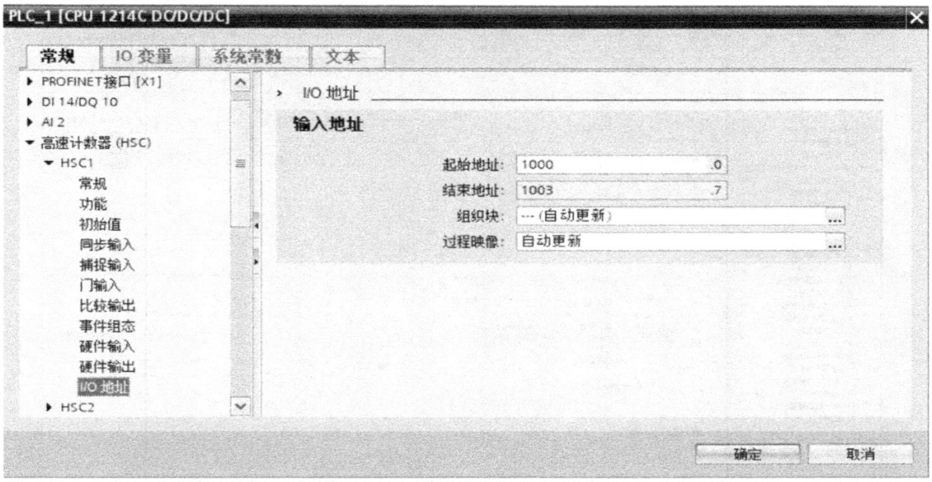

图 14.16　设置高速计数器的 I/O 地址

在硬件中断组织块 OB40 中编写 PLC 程序，如图 14.17 所示，该 PLC 程序用于调用高速计数器指令块。

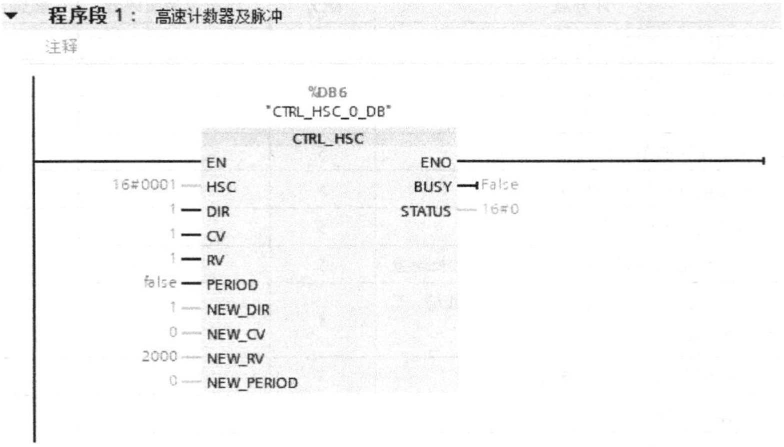

图 14.17　调用高速计数器脉冲程序

4．调试运行

下载程序，并按以下步骤进行调试：

步进电动机运行监控设置如图 14.18 所示。单击“监控”按钮，进入监控状态，右击%M1.1 下方的“Tag_*”，在弹出的快捷菜单中选择“修改”→“修改为 1”命令。将%M1.1、%M1.0、%M1.3、%M3.1 都置 1，步进电动机实现点动、回原点、正向连续运转等动作。

如果调试时，你的系统出现以上现象，恭喜你完成了任务；如果调试时，你的系统没有出现以上现象，请你和组员一起分析原因，并把系统调试成功。

5．考核评分

完成任务后，由质量监督员和教师分别进行任务评价，并填写表 14.11。

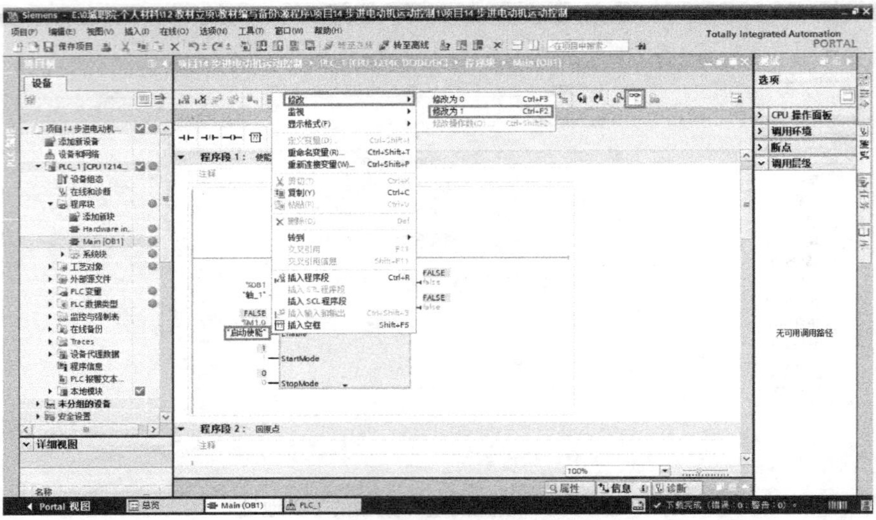

图 14.18　步进电动机运行监控设置

表 14.11　步进电动机运动控制项目评分表

项　目	评分点	配分	质量监督员评分	教师评分	备注
控制系统电路设计	控制电路接线图设计正确	5			
	导线颜色和线号标注正确	2			
	绘制的电气系统图美观	3			
	电气元件的图形符号符合标准	5			
控制系统电路布置、连接工艺与调试	低压电气元件安装布局合理	5			
	电气元件安装牢固	5			
	接线头工艺美观、牢固，且无露铜过长现象	5			
	线槽工艺规范，所有连接线垂直进线槽，无明显斜向进线槽	5			
	导线颜色正确，线径选择正确	3			
	整体布线规范、美观	5			
控制功能实现	系统初步上电安全检查，上电后，初步检测的结果为各电气元件正常工作	2			
	步进电动机能回原点	5			
	步进电动机能实现点动运转	10			
	步进电动机能按照规定速度到达指定地点	10			
职业素养	小组成员间沟通顺畅	3			
	小组有决策计划	5			
	小组内部各岗位分工明确	2			
	安装完成后，工位无垃圾	5			
	职业操守好，完工后，工具和配件摆放整齐	5			
安全事项	在安装过程中，无损坏元器件及人身伤害现象	5			
	在通电调试过程中，无短路现象	5			
评分合计					

14.5　实训工单

请你和组员一起按照所扮演的岗位角色，填写好如下实训工单。

项目 14　实训工单（1）

<table>
<tr><td>项目名称</td><td colspan="5">步进电动机运动控制</td></tr>
<tr><td>派工岗位</td><td>技术员（硬件）</td><td>施工地点</td><td></td><td>施工时间</td><td></td></tr>
<tr><td>学生姓名</td><td></td><td>班级</td><td></td><td>学号</td><td></td></tr>
<tr><td>班组名称</td><td>电气施工____组</td><td>同组成员</td><td colspan="3"></td></tr>
<tr><td>实训目标</td><td colspan="5">（1）能设计出步进电动机运动 PLC 控制的电气系统图。
（2）能用 TIA 博途软件编写及调试步进电动机运动控制 PLC 程序。
（3）能实现步进电动机运动的 PLC 控制。
（4）能排除程序调试过程中出现的故障</td></tr>
<tr><td colspan="6">一、项目控制要求</td></tr>
<tr><td colspan="6">（1）实现步进电动机的点动、回原点、绝对位置运动控制。
（2）用高速计数器监控 PTO</td></tr>
<tr><td colspan="6">二、接受岗位任务</td></tr>
<tr><td colspan="6">（1）使用绘图工具或软件绘制控制电路接线图。
（2）安装元器件，完成电路的接线。
（3）与负责软件部分的技术员一起完成项目的调试。
（4）场地 6S 整理</td></tr>
<tr><td colspan="6">三、任务准备</td></tr>
<tr><td colspan="6">（1）实施平台：TIA 博途软件 V15.1、编程计算机、安装了西门子 S7-1200 系列 PLC 的实训台或实训单元等。
（2）穿戴设施：绝缘鞋、安全帽、工作服等。
（3）常用工具：电工钳、斜口钳、剥线钳、压线钳、一字螺丝刀、十字螺丝刀、万用表、多股铜芯线（BV-0.75）、冷压头、安装板、线槽、空气开关、按钮、热继电器、交流接触器等。
（4）技术材料：工作计划表、PLC 编程手册、相关电气安装标准手册等</td></tr>
<tr><td colspan="6">四、实施过程</td></tr>
<tr><td colspan="6">（1）绘制控制电路接线图。</td></tr>
</table>

续表

（2）展示电路接线完工图。	
（3）展示系统调试成功效果图。	
五、遇到的问题及其解决措施	
遇到的问题： 解决措施：	
六、收获与反思	
收获： 反思：	
七、综合评分	

项目 14　实训工单（2）

<table>
<tr><td>项目名称</td><td colspan="5">步进电动机运动控制</td></tr>
<tr><td>派工岗位</td><td>技术员（软件）</td><td>施工地点</td><td></td><td>施工时间</td><td></td></tr>
<tr><td>学生姓名</td><td></td><td>班级</td><td></td><td>学号</td><td></td></tr>
<tr><td>班组名称</td><td>电气施工____组</td><td>同组成员</td><td colspan="3"></td></tr>
<tr><td>实训目标</td><td colspan="5">（1）能设计出步进电动机运动 PLC 控制的电气系统图。
（2）能用 TIA 博途软件编写及调试步进电动机运动控制 PLC 程序。
（3）能实现步进电动机运动的 PLC 控制。
（4）能排除程序调试过程中出现的故障</td></tr>
<tr><td colspan="6">一、项目控制要求</td></tr>
<tr><td colspan="6">（1）实现步进电动机的点动、回原点、绝对位置运动控制。
（2）用高速计数器监控 PTO</td></tr>
<tr><td colspan="6">二、接受岗位任务</td></tr>
<tr><td colspan="6">（1）在 TIA 博途软件中，建立、组态 PLC 工艺对象（轴）和组态高速计数器。
（2）编写步进电动机运动控制 PLC 程序。
（3）下载程序，与负责硬件部分的技术员一起完成项目的调试。
（4）场地 6S 整理</td></tr>
<tr><td colspan="6">三、任务准备</td></tr>
<tr><td colspan="6">（1）实施平台：TIA 博途软件 V15.1、编程计算机、安装了西门子 S7-1200 系列 PLC 的实训台或实训单元等。
（2）穿戴设施：绝缘鞋、安全帽、工作服等。
（3）常用工具：电工钳、斜口钳、剥线钳、压线钳、一字螺丝刀、十字螺丝刀、万用表、多股铜芯线（BV-0.75）、冷压头、安装板、线槽、空气开关、按钮、热继电器、交流接触器等。
（4）技术材料：工作计划表、PLC 编程手册、相关电气安装标准手册等</td></tr>
<tr><td colspan="6">四、实施过程</td></tr>
<tr><td colspan="6">（1）建立、组态 PLC 工艺对象（轴）和组态高速计数器。

（2）编写 PLC 程序。

</td></tr>
</table>

续表

（3）展示程序调试成功效果图。
五、遇到的问题及其解决措施
遇到的问题： 解决措施：
六、收获与反思
收获： 反思：

七、综合评分	

项目 14 实训工单（3）

<table>
<tr><td>项目名称</td><td colspan="5">步进电动机运动控制</td></tr>
<tr><td>派工岗位</td><td>工艺员</td><td>施工地点</td><td></td><td>施工时间</td><td></td></tr>
<tr><td>学生姓名</td><td></td><td>班级</td><td></td><td>学号</td><td></td></tr>
<tr><td>班组名称</td><td>电气施工____组</td><td>同组成员</td><td colspan="3"></td></tr>
<tr><td>实训目标</td><td colspan="5">（1）能设计出步进电动机运动 PLC 控制的电气系统图。
（2）能用 TIA 博途软件编写及调试步进电动机运动控制 PLC 程序。
（3）能实现步进电动机运动的 PLC 控制。
（4）能排除程序调试过程中出现的故障</td></tr>
<tr><td colspan="6">一、项目控制要求</td></tr>
<tr><td colspan="6">（1）实现步进电动机的点动、回原点、绝对位置运动控制。
（2）用高速计数器监控 PTO</td></tr>
<tr><td colspan="6">二、接受岗位任务</td></tr>
<tr><td colspan="6">（1）依据项目控制要求撰写小组决策计划。
（2）编写项目调试工艺流程。
（3）与负责硬件部分的技术员一起完成低压电气设备的选型。
（4）解决现场工艺问题，负责施工过程中工艺问题的预防与纠偏。
（5）场地 6S 整理</td></tr>
<tr><td colspan="6">三、任务准备</td></tr>
<tr><td colspan="6">（1）实施平台：TIA 博途软件 V15.1、编程计算机、安装了西门子 S7-1200 系列 PLC 的实训台或实训单元等。
（2）穿戴设施：绝缘鞋、安全帽、工作服等。
（3）常用工具：电工钳、斜口钳、剥线钳、压线钳、一字螺丝刀、十字螺丝刀、万用表、多股铜芯线（BV-0.75）、冷压头、安装板、线槽、空气开关、按钮、热继电器、交流接触器等。
（4）技术材料：工作计划表、PLC 编程手册、相关电气安装标准手册等</td></tr>
<tr><td colspan="6">四、实施过程</td></tr>
<tr><td colspan="6">（1）撰写小组决策计划。

（2）编写项目调试工艺流程。

</td></tr>
</table>

续表

（3）完成低压电气设备的选型。	
（4）总结施工过程中工艺问题的预防与纠偏情况。	
五、遇到的问题及其解决措施	
遇到的问题： 解决措施：	
六、收获与反思	
收获： 反思：	
七、综合评分	

项目 14　实训工单（4）

项目名称	步进电动机运动控制				
派工岗位	质量监督员	施工地点		施工时间	
学生姓名		班级		学号	
班组名称	电气施工____组	同组成员			
实训目标	（1）能设计出步进电动机运动 PLC 控制的电气系统图。 （2）能用 TIA 博途软件编写及调试步进电动机运动控制 PLC 程序。 （3）能实现步进电动机运动的 PLC 控制。 （4）能排除程序调试过程中出现的故障				

一、项目控制要求

（1）实现步进电动机的点动、回原点、绝对位置运动控制。

（2）用高速计数器监控 PTO

二、接受岗位任务

（1）监督项目施工过程中各岗位的爱岗敬业情况。

（2）监督各岗位工作完成质量的达标情况。

（3）完成项目评分表的填写。

（4）总结所监督对象的工作过程情况，完成质量报告的撰写。

（5）场地 6S 检查

三、任务准备

（1）实施平台：TIA 博途软件 V15.1、编程计算机、安装了西门子 S7-1200 系列 PLC 的实训台或实训单元等。

（2）穿戴设施：绝缘鞋、安全帽、工作服等。

（3）常用工具：电工钳、斜口钳、剥线钳、压线钳、一字螺丝刀、十字螺丝刀、万用表、多股铜芯线（BV-0.75）、冷压头、安装板、线槽、空气开关、按钮、热继电器、交流接触器等。

（4）技术材料：工作计划表、PLC 编程手册、相关电气安装标准手册等

四、实施过程

（1）监督项目施工过程中各岗位的爱岗敬业情况。

（2）监督各岗位工作完成质量的达标情况。

（3）负责场地 6S 检查。

续表

（4）完成项目评分表的评分。 （5）总结所监督对象的工作过程情况，简要撰写质量报告。
五、遇到的问题及其解决措施
遇到的问题： 解决措施：
六、收获与反思
收获： 反思：

七、综合评分	

项目 15　伺服电动机运动控制

知识目标

（1）了解伺服电动机运动控制的原理。
（2）掌握伺服电动机的参数设置、基本使用和硬件接线方法。
（3）掌握伺服电动机在运动控制中的调试与故障排除方法。

能力目标

（1）能设计出伺服电动机运动 PLC 控制的电气系统图。
（2）能用 TIA 博途软件编写及调试伺服电动机运动控制 PLC 程序。
（3）能实现伺服电动机运动的 PLC 控制。
（4）能排除程序调试过程中出现的故障。

素质目标

（1）激发学生在学习过程中的自主探究意识。
（2）培养学生按国家标准或行业标准从事专业技术活动的职业习惯。
（3）提升学生综合运用专业知识的能力，培养学生精益求精的工匠精神。
（4）提升学生的团队协作能力和沟通能力。

15.1　项目导入

在现代社会中，伺服灌装机广泛应用于食品、医药、日化等行业，灌装机产能水平的高低直接关系着产品的质量和生产的效率，这就要求伺服灌装系统提供更高精度的、更高自动化程度的控制工艺，从而不断战胜来自市场的挑战。该系统由 x 轴跟随伺服、y 轴灌装步进、主轴传送带、正品检测装置、正品传送带和次品传送带等部分组成，如图 15.1 所示。

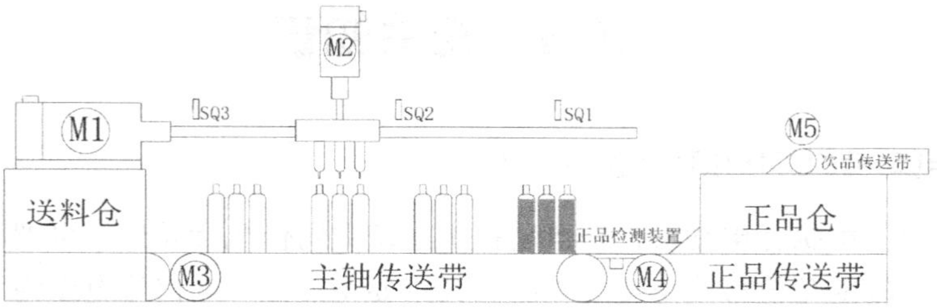

图 15.1　伺服灌装系统示意图

本项目基于 2018 年全国职业院校技能大赛“现代电气控制系统安装与调试”赛项某样题中伺服电动机的运动控制展开，控制系统中的 x 轴跟随伺服，由伺服电动机 M1 控制，M1 驱动丝杠运行，通过丝杠带动滑块来模拟灌装平台的左右移动。已知丝杠的螺距为 4mm，伺服电动机 M1 旋转一周需要 4000 个脉冲，以丝杠运行速度代表 x 轴跟随量的大小。请你和组员一起使用 S7-1200 PLC 实现伺服电动机运动控制，假设伺服电动机顺时针旋转为正转，逆时针旋转为反转。具体控制要求如下：

（1）在初始状态为断电的情况下，将滑块手动调节回原点检测开关 SQ3 处，按下按钮 SB1，电动机正向点动运转；按下按钮 SB2，电动机反向点动运转。

（2）切换选择开关 SA1，SA1 接通时，伺服电动机的速度应为 4mm/s；SA1 断开时，伺服电动机的速度应为 12mm/s。

（3）在按下按钮 SB1 或 SB2 实现点动运转时，应允许切换选择开关 SA1，改变当前运转速度。

（4）在调试过程中，按下按钮 SB3 后，伺服电动机自动回到原点检测开关 SQ3 处，电动机 M1 调试结束。

（5）在电动机 M1 的运行过程中，模式指示灯 HL1 以 2Hz 的频率闪烁；在电动机 M1 停止运行后，模式指示灯 HL1 常亮。

15.2 项目分析

由项目 14 可知，S7-1200 PLC 在运动控制过程中使用了轴的概念，通过对轴的组态,包括硬件接口、位置定义、动态特性、机械特性等相关指令块的组合使用，可实现绝对位移、相对位移、点动速度控制及自动寻找参考点等功能。

CPU 向步进电动机或伺服电动机驱动器输出脉冲和方向信号，驱动器将 CPU 的输出信号加以处理并传输给步进电动机或伺服电动机，从而控制电动机，并使其运动到指定位置。电动机轴上的编码器输入信号再反馈到驱动器，形成闭环控制，计算速度与位置。DC/DC/DC 型 S7-1200 PLC 提供了直接控制驱动器的板载输出，需要配置信号板来控制驱动器的继电器输出。两个控制信号中,一个是脉冲信号，用来为驱动器提供脉冲数；另一个是方向信号，用来控制驱动器的运动方向。在设备组态的属性选项中，可以选择是板载输出还是继电器型输出。

15.3 相关知识

1. 伺服电动机的工作原理及设备概述

伺服电动机又称执行电动机，在自动控制系统中用作执行元件，可把所接收到的电信号转换成电动机轴的角位移或角速度输出，其主要特点是，当信号电压为零时，无自转现象，转速随着转矩的增加而匀速下降。伺服电动机分为交流伺服电动机和直流伺服电动机。

交流伺服电动机的工作原理：内部的转子是永磁铁，根据驱动器控制的 U、V、W 三相电形成电磁场，转子在此磁场的作用下转动，同时电动机自带的编码器反馈信号给驱动器，驱动器对反馈值与目标值进行比较，调整转子的角度。伺服电动机的精度取决于编码器的精度。

本项目基于高职组“现代电气控制系统安装与调试”赛项国赛设备 YL-158GA1，该设备采用台达 ECMA-C30604PS 永磁同步交流伺服电动机，及 ASD-B2-0421-B 全数字交流永磁同步伺服驱动装置。

ECMA-C30604PS 的含义：ECM 表示电动机类型为电子换相式；第二个 C 表示电压、转速的规格为 220V、3000r/min；3 表示编码器为增量式编码器，分辨率为 2500ppr，输出信号线数为 5 根；04 表示电动机的额定功率为 400W。

ASD-B2-0421-B 的含义：ASD-B2 表示驱动器为台达 B2 系列，04 表示额定输出功率为 400W，21 表示电源电压的规格及相数为单相 220V，B 表示标准型。伺服驱动器的外观和面板说明如图 15.2 所示。

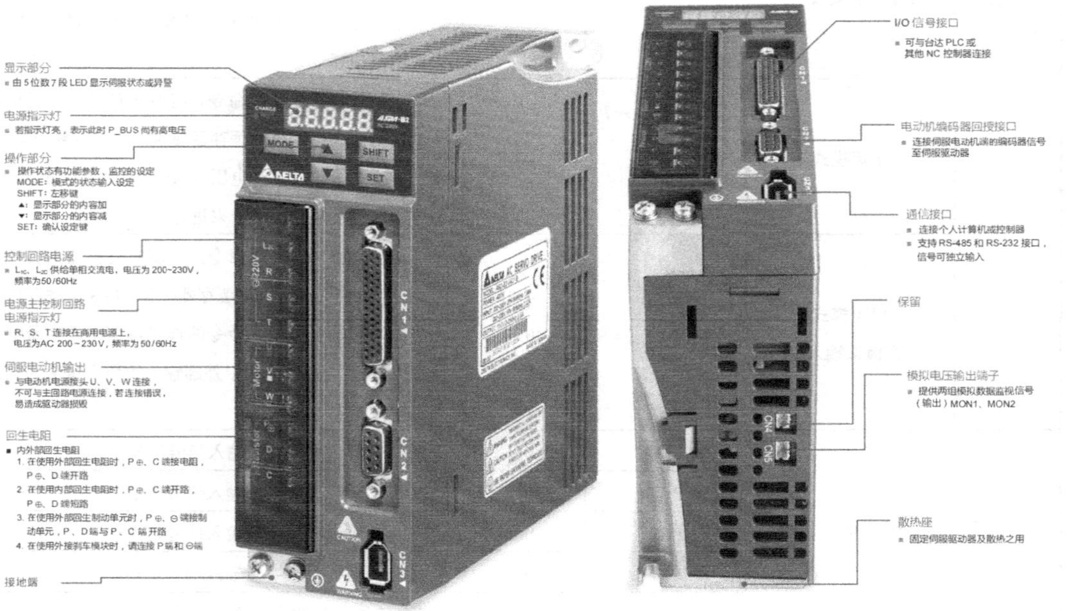

图 15.2　伺服驱动器的外观和面板说明

2. 控制模式

伺服驱动器提供位置、速度、扭矩三种基本控制模式，可以采用单一控制模式，即固定在一种模式控制；也可采用混合控制模式来控制，每种控制模式分两种情况，所以总共有 11 种控制模式。表 15.1 中列出了伺服驱动器的所有控制模式及其说明。模式的选择可通过参数 P1-01 来达成，在新模式设定好后，必须将驱动器重新送电，新模式才可生效。

表 15.1　伺服驱动器的所有控制模式及其说明

模式名称		模式代码	模式码	说　明
单一控制模式	位置模式（端子输入）	Pt	00	伺服驱动器接受位置命令，控制电动机到达目标位置。位置命令由端子输入，信号形态为脉冲
	位置模式（内部寄存器输入）	Pr	01	伺服驱动器接受位置命令，控制电动机到达目标位置。位置命令由内部寄存器提供（共 8 组寄存器），可利用数字量输入信号选择寄存器的编号
	速度模式	S	02	伺服驱动器接受速度命令，控制电动机达到目标转速。速度命令可由内部缓存器提供（共 3 组缓存器），或由外部端子输入模拟电压（-10～+10V）。命令的选择是根据数字量输入信号来进行的
	速度模式（无模拟输入）	Sz	04	伺服驱动器接受速度命令，控制电动机达到目标转速。速度命令仅可由内部缓存器提供（共 3 组缓存器），无法由外部端子提供。命令的选择可根据数字量输入信号来进行。原 S 模式中外部输入的数字量输入状态为速度命令零
	扭矩模式	T	03	伺服驱动器接受扭矩命令，控制电动机达到目标扭矩。扭矩命令可由内部缓存器提供（共 3 组缓存器），或由外部端子输入模拟电压（-10～+10V）。命令的选择可根据数字量输入信号来进行
	扭矩模式（无模拟输入）	Tz	05	伺服驱动器接受扭矩命令，控制电动机达到目标扭矩。扭矩命令仅可由内部缓存器提供（共 3 组缓存器），无法由外部端子提供。命令的选择可根据数字量输入信号来进行。原 T 模式中外部输入的数字量输入状态为扭矩命令零
混合控制模式		Pt-S	06	Pt 与 S 可通过数字量输入信号切换
		Pt-T	07	Pt 与 T 可通过数字量输入信号切换
		Pr-S	08	Pr 与 S 可通过数字量输入信号切换
		Pr-T	09	Pr 与 T 可通过数字量输入信号切换
		S-T	10	S 与 T 可通过数字量输入信号切换

3. 参数设置

1）*面板按钮*

ASD-B2 伺服驱动器的参数共有 187 个，包括 P0-xx、P1-xx、P2-xx、P3-xx、P4-xx、可以在伺服驱动器的面板上对参数进行设置，伺服驱动器面板各部分的名称如图 15.3 所示，伺服驱动器面板上按钮的说明如表 15.2 所示。

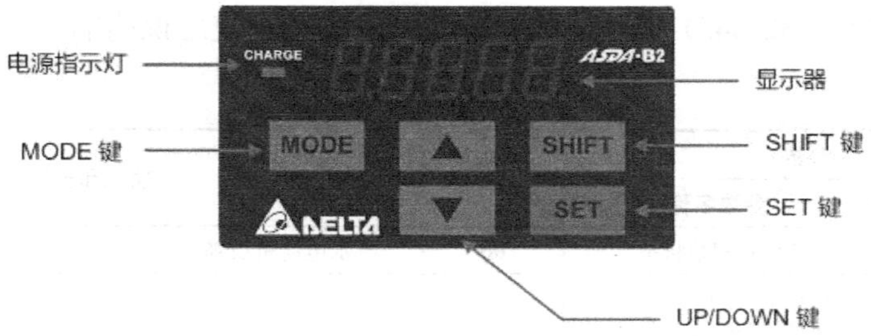

图 15.3　伺服驱动器面板各部分的名称

表 15.2　伺服驱动器面板上按钮的说明

名称	功能
显示器	5 组 7 段显示器用于显示监视值、参数值及设定值
SHIFT 键	在参数模式下，按下 SHIFT 键可改变群组码。在编辑模式下，闪烁字符左移可用于修正较高的设定字符值。在监视模式下，按下 SHIFT 键可切换高/低位数显示
SET 键	显示及存储设定值。在监视模式下，按下 SET 键可切换十/十六进制显示。在参数模式下，按下 SET 键可进入编辑模式
DOWN 键	变更监视码、参数码或设定值
UP 键	变更监视码、参数码或设定值
电源指示灯	主电源回路电容量的充电显示
MODE 键	切换监视模式/参数模式/异警显示。在编辑模式下，按下 MODE 键可跳至参数模式

2）面板操作说明

（1）当伺服驱动器的电源接通时，显示器会先持续变量监控变量符号约 1s，然后才进入监控模式。

（2）在监控模式下，按下 UP/DOWN 键，可以切换监控参数。此时监控显示符号会持续显示约 1s。

（3）在监控模式下，按下 MODE 键，可以进入参数模式，按下 SHIFT 键，可以切换群组码，按下 UP/DOWN 键可变更后两个字符参数码。

（4）在参数模式下，按下 SET 键，系统立即进入设定模式，显示器会同时显示此参数对应的设定值。此时可利用 UP/DOWN 键修改参数值，或按下 MODE 键来脱离设定模式并回到参数模式。

（5）在设定模式下，可按下 SHIFT 键使闪烁字符左移，再利用 UP/DOWN 键快速修正较高的字符设定值。

（6）在设定值修正完毕后，按下 SET 键，即可进行参数存储或执行命令。

（7）在完成参数设定后，显示器会显示结束代码“「-END-」”，并自动恢复到监控模式。

3）部分参数说明

本项目中的伺服驱动装置工作于位置控制模式，Q0.0 输出脉冲作为伺服驱动器的位置指令，脉冲的数量决定伺服电动机的旋转位移，脉冲的频率决定伺服电动机的旋转速度。Q0.1 输出信号作为伺服驱动器的方向指令。若控制要求较为简单，则伺服驱动器可采用自动增益调整模式。根据上述要求，伺服驱动器参数设置如表 15.3 所示。其他参数的说明及设置请参看台达 ASD-B2-0421-B 系列伺服电动机、驱动器使用说明书。

表 15.3　伺服驱动器参数设置

序号	参数		设定值	功能和含义
	参数编号	参数名称		
1	P0-02	LED 初始状态	00	显示电动机反馈脉冲数
2	P1-00	外部脉冲列指令输入形式设定	2	2：脉冲列“+”符号
3	P1-01	控制模式及控制命令输入源设定	00	位置控制模式（相关代码 Pt）
4	P1-44	电子齿轮比分子（N）	40	指令脉冲输入比值设定： 指令脉冲输入 f_1 → $\frac{N}{M}$ → 位置指令 f_2 → $f_2 = f_1 \times \frac{N}{M}$ 当指令脉冲输入比值范围为 $1/50<N/M<200$，初始值 P1-44 的分子为 16，P1-45 的分母为 10，脉冲数为 10000 时，电动机旋转 1 周。(伺服驱动器的分辨率为 160000Pulser/r)
5	P1-45	电子齿轮比分母（M）	1	
6	P2-00	位置控制比例增益	35	位置控制增益值加大可改善位置应答性及缩小位置控制误差量。但若将位置控制增益值设定得太大，则易产生振动及噪声
7	P2-02	位置控制前馈增益	5000	当位置控制命令平滑变动时，增益值加大可缩小位置跟随误差量。若位置控制命令不平滑变动，降低增益值可降低机构的运转振动现象
8	P2-08	特殊参数输入	0	10：参数复位

伺服电动机的电子齿轮比：

控制行为是将 PLC 送来的脉冲数乘以电子齿轮比，用所得结果与编码器的反馈脉冲数进行比较而产生的。例如，电子齿轮比为 2，则 PLC 送来 1 个脉冲，电动机就会转动对应编码器 2 个反馈脉冲数的角度。

分辨率/1 圈脉冲数=P1-44/P1-45，其中，P1-44、P1-45 是伺服电动机的参数。假设分辨率为 160000，P1-44 为 16，P1-45 为 1，那么 1 圈脉冲数=10000。也就是说，此时 PLC 发出 10000 个脉冲信号，伺服电动机转 1 圈。

本项目中编码器的分辨率为 160000，已知丝杠的螺距为 4mm，伺服电动机 M1 旋转 1 圈需要 4000 个脉冲，那么分辨率/1 圈脉冲数=160000/4000=40，即 P1-44/P1-45=40∶1=80∶2 等，在设定两个参数时，可设定 P1-44 为 40 或 80，P1-45 为 1 或 2 等，只要比值在参数范围内即可。

4．点动操作模式

进入参数模式 P4-05 后，可依下列设定方式采用点动操作模式。

（1）按下 SET 键，显示点动速度值，初始值为 20 r/min。

（2）按下 UP/DOWN 键来修正希望的点动速度值。

（3）按下 SET 键，显示 JOG，并进入点动操作模式。

（4）在进入点动操作模式后，按下 UP/DOWN 键使伺服电动机正转或反转，放开按键，则伺服电动机立即停止运行。点动操作必须在伺服开启（SERVO ON）时才有效。

15.4　项目实施

1. 岗位派工

为达到控制要求，本项目引入技术员、工艺员和质量监督员三个岗位。请各小组成员分别扮演其中一个岗位角色，并参与项目实施。各岗位工作任务如表 15.4 所示，请各岗位人员按要求完成任务，并在本项目的实训工单中做好记录。

表 15.4　各岗位工作任务

岗位名称	角色任务
技术员（硬件）	（1）在实训工单上画出伺服电动机运动控制 I/O 分配表。 （2）使用绘图工具或软件绘制伺服电动机驱动电路接线图。 （3）安装元器件，完成电路的接线。 （4）与负责软件部分的技术员一起完成项目的调试。 （5）场地 6S 整理
技术员（软件）	（1）在 TIA 博途软件中，对 PLC 变量进行定义，建立、组态 PLC 工艺对象（轴）。 （2）编写伺服电动机运动控制 PLC 程序。 （3）下载程序，与负责硬件部分的技术员一起完成项目的调试。 （4）场地 6S 整理
工艺员	（1）依据项目控制要求撰写小组决策计划。 （2）编写项目调试工艺流程。 （3）与负责硬件部分的技术员一起完成低压电气设备的选型。 （4）解决现场工艺问题，负责施工过程中工艺问题的预防与纠偏。 （5）场地 6S 整理
质量监督员	（1）监督项目施工过程中各岗位的爱岗敬业情况。 （2）监督各岗位工作完成质量的达标情况。 （3）完成项目评分表的填写。 （4）总结所监督对象的工作过程情况，完成质量报告的撰写。 （5）场地 6S 检查

2. 硬件电路设计与安装接线

1）I/O 分配

根据项目分析，对 PLC 的输入量、输出量进行分配，如表 15.5 所示。

表 15.5　伺服电动机运动控制 I/O 分配表

输入端		输出端	
PLC 接口	元器件	PLC 接口	元器件
I0.1	按钮 SB1	Q0.0	伺服_脉冲
I0.2	按钮 SB2	Q0.1	伺服_方向

续表

输入端		输出端	
PLC 接口	元器件	PLC 接口	元器件
I0.3	按钮 SB3	Q1.0	正向点动
I0.4	原点检测开关 SQ3	Q1.1	反向点动
I2.0	选择开关 SA1	Q1.2	模式指示灯 HL1

2）伺服电动机驱动电路接线图

本项目中采用了台达 ECMA-C30604PS 永磁同步交流伺服电动机及 ASD-B2-0421-B 全数字交流永磁同步伺服驱动装置。伺服电动机驱动电路接线图如图 15.4 所示。PLC 接线图此处不再赘述。

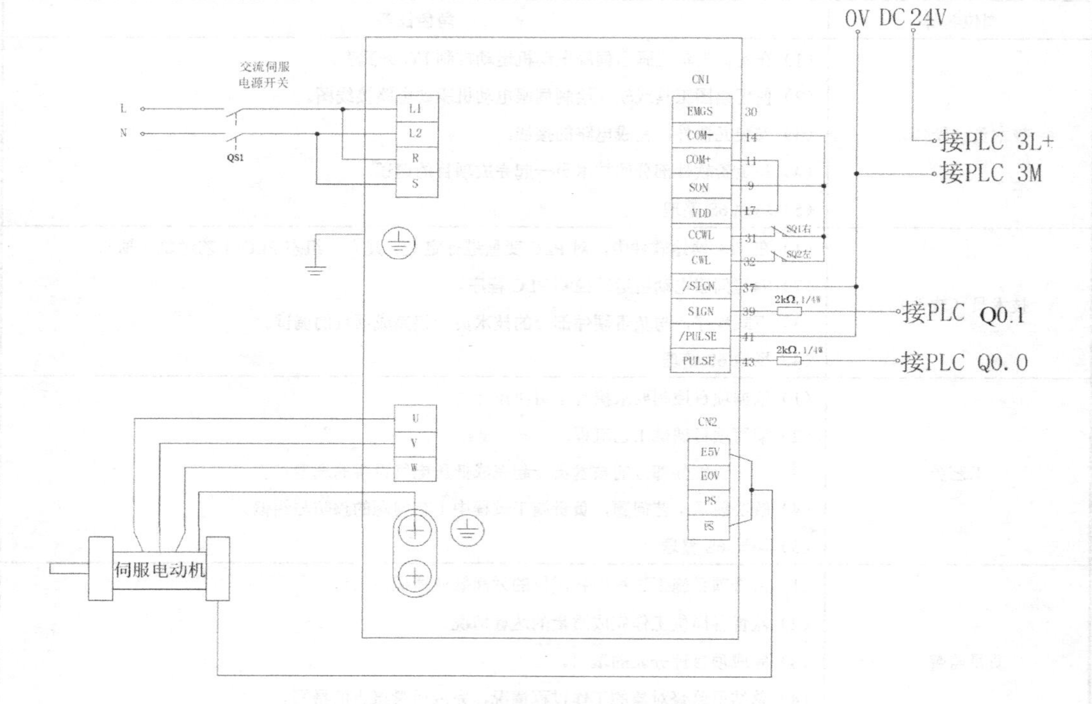

图 15.4　伺服电动机驱动电路接线图

3）安装元器件并连接电路

根据图 15.4 安装元器件并连接电路。PLC 外围接线按前期项目介绍的方法结合 I/O 分配表连接即可。每接完一个电路，都要对电路进行一次必要的检查，以免出现严重的损坏。重点可从主电路有无短路现象，控制电路中的 PLC 电源部分、输入端和输出端部分有无短路现象，各接触器的触点是否接错，以及 I/O 口是否未按 I/O 分配表进行分配等方面进行检查。在连接线路和设定参数时，需要注意以下几点：

（1）当切断电源时，因为驱动器内部大电容含有大量的电荷，请不要接触 R、S、T 及 U、V、W 这 6 条大电力线。请等到充电灯熄灭时，再行接触。

（2）若设定伺服驱动器的参数 P2-08 为 10，则可将参数恢复为初始值，但是要先断开信号线 SON。

（3）当参数为初始值时，伺服电动机接收 10000 个脉冲信号转动 1 圈，可通过修改参数 P1-44、P1-45 来设置伺服电动机转动一圈所需的脉冲数。

3. 软件设计

1）PLC 变量的定义

根据 I/O 分配表，伺服电动机运动控制 PLC 变量表如图 15.5 所示。

	名称	数据类型	地址 ▲	保持	可从 ...	从 H...	在 H...	注释
1	按钮SB1	Bool	%I0.1	☐	☑	☑	☑	
2	按钮SB2	Bool	%I0.2	☐	☑	☑	☑	
3	按钮SB3	Bool	%I0.3	☐	☑	☑	☑	
4	原点检测开关SQ3	Bool	%I0.4	☐	☑	☑	☑	
5	选择开关SA1	Bool	%I2.0	☐	☑	☑	☑	
6	伺服_脉冲	Bool	%Q0.0	☐	☑	☑	☑	
7	伺服_方向	Bool	%Q0.1	☐	☑	☑	☑	
8	正向点动	Bool	%Q1.0	☐	☑	☑	☑	
9	反向点动	Bool	%Q1.1	☐	☑	☑	☑	
10	模式指示灯HL1	Bool	%Q1.2	☐	☑	☑	☑	

图 15.5　伺服电动机运动控制 PLC 变量表

2）建立 PLC 工艺对象（轴）

建立 PLC 工艺对象（轴）如图 15.6 所示。在“项目树”窗格中选择“PLC_1[CPU 1214C DC/DC/DC]”→“工艺对象”→“新增对象”选项，弹出“新增对象”对话框。在该对话框中，单击“运动控制”图标，再填写名称，然后选择“TO_PositioningAxis”选项，默认自动选择的编号（也可改为手动自设置，编号指的是该轴的数据块编号），最后单击“确定”按钮，等待一段时间。

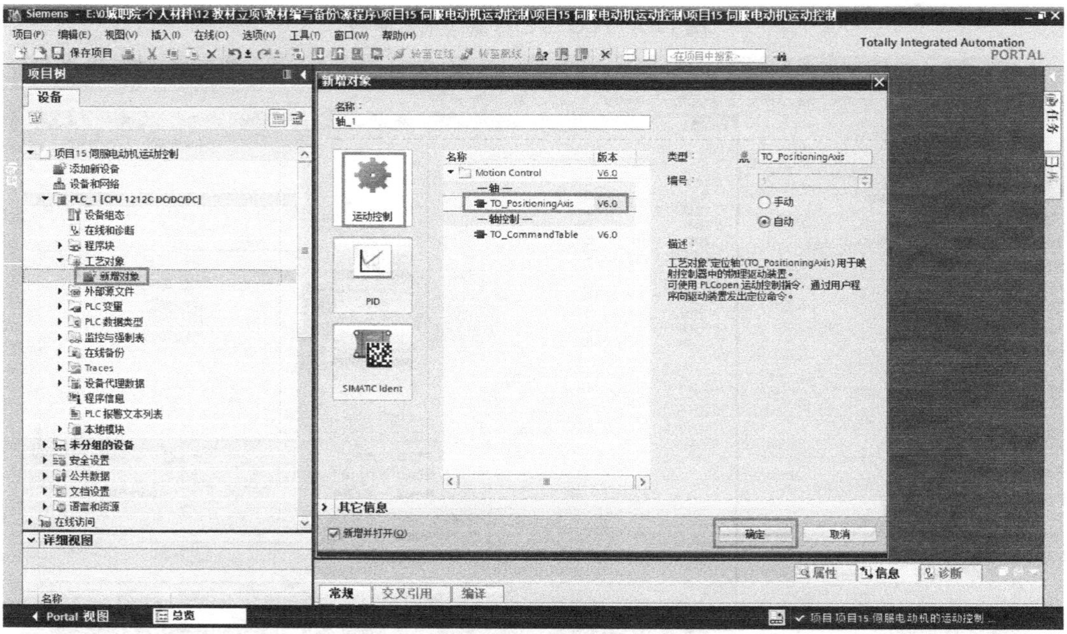

图 15.6　建立 PLC 工艺对象（轴）

3）组态 PLC 工艺对象（轴）

（1）基本参数设置：进入该轴的属性设置界面，如图 15.7 所示，将“轴名称”设置为“伺服”。

修改参数：如图 15.8 所示，选择“基本参数”→“驱动器”选项，将“脉冲发生器”设置为“伺服”，将“信号类型”设置为“PTO（脉冲 A 和方向 B）”，将“脉冲输出”设置为“轴_1_脉冲”“%Q0. 0”，将“脉冲方向”设置为“轴_1_方向”“%Q0. 1”，将“测量单位”设置为“mm”，其余默认。

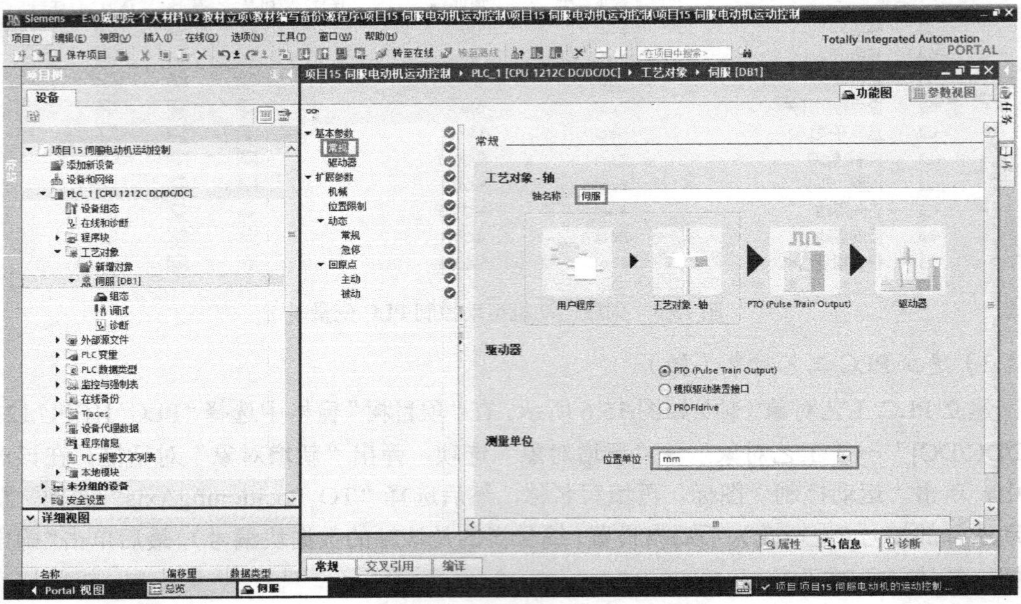

图 15.7　PLC 工艺对象（轴）命名

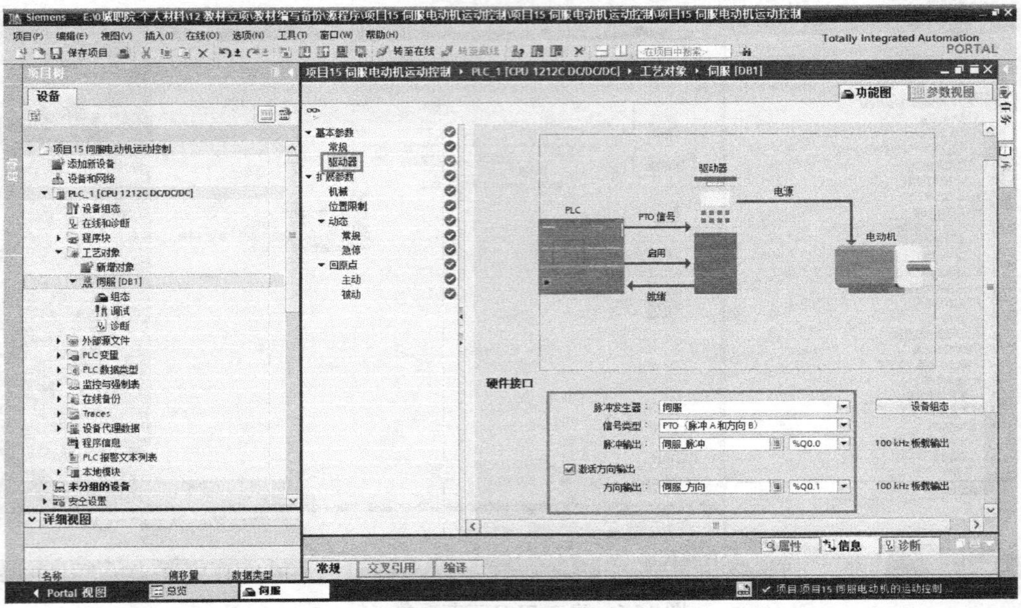

图 15.8　PLC 工艺对象（轴）属性设置

（2）扩展参数设置：如图 15.9 所示，选择“扩展参数”→“机械”选项，伺服驱动器的电子齿轮比采用初始值 40/1，即伺服驱动器每接收 4000 个脉冲，伺服电动机就转动 1 圈，丝杠的螺距为 4.0mm（转动 1 圈移动的距离）。

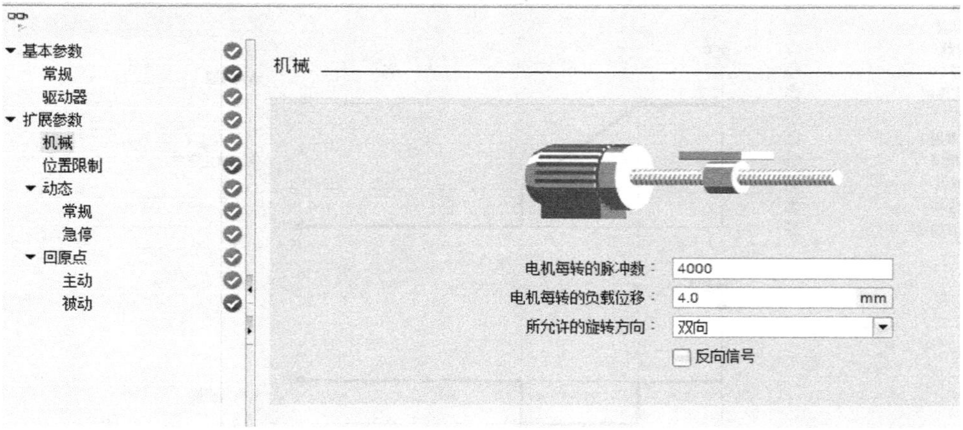

图 15.9　机械参数设置①

（3）动态参数设置：如图 15.10 所示，选择“扩展参数”→“动态”→“常规”选项，将“速度限值的单位”设置为“mm/s”，并设置最大转速、加速时间等参数。

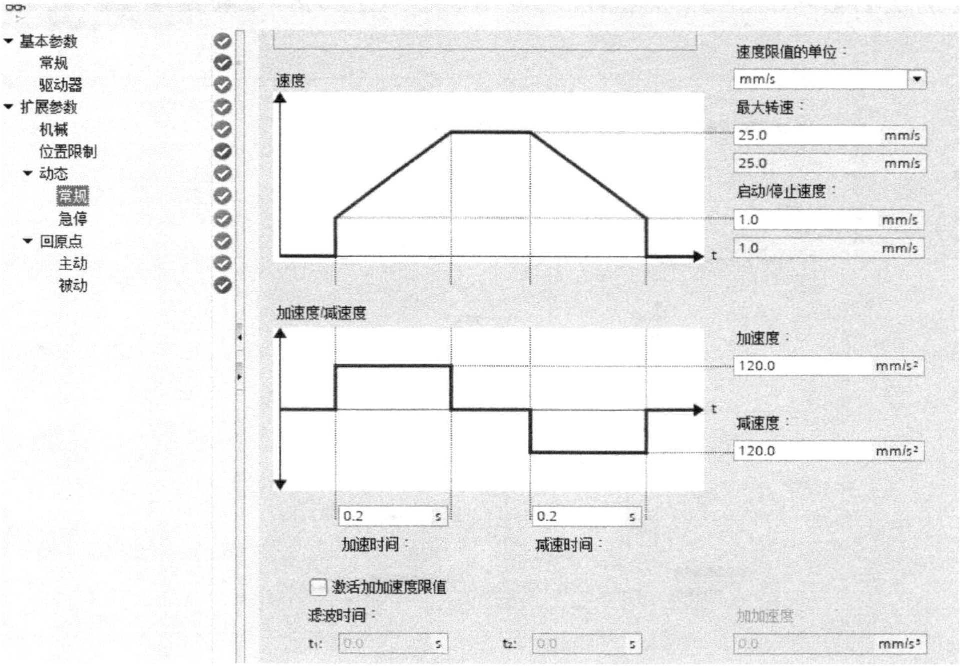

图 15.10　动态参数→常规参数设置

如图 15.11 所示，选择“扩展参数”→“动态”→“急停”选项，设置各项参数。

（4）回原点参数设置：如图 15.12 所示，选择“扩展参数”→“回原点”→“主动”选

① 软件图中“电机”的正确写法应为“电动机”。

项，因控制要求中指定 SQ3 为原点检测开关，此处需选择该开关作为输入原点开关，并设置其他参数。

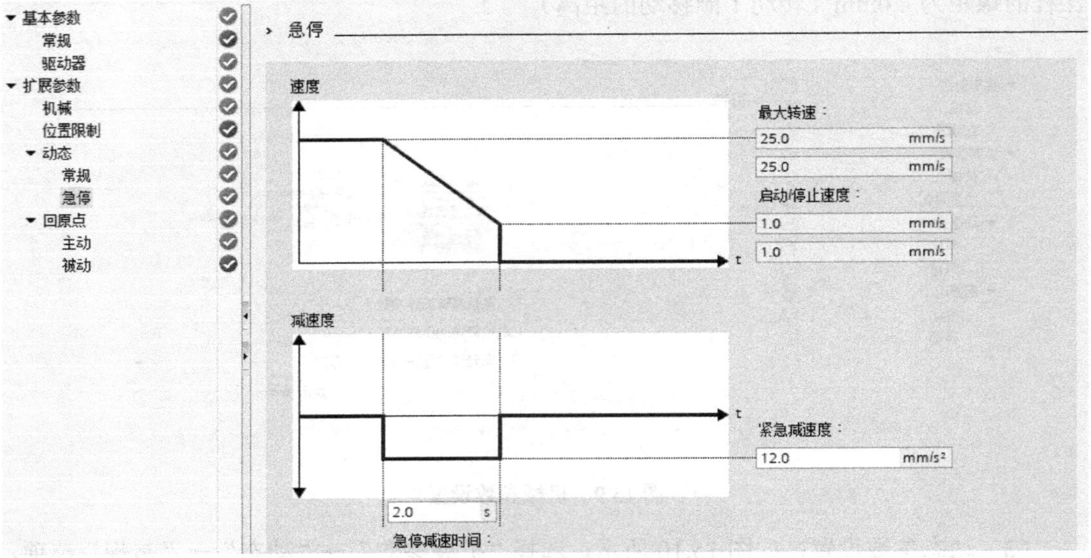

图 15.11　动态参数→急停参数设置

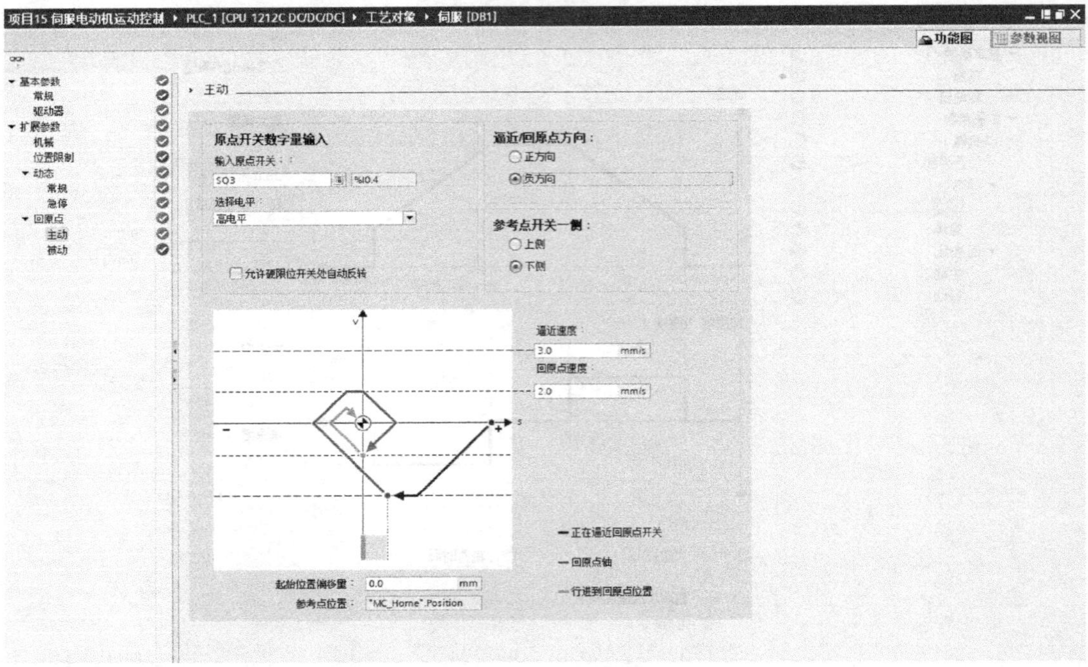

图 15.12　回原点参数→主动参数设置

如图 15.13 所示，选择“扩展参数”→“回原点”→“被动”选项，并设置各参数。

4）梯形图的设计

根据控制要求，编写伺服电动机运动控制 PLC 梯形图，如图 15.14 所示。

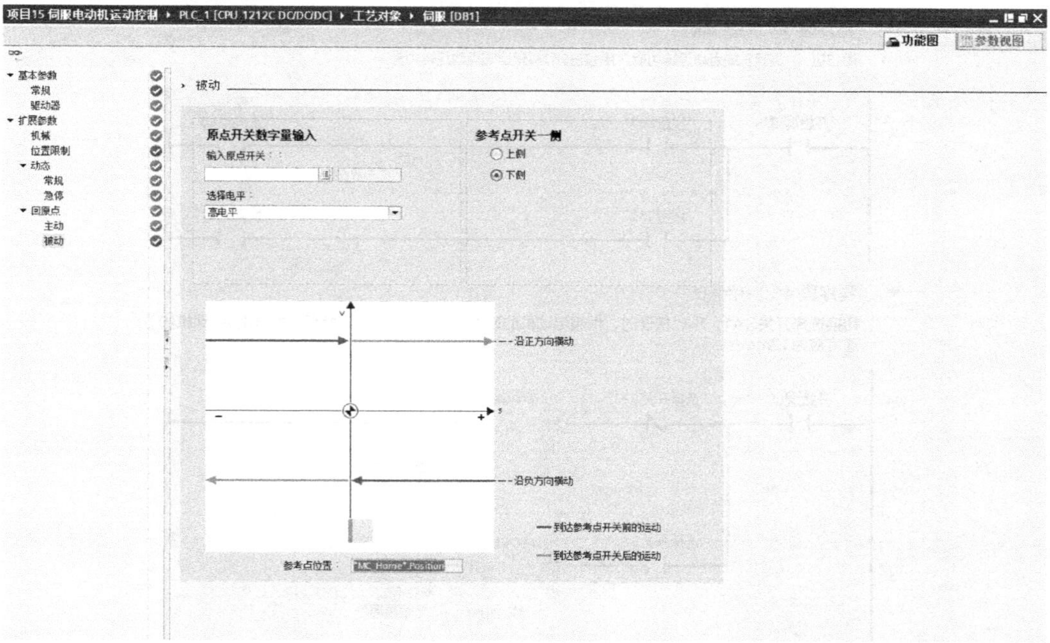

图 15.13　回原点参数→被动参数设置

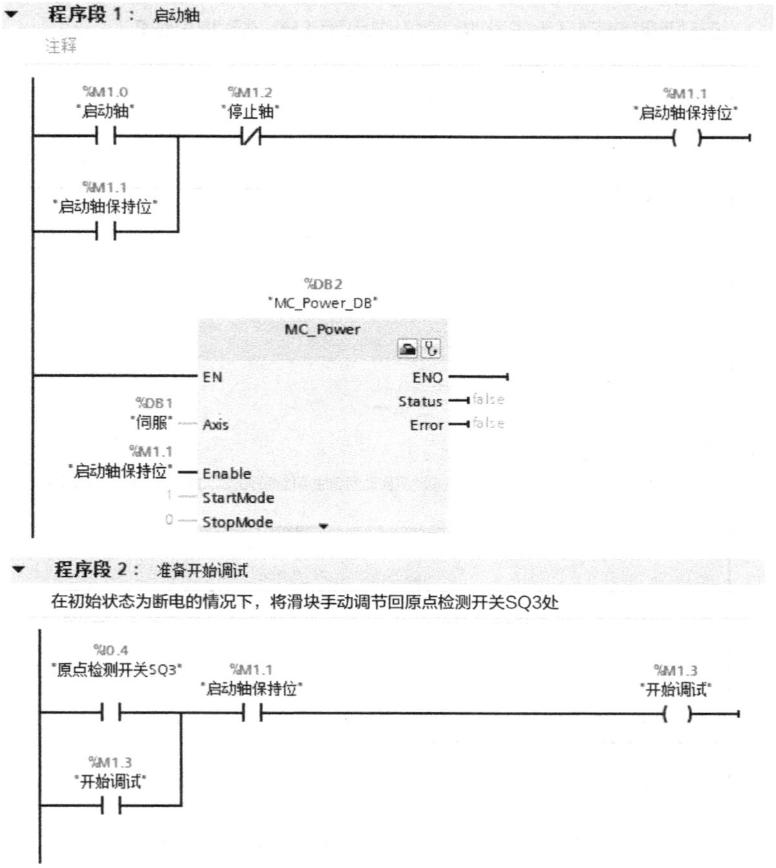

图 15.14　伺服电动机运动控制 PLC 梯形图

程序段 3： 开始调试1

用按钮SB1实现正向点动运转功能，用按钮SB2实现反向点动运转功能

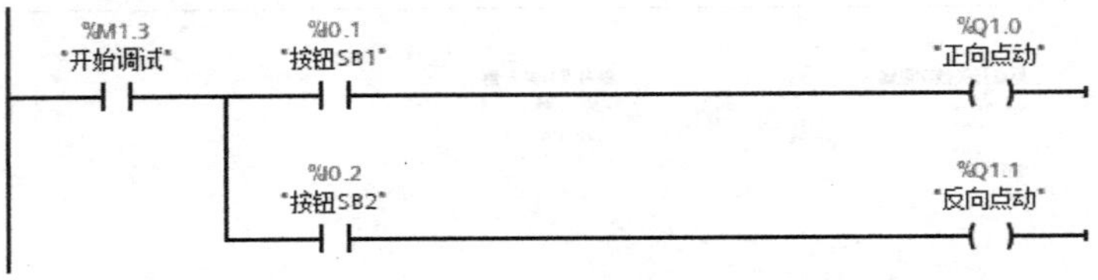

程序段 4： 开始调试2

切换选择开关SA1，SA1接通时，伺服电动机的速度应为4mm/s；SA1断开时，伺服电动机的速度应为12mm/s

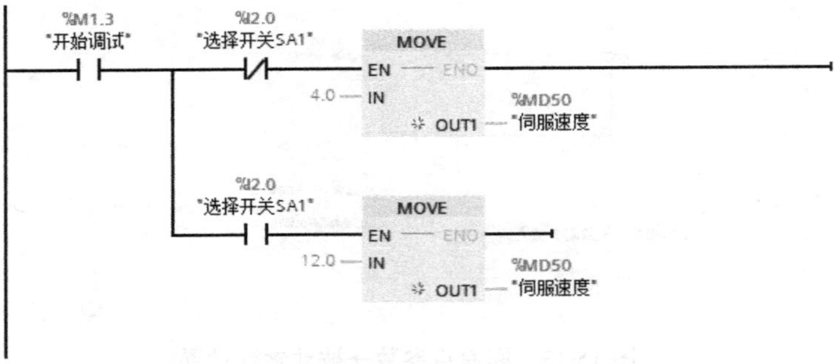

程序段 5： 开始调试3

在按下按钮SB1或SB2实现点动运转时，应允许切换选择开关SA1，改变当前运转速度

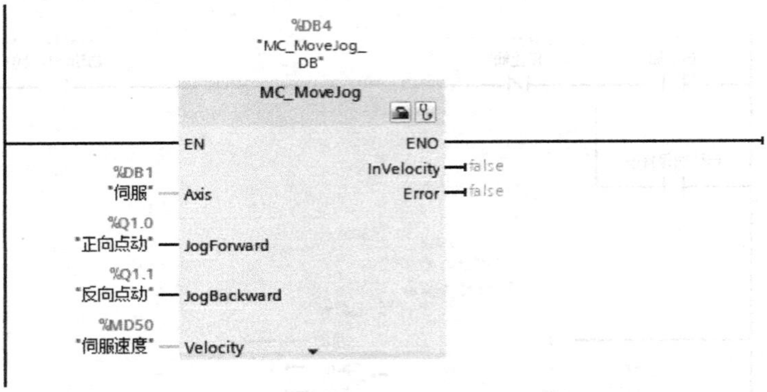

程序段 6： 开始调试3

在调试过程中，按下按钮SB3后，伺服电动机自动回到原点检测开关SQ3处，电动机M1调试结束

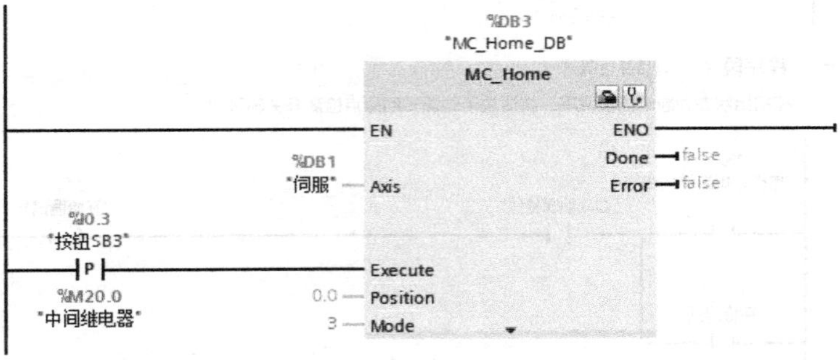

图 15.14　伺服电动机运动控制 PLC 梯形图（续）

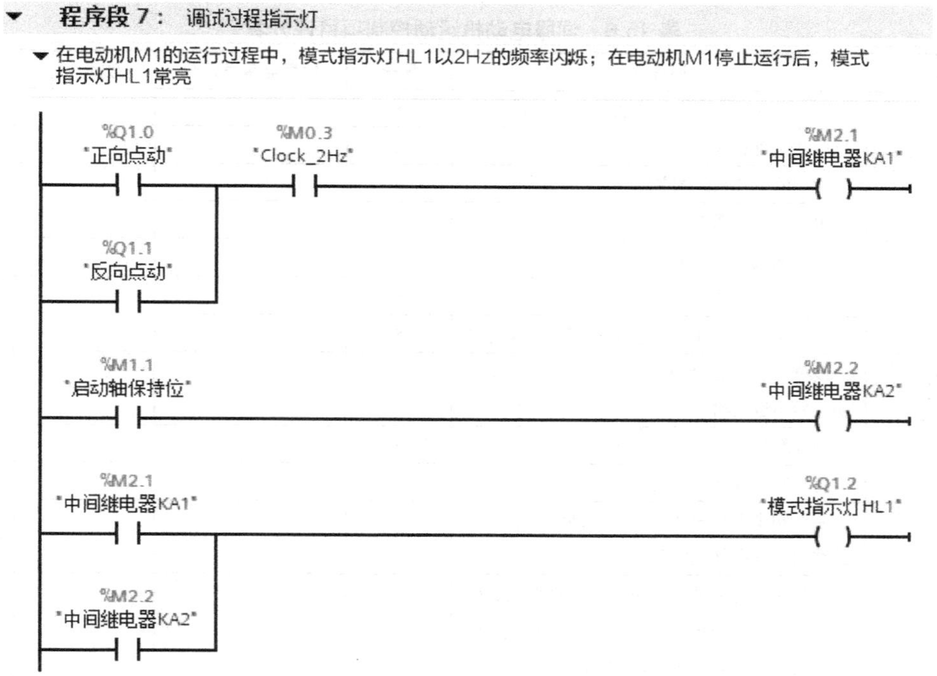

图 15.14 伺服电动机运动控制 PLC 梯形图（续）

4. 调试运行

下载程序，并按以下步骤进行调试：

（1）在初始状态为断电的情况下，将滑块手动调节回原点检测开关 SQ3 处，按下按钮 SB1，电动机正向点动运转；按下按钮 SB2，电动机反向点动运转。

（2）切换选择开关 SA1，SA1 接通时，伺服电动机的速度应为 4mm/s；SA1 断开时，伺服电动机的速度应为 12mm/s。

（3）在按下按钮 SB1 或 SB2 实现点动运转时，应允许切换选择开关 SA1，改变当前运转速度。

（4）在调试过程中，按下按钮 SB3 后，伺服电动机自动回到原点检测开关 SQ3 处，电动机 M1 调试结束。

（5）在电动机 M1 的运行过程中，模式指示灯 HL1 以 2Hz 的频率闪烁；在电动机 M1 停止运行后，模式指示灯 HL1 常亮。

如果调试时，你的系统出现以上现象，恭喜你完成了任务；如果调试时，你的系统没有出现以上现象，请你和组员一起分析原因，并把系统调试成功。

5. 考核评分

完成任务后，由质量监督员和教师分别进行任务评价，并填写表 15.6。

表 15.6　伺服电动机运动控制项目评分表

项目	评分点	配分	质量监督员评分	教师评分	备注
控制系统电路设计	伺服电动机驱动电路接线图设计正确	5			
	导线颜色和线号标注正确	2			
	绘制的电气系统图美观	3			
	电气元件的图形符号符合标准	5			
控制系统电路布置、连接工艺与调试	低压电气元件安装布局合理	5			
	电气元件安装牢固	5			
	接线头工艺美观、牢固，且无露铜过长现象	5			
	线槽工艺规范，所有连接线垂直进线槽，无明显斜向进线槽	5			
	导线颜色正确，线径选择正确	3			
	整体布线规范、美观	5			
控制功能实现	系统初步上电安全检查，上电后，初步检测的结果为各电气元件正常工作	2			
	在初始状态为断电的情况下，将滑块手动调节回原点检测开关 SQ3 处，按下按钮 SB1，电动机正向点动运转；按下按钮 SB2，电动机反向点动运转	5			
	切换选择开关 SA1，SA1 接通时，电动机的速度为 4mm/s；SA1 断开时，电动机的速度应为 12mm/s	10			
	在调试过程中，按下按钮 SB3 后，伺服电动机自动回到原点检测开关 SQ3 处	4			
	在电动机的运行过程中，模式指示灯 HL1 以 2Hz 的频率闪烁；在电动机 M1 停止运行后，模式指示灯 HL1 常亮	6			
职业素养	小组成员间沟通顺畅	3			
	小组有决策计划	5			
	小组内部各岗位分工明确	2			
	安装完成后，工位无垃圾	5			
	职业操守好，完工后，工具和配件摆放整齐	5			
安全事项	在安装过程中，无损坏元器件及人身伤害现象	5			
	在通电调试过程中，无短路现象	5			
评分合计					

15.5　实训工单

请你和组员一起按照所扮演的岗位角色，填写好如下实训工单。

项目 15　实训工单（1）

<table>
<tr><td>项目名称</td><td colspan="5">伺服电动机运动控制</td></tr>
<tr><td>派工岗位</td><td>技术员（硬件）</td><td>施工地点</td><td></td><td>施工时间</td><td></td></tr>
<tr><td>学生姓名</td><td></td><td>班级</td><td></td><td>学号</td><td></td></tr>
<tr><td>班组名称</td><td>电气施工____组</td><td>同组成员</td><td colspan="3"></td></tr>
<tr><td>实训目标</td><td colspan="5">（1）能设计出伺服电动机运动 PLC 控制的电气系统图。
（2）能用 TIA 博途软件编写及调试伺服电动机运动控制 PLC 程序。
（3）能实现伺服电动机运动的 PLC 控制。
（4）能排除程序调试过程中出现的故障</td></tr>
<tr><td colspan="6">一、项目控制要求</td></tr>
<tr><td colspan="6">（1）在初始状态为断电的情况下，将滑块手动调节回原点检测开关 SQ3 处，按下按钮 SB1，电动机正向点动运转；按下按钮 SB2，电动机反向点动运转。
（2）切换选择开关 SA1，SA1 接通时，伺服电动机的速度应为 4mm/s；SA1 断开时，伺服电动机的速度应为 12mm/s。
（3）在按下按钮 SB1 或 SB2 实现点动运转时，应允许切换选择开关 SA1，改变当前运转速度。
（4）在调试过程中，按下按钮 SB3 后，伺服电动机自动回到原点检测开关 SQ3 处，电动机 M1 调试结束。
（5）在电动机 M1 的运行过程中，模式指示灯 HL1 以 2Hz 的频率闪烁；在电动机 M1 停止运行后，模式指示灯 HL1 常亮</td></tr>
<tr><td colspan="6">二、接受岗位任务</td></tr>
<tr><td colspan="6">（1）在实训工单上画出伺服电动机运动控制 I/O 分配表。
（2）使用绘图工具或软件绘制伺服电动机驱动电路接线图。
（3）安装元器件，完成电路的接线。
（4）与负责软件部分的技术员一起完成项目的调试。
（5）场地 6S 整理</td></tr>
<tr><td colspan="6">三、任务准备</td></tr>
<tr><td colspan="6">（1）实施平台：TIA 博途软件 V15.1、编程计算机、安装了西门子 S7-1200 系列 PLC 的实训台或实训单元等。
（2）穿戴设施：绝缘鞋、安全帽、工作服等。
（3）常用工具：电工钳、斜口钳、剥线钳、压线钳、一字螺丝刀、十字螺丝刀、万用表、多股铜芯线（BV-0.75）、冷压头、安装板、线槽、空气开关、按钮、热继电器、交流接触器等。
（4）技术材料：工作计划表、PLC 编程手册、相关电气安装标准手册等</td></tr>
<tr><td colspan="6">四、实施过程</td></tr>
<tr><td colspan="6">（1）画出 I/O 分配表。</td></tr>
</table>

续表

（2）绘制伺服电动机驱动电路接线图。 （3）展示电路接线完工图。 （4）展示系统调试成功效果图。

续表

五、遇到的问题及其解决措施	
遇到的问题： 解决措施：	
六、收获与反思	
收获： 反思：	
七、综合评分	

项目 15 实训工单（2）

<table>
<tr><td>项目名称</td><td colspan="5">伺服电动机运动控制</td></tr>
<tr><td>派工岗位</td><td>技术员（软件）</td><td>施工地点</td><td></td><td>施工时间</td><td></td></tr>
<tr><td>学生姓名</td><td></td><td>班级</td><td></td><td>学号</td><td></td></tr>
<tr><td>班组名称</td><td>电气施工____组</td><td>同组成员</td><td colspan="3"></td></tr>
<tr><td>实训目标</td><td colspan="5">（1）能设计出伺服电动机运动 PLC 控制的电气系统图。
（2）能用 TIA 博途软件编写及调试伺服电动机运动控制 PLC 程序。
（3）能实现伺服电动机运动的 PLC 控制。
（4）能排除程序调试过程中出现的故障</td></tr>
<tr><td colspan="6">一、项目控制要求</td></tr>
<tr><td colspan="6">（1）在初始状态为断电的情况下，将滑块手动调节回原点检测开关 SQ3 处，按下按钮 SB1，电动机正向点动运转；按下按钮 SB2，电动机反向点动运转。
（2）切换选择开关 SA1，SA1 接通时，伺服电动机的速度应为 4mm/s；SA1 断开时，伺服电动机的速度应为 12mm/s。
（3）在按下按钮 SB1 或 SB2 实现点动运转时，应允许切换选择开关 SA1，改变当前运转速度。
（4）在调试过程中，按下按钮 SB3 后，伺服电动机自动回到原点检测开关 SQ3 处，电动机 M1 调试结束。
（5）在电动机 M1 的运行过程中，模式指示灯 HL1 以 2Hz 的频率闪烁；在电动机 M1 停止运行后，模式指示灯 HL1 常亮</td></tr>
<tr><td colspan="6">二、接受岗位任务</td></tr>
<tr><td colspan="6">（1）在 TIA 博途软件中，对 PLC 变量进行定义，建立、组态 PLC 工艺对象（轴）。
（2）编写伺服电动机运动控制 PLC 程序。
（3）下载程序，与负责硬件部分的技术员一起完成项目的调试。
（4）场地 6S 整理</td></tr>
<tr><td colspan="6">三、任务准备</td></tr>
<tr><td colspan="6">（1）实施平台：TIA 博途软件 V15.1、编程计算机、安装了西门子 S7-1200 系列 PLC 的实训台或实训单元等。
（2）穿戴设施：绝缘鞋、安全帽、工作服等。
（3）常用工具：电工钳、斜口钳、剥线钳、压线钳、一字螺丝刀、十字螺丝刀、万用表、多股铜芯线（BV-0.75）、冷压头、安装板、线槽、空气开关、按钮、热继电器、交流接触器等。
（4）技术材料：工作计划表、PLC 编程手册、相关电气安装标准手册等</td></tr>
<tr><td colspan="6">四、实施过程</td></tr>
<tr><td colspan="6">（1）对 PLC 变量进行定义，建立、组态 PLC 工艺对象（轴）。

（2）编写 PLC 程序。

</td></tr>
</table>

续表

（3）展示程序调试成功效果图。	
五、遇到的问题及其解决措施	
遇到的问题： 解决措施：	
六、收获与反思	
收获： 反思：	
七、综合评分	

项目 15　实训工单（3）

<table>
<tr><td>项目名称</td><td colspan="5">伺服电动机运动控制</td></tr>
<tr><td>派工岗位</td><td>工艺员</td><td>施工地点</td><td></td><td>施工时间</td><td></td></tr>
<tr><td>学生姓名</td><td></td><td>班级</td><td></td><td>学号</td><td></td></tr>
<tr><td>班组名称</td><td>电气施工____组</td><td>同组成员</td><td colspan="3"></td></tr>
<tr><td>实训目标</td><td colspan="5">（1）能设计出伺服电动机运动 PLC 控制的电气系统图。
（2）能用 TIA 博途软件编写及调试伺服电动机运动控制 PLC 程序。
（3）能实现伺服电动机运动的 PLC 控制。
（4）能排除程序调试过程中出现的故障</td></tr>
<tr><td colspan="6">一、项目控制要求</td></tr>
<tr><td colspan="6">（1）在初始状态为断电的情况下，将滑块手动调节回原点检测开关 SQ3 处，按下按钮 SB1，电动机正向点动运转；按下按钮 SB2，电动机反向点动运转。
（2）切换选择开关 SA1，SA1 接通时，伺服电动机的速度应为 4mm/s；SA1 断开时，伺服电动机的速度应为 12mm/s。
（3）在按下按钮 SB1 或 SB2 实现点动运转时，应允许切换选择开关 SA1，改变当前运转速度。
（4）在调试过程中，按下按钮 SB3 后，伺服电动机自动回到原点检测开关 SQ3 处，电动机 M1 调试结束。
（5）在电动机 M1 的运行过程中，模式指示灯 HL1 以 2Hz 的频率闪烁；在电动机 M1 停止运行后，模式指示灯 HL1 常亮</td></tr>
<tr><td colspan="6">二、接受岗位任务</td></tr>
<tr><td colspan="6">（1）依据项目控制要求撰写小组决策计划。
（2）编写项目调试工艺流程。
（3）与负责硬件部分的技术员一起完成低压电气设备的选型。
（4）解决现场工艺问题，负责施工过程中工艺问题的预防与纠偏。
（5）场地 6S 整理</td></tr>
<tr><td colspan="6">三、任务准备</td></tr>
<tr><td colspan="6">（1）实施平台：TIA 博途软件 V15.1、编程计算机、安装了西门子 S7-1200 系列 PLC 的实训台或实训单元等。
（2）穿戴设施：绝缘鞋、安全帽、工作服等。
（3）常用工具：电工钳、斜口钳、剥线钳、压线钳、一字螺丝刀、十字螺丝刀、万用表、多股铜芯线（BV-0.75）、冷压头、安装板、线槽、空气开关、按钮、热继电器、交流接触器等。
（4）技术材料：工作计划表、PLC 编程手册、相关电气安装标准手册等</td></tr>
<tr><td colspan="6">四、实施过程</td></tr>
<tr><td colspan="6">（1）撰写小组决策计划。

（2）编写项目调试工艺流程。

</td></tr>
</table>

续表

（3）完成低压电气设备的选型。   （4）总结施工过程中工艺问题的预防与纠偏情况。
五、遇到的问题及其解决措施
遇到的问题：   解决措施：
六、收获与反思
收获：   反思：

七、综合评分	

项目 15　实训工单（4）

项目名称	伺服电动机运动控制				
派工岗位	质量监督员	施工地点		施工时间	
学生姓名		班级		学号	
班组名称	电气施工____组	同组成员			
实训目标	（1）能设计出伺服电动机运动 PLC 控制的电气系统图。 （2）能用 TIA 博途软件编写及调试伺服电动机运动控制 PLC 程序。 （3）能实现伺服电动机运动的 PLC 控制。 （4）能排除程序调试过程中出现的故障				
一、项目控制要求					
（1）在初始状态为断电的情况下，将滑块手动调节回原点检测开关 SQ3 处，按下按钮 SB1，电动机正向点动运转；按下按钮 SB2，电动机反向点动运转。 （2）切换选择开关 SA1，SA1 接通时，伺服电动机的速度应为 4mm/s；SA1 断开时，伺服电动机的速度应为 12mm/s。 （3）在按下按钮 SB1 或 SB2 实现点动运转时，应允许切换选择开关 SA1，改变当前运转速度。 （4）在调试过程中，按下按钮 SB3 后，伺服电动机自动回到原点检测开关 SQ3 处，电动机 M1 调试结束。 （5）在电动机 M1 的运行过程中，模式指示灯 HL1 以 2Hz 的频率闪烁；在电动机 M1 停止运行后，模式指示灯 HL1 常亮					
二、接受岗位任务					
（1）监督项目施工过程中各岗位的爱岗敬业情况。 （2）监督各岗位工作完成质量的达标情况。 （3）完成项目评分表的填写。 （4）总结所监督对象的工作过程情况，完成质量报告的撰写。 （5）场地 6S 检查					
三、任务准备					
（1）实施平台：TIA 博途软件 V15.1、编程计算机、安装了西门子 S7-1200 系列 PLC 的实训台或实训单元等。 （2）穿戴设施：绝缘鞋、安全帽、工作服等。 （3）常用工具：电工钳、斜口钳、剥线钳、压线钳、一字螺丝刀、十字螺丝刀、万用表、多股铜芯线（BV-0.75）、冷压头、安装板、线槽、空气开关、按钮、热继电器、交流接触器等。 （4）技术材料：工作计划表、PLC 编程手册、相关电气安装标准手册等					
四、实施过程					
（1）监督项目施工过程中各岗位的爱岗敬业情况。 （2）监督各岗位工作完成质量的达标情况。 （3）负责场地 6S 检查。					

续表

（4）完成项目评分表的评分。
（5）总结所监督对象的工作过程情况，简要撰写质量报告。
五、遇到的问题及其解决措施
遇到的问题： 解决措施：
六、收获与反思
收获： 反思：

七、综合评分	

项目 16　G120 变频器的电动机控制

知识目标

（1）熟悉 G120 变频器的基本应用。

（2）掌握 PLC 和 G120 变频器的以太网通信程序设计的基本方法。

（3）掌握 G120 变频器的电动机控制中的调试方法与故障排除方法。

能力目标

（1）能用 G120 变频器面板设置相关参数。

（2）能用 TIA 博途软件编写及调试 G120 变频器的电动机控制 PLC 程序。

（3）能达到 G120 变频器的电动机控制要求。

（4）能排除程序调试过程中出现的故障。

素质目标

（1）激发学生在学习过程中的自主探究意识。

（2）培养学生按国家标准或行业标准从事专业技术活动的职业习惯。

（3）提升学生综合运用专业知识的能力，培养学生精益求精的工匠精神。

（4）提升学生的团队协作能力和沟通能力。

16.1　项目导入

变频器是应用变频技术与微电子技术，通过改变电动机工作电源的频率来更好地控制交流电动机的电力控制设备，以便改进过程控制、节能和减少系统维护等。变频器主要由整流器（交流变直流）、滤波器、逆变器（直流变交流）、制动单元、驱动单元、检测单元、微处理单元等组成。

常见的西门子变频器有 MicroMaster MM4 系列、SINAMICS G120 系列等。G120 变频器因具有简洁的操作面板、良好的控制性能、优化的集成保护功能、完善的冷却系统和强大的通信功能，在自动控制领域得到了广泛应用。本项目基于 S7-1200 PLC 控制 G120 变频器，实现对异步电动机的基本控制。请你和组员一起使用 S7-1200 PLC 编写程序，以实现电动机的启停、正反转和调速控制。具体控制要求如下：

（1）PLC 通过 PROFINET 控制 G120 变频器。

（2）利用 G120 变频器实现对电动机启停和转向的控制。

16.2 项目分析

本项目需要用到 S7-1200 PLC 和 G120 变频器，两者之间采用以太网通信，由于各设备均自带一个以太网接口，因此需要用到一台小型交换机构建一个小型局域网，以实现 PLC、变频器和装有 TIA 博途软件的个人计算机（PC）三者之间的通信，小型局域网的拓扑图如图 16.1 所示。根据项目的控制要求，需要完成以下操作和设计：

（1）通过变频器面板将电动机的控制信息和额定参数设置到 G120 变频器中，实现 G120 变频器对电动机的基本控制。

（2）通过 S7-1200 PLC 与 G120 变频器之间的以太网通信，由 S7-1200 PLC 控制 G120 变频器的运行。

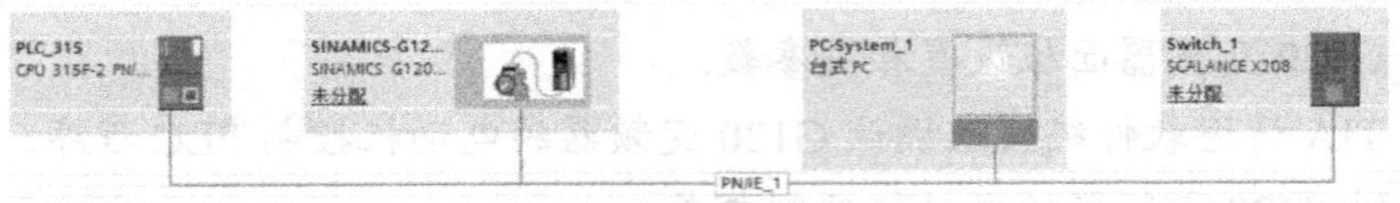

图 16.1　小型局域网的拓扑图

16.3 相关知识

1. G120 变频器的面板操作

G120 变频器及智能操作面板（IOP）的布局如图 16.2 所示。

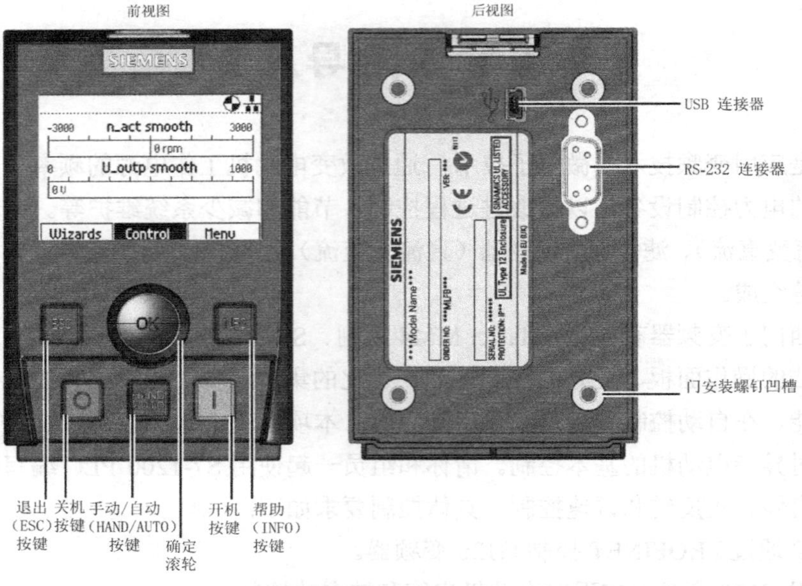

图 16.2　G120 变频器及智能操作面板（IOP）的布局

IOP 操作使用一个滚轮（确定滚轮）和五个附加按键。滚轮和按键的具体功能如表 16.1 所示。

表 16.1　滚轮和按键的具体功能

滚轮和按键	功能
	滚轮具有以下功能： ● 在菜单中，通过旋转滚轮改变选择。 ● 当选择突出显示时，按压滚轮确认选择。 ● 当编辑一个参数时，旋转滚轮改变显示值：顺时针旋转为增加显示值，逆时针旋转为减小显示值。 ● 当编辑参数或搜索值时，可以选择编辑单个数字或整个值。 长按滚轮（超过 3s），在两个不同的编辑模式之间切换
	开机按键具有以下功能： ● 在 AUTO（自动）模式下，屏幕为信息屏幕，说明该命令源的状态为 AUTO，可通过手动/自动（HAND/AUTO）按键来改变。 ● 在 HAND（手动）模式下启动变频器，变频器图标开始转动。 注意： 对于固件版本低于 4.0 的控制单元，变频器在 AUTO 模式下运行时，无法选择 HAND 模式，除非变频器停止运行。 对于固件版本为 4.0 或版本更高的控制单元，变频器在 AUTO 模式下运行时，可以选择 HAND 模式，电动机将继续以最后选择的设定速度运行。 如果变频器在 HAND 模式下运行，则当切换至 AUTO 模式时，电动机停止运行
	关机按键具有以下功能： ● 如果按下的时间超过 3s，变频器将执行 OFF2 命令，电动机将停机。注意：在 3s 内按 2 次 OFF 键也将执行 OFF2 命令。 ● 如果按下的时间不超过 3s，变频器将执行以下操作： 在 AUTO 模式下，屏幕为信息屏幕，说明该命令源的状态为 AUTO，可使用 HAND/AUTO 按键来改变命令源的状态。变频器不会停止运行。 如果在 HAND 模式下，变频器执行 OFF1 命令，电动机将以参数设置为 P1121 的减速时间停机
	退出（ESC）按键具有以下功能： ● 如果按下的时间不超过 3s，则 IOP 返回上一页，或者如果正在编辑数值，则新数值不会被保存。 ● 如果按下的时间超过 3s，则 IOP 变回状态屏幕。 在参数编辑模式下使用 ESC 按键时，除非先按压滚轮，否则数据不能被保存
	帮助（INFO）按键具有以下功能： ● 显示当前选定项的额外信息。 ● 再次按下 INFO 按键会显示上一页。 ● 在 IOP 启动时按下 INFO 按键，会使 IOP 进入 DEMO（Demonstration，演示）模式。在重启 IOP 后，可使 IOP 退出 DEMO 模式
	HAND/AUTO 按键，切换 HAND 模式和 AUTO 模式下的命令源。 ● HAND 按键用于设置到 IOP 的命令源。 ● AUTO 按键用于设置到外部数据源的命令源，如现场总线

在 IOP 屏幕的右上角边缘显示着许多图标，用于表示变频器的各种状态或当前情况。常用图标的解释如表 16.2 所示。

表 16.2　常用图标的解释

功能	状态	符号	备注
命令源	自动（AUTO）		
	点动	JOG	点动功能激活时显示
	手动（HAND）		
变频器的状态	就绪		
	运行		在电动机运行时，图标旋转
故障未解决	故障		
报警未解决	报警		
保存至 RAM	激活		表示所存数据已经保存至 RAM。如果断电，数据将会丢失
PID 自动调整	激活		
休眠模式	激活		
写保护	激活		参数不可更改
专有技术保护	激活		参数不可浏览或更改
ESM	激活		基本服务模式

2．G120 变频器的参数设置

IOP 向导可以帮助用户设置公众功能和变频器参数。基本的调试步骤如下：

（1）在变频器上电完成后，旋转滚轮选中向导“Wizards”，确定后进入向导模式。

（2）从菜单中选择“Basic commissioning”选项。

（3）在弹出的界面中选择“YES”选项并按下推轮，在保存基本调试过程中所做的所有参数变更前恢复出厂设置。

（4）在“Control Mode”栏中选择“V/f Control with linear characteristic”选项并按下推轮。

（5）在变频器连接的电动机的正确数据“Motor Data”栏中选择“Europe 50Hz，kW”选项。该数据用于计算该应用的正确速度和显示值。

（6）感应电动机选择“Induction motor”。

（7）基准频率选择“50Hz”。

（8）选择“continue”。

（9）再次选择“continue”，然后根据铭牌输入电动机的相关参数。

（10）输入电动机的额定电压“380V”。

（11）输入电动机的额定电流“1.3A”。

（12）输入电动机的额定功率“0.55kW”。

（13）输入电动机的额定转速“1425rpm”（1425r/min）。

（14）电动机 ID 选择“Disabled”。

（15）选择“继续”。

（16）再次选择“继续”。

（17）进入宏界面设置参数，选择“Conveyor with Fieldbus”。

（18）输入最低速度“0rpm”（0r/min）。

（19）输入电动机的加速时间“5s”。

（20）输入电动机的减速时间“5s”。

（21）选择“continue”。

（22）选择“save”。

（23）经过一定时间的计算，按压滚轮继续，再选择“继续”，变频器的设置就完成了。

16.4　项目实施

1．岗位派工

为达到控制要求，本项目引入技术员、工艺员和质量监督员三个岗位。请各小组成员分别扮演其中一个岗位角色，并参与项目实施。各岗位工作任务如表 16.3 所示，请各岗位人员按要求完成任务，并在本项目的实训工单中做好记录。

表 16.3 各岗位工作任务

岗位名称	角色任务
技术员（硬件）	（1）在 G120 变频器上设置好参数。 （2）使用绘图工具或软件绘制主电路、控制电路的接线图。 （3）安装元器件，完成电路的接线。 （4）与负责软件部分的技术员一起完成项目的调试。 （5）场地 6S 整理
技术员（软件）	（1）在 TIA 博途软件中，对 PLC 变量进行定义。 （2）编写 G120 变频器的电动机控制 PLC 程序。 （3）下载程序，与负责硬件部分的技术员一起完成项目的调试。 （4）场地 6S 整理
工艺员	（1）依据项目控制要求撰写小组决策计划。 （2）编写项目调试工艺流程。 （3）与负责硬件部分的技术员一起完成低压电气设备的选型。 （4）解决现场工艺问题，负责施工过程中工艺问题的预防与纠偏。 （5）场地 6S 整理
质量监督员	（1）监督项目施工过程中各岗位的爱岗敬业情况。 （2）监督各岗位工作完成质量的达标情况。 （3）完成项目评分表的填写。 （4）总结所监督对象的工作过程情况，完成质量报告的撰写。 （5）场地 6S 检查

2．硬件电路设计与安装接线

1）G120 变频器外部电路接线图

本项目中的 G120 变频器外部电路接线采用 G120 变频器使用手册中的示例接法。G120 变频器外部电路接线图如图 16.3 所示。PLC 接线图此处不再赘述。

2）安装元器件，连接电路，设置 G120 变频器的参数

根据图 16.3 安装元器件并连接电路。PLC 外围接线按前期项目介绍的方法结合变频器的使用连接即可，每接完一个电路，都要对电路进行一次必要的检查，以免出现严重的损坏。重点可从主电路有无短路现象，控制电路中的 PLC 电源部分、输入端和输出端部分有无短路现象，各接触器的触点是否接错等方面进行检查。

检查完成后，按照 16.3 节中“G120 变频器的参数设置”顺序对 G120 变频器进行设置。

3．软件设计

1）PLC 变量的定义

根据控制要求，G120 变频器的电动机控制 PLC 变量表如图 16.4 所示。

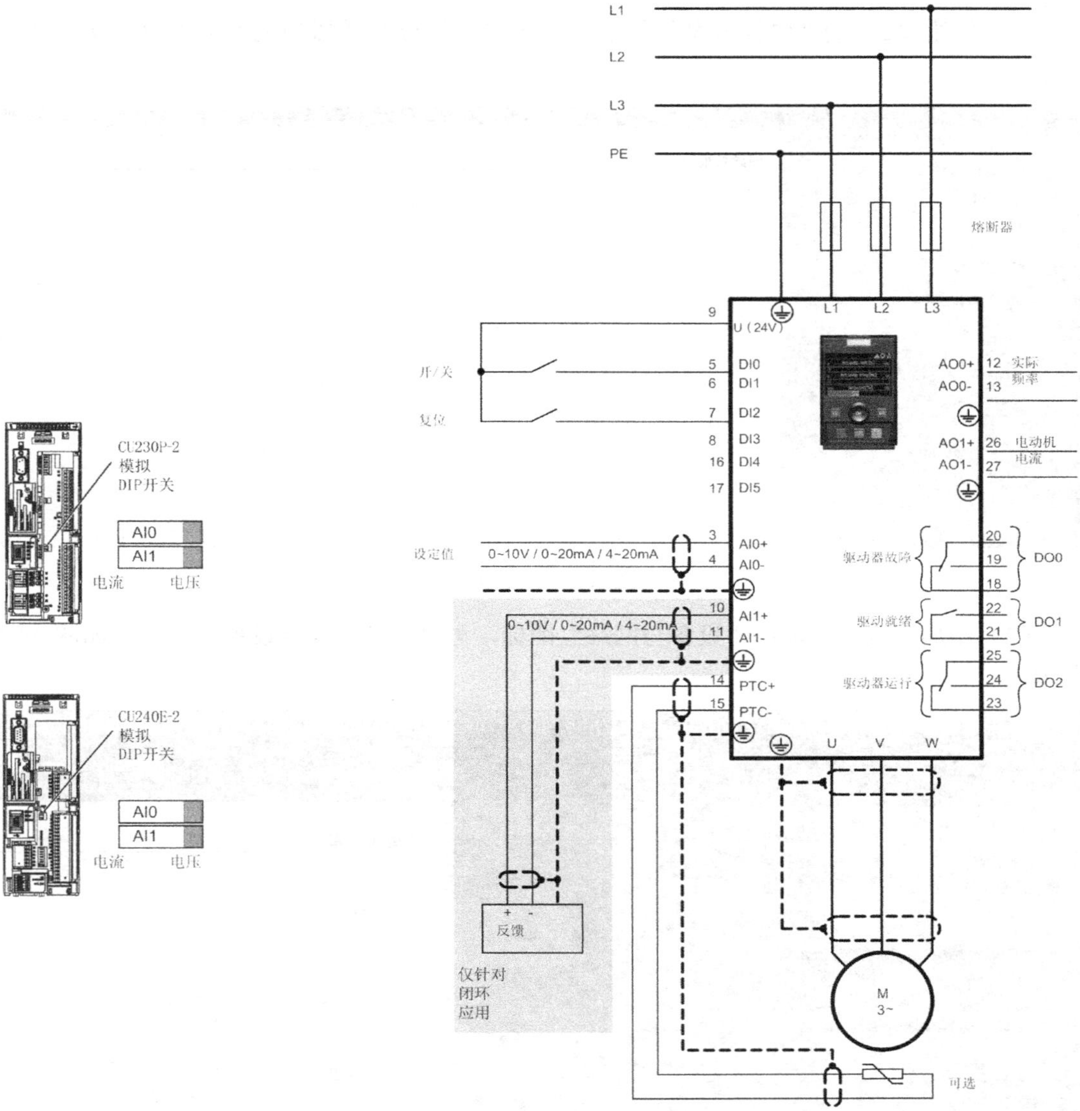

图 16.3　G120 变频器外部电路接线图

默认变量表

		名称	数据类型	地址	保持	可从 ...	从 H...	在 H...	注释
1		系统上电	Bool	%M10.0	☐	☑	☑	☑	
2		速度设定	Word	%MW100	☐	☑	☑	☑	
3		电动机的速度	Word	%QW62	☐	☑	☑	☑	
4		电动机控制	Word	%QW60	☐	☑	☑	☑	
5		变频器反馈速度	Word	%IW62	☐	☑	☑	☑	
6		停止信号	Bool	%M2.0	☐	☑	☑	☑	
7		正转信号	Bool	%M2.1	☐	☑	☑	☑	
8		反转信号	Bool	%M2.2	☐	☑	☑	☑	
9		主电路接触器	Bool	%Q0.0	☐	☑	☑	☑	

图 16.4　G120 变频器的电动机控制 PLC 变量表

2）硬件组态

（1）新建项目，将“项目名称”设置为“项目 16 G120 变频器的电动机控制”，如图 16.5 所示。

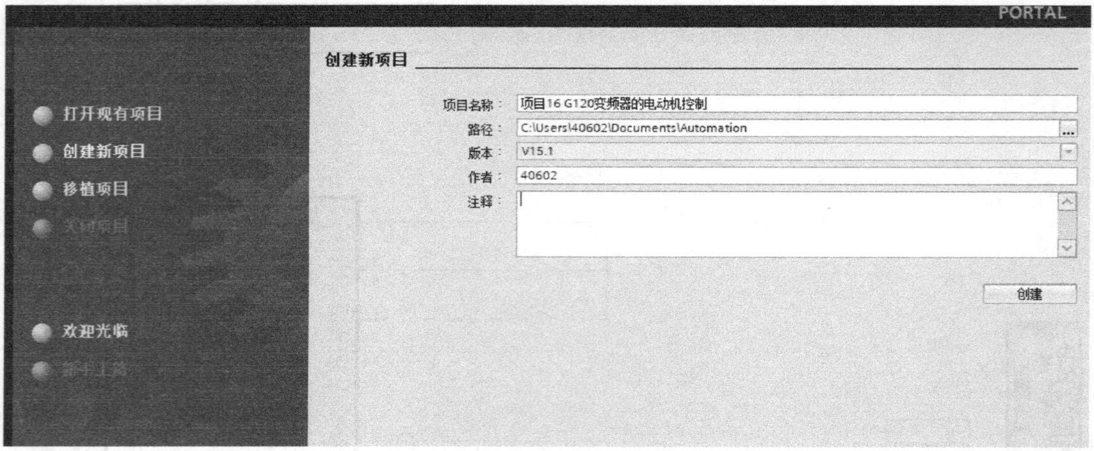

图 16.5　新建项目

（2）添加新设备，单击“设备与网络”图标，再单击“添加新设备”图标，如图 16.6 所示。

图 16.6　添加新设备

（3）添加 PLC，CPU 模块订货号选择“6ES7 214-1BG40-0XB0”，如图 16.7 所示。

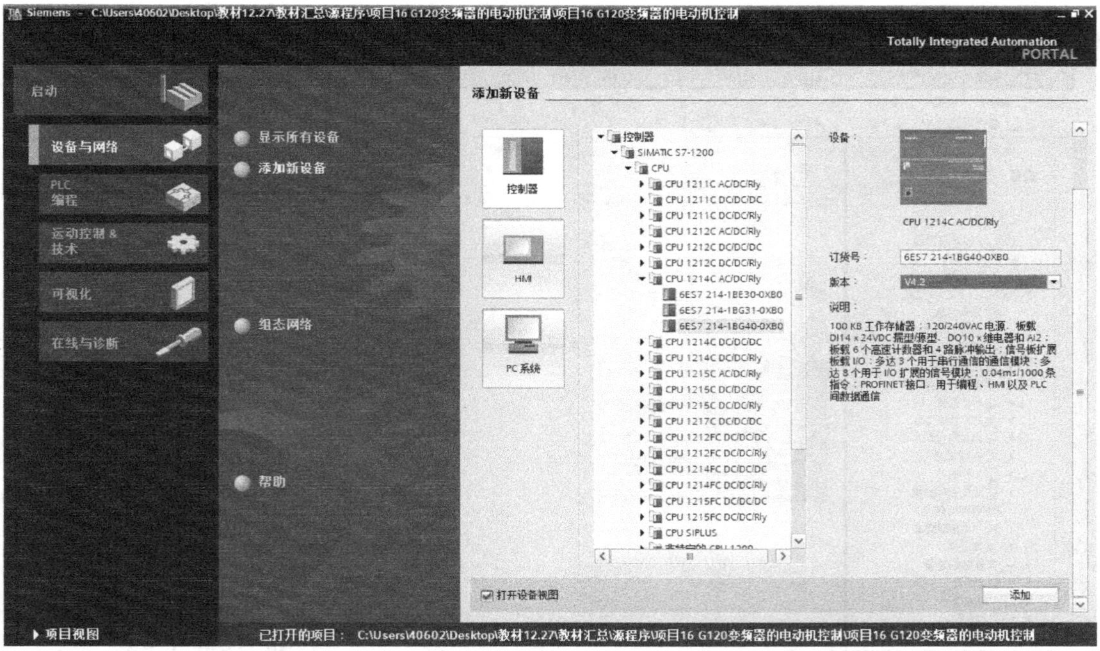

图 16.7　添加 PLC

（4）双击要添加的模拟量模块，订货号选择“6ES7 234-4HE32-0XB0”，如图 16.8 所示。

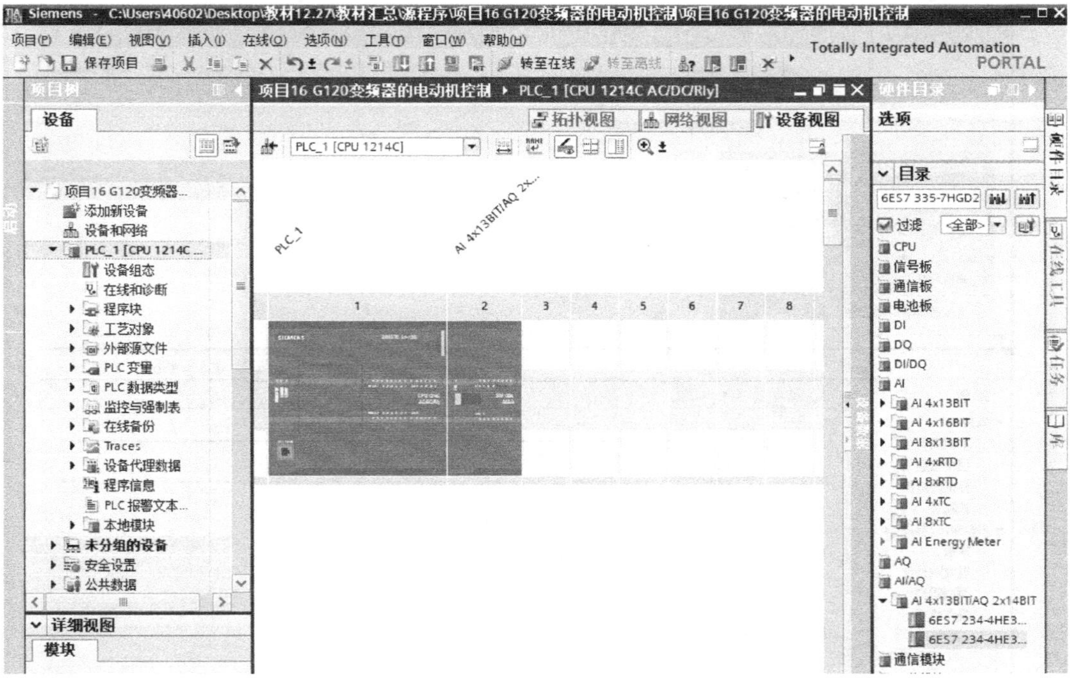

图 16.8　添加模拟量模块

（5）选择 CPU 模块，如图 16.9 所示，单击下部的“属性”选项卡。

（6）在“属性”选项卡中，将 PLC 的名称修改为“PLC1214”，如图 16.10 所示。

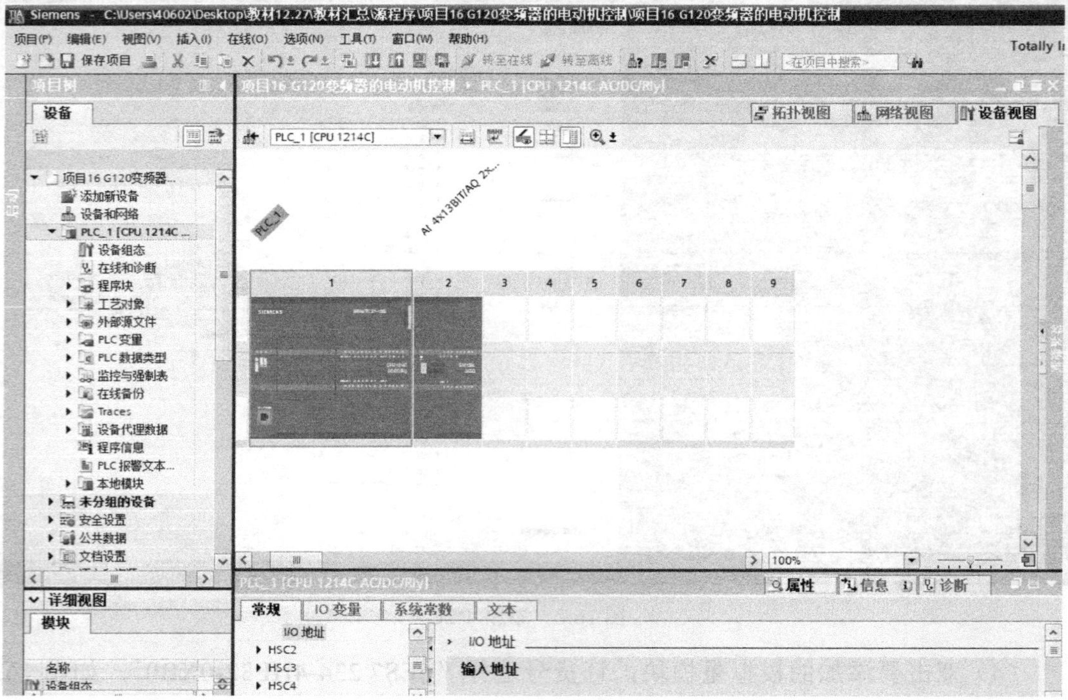

图 16.9　选择 CPU 模块

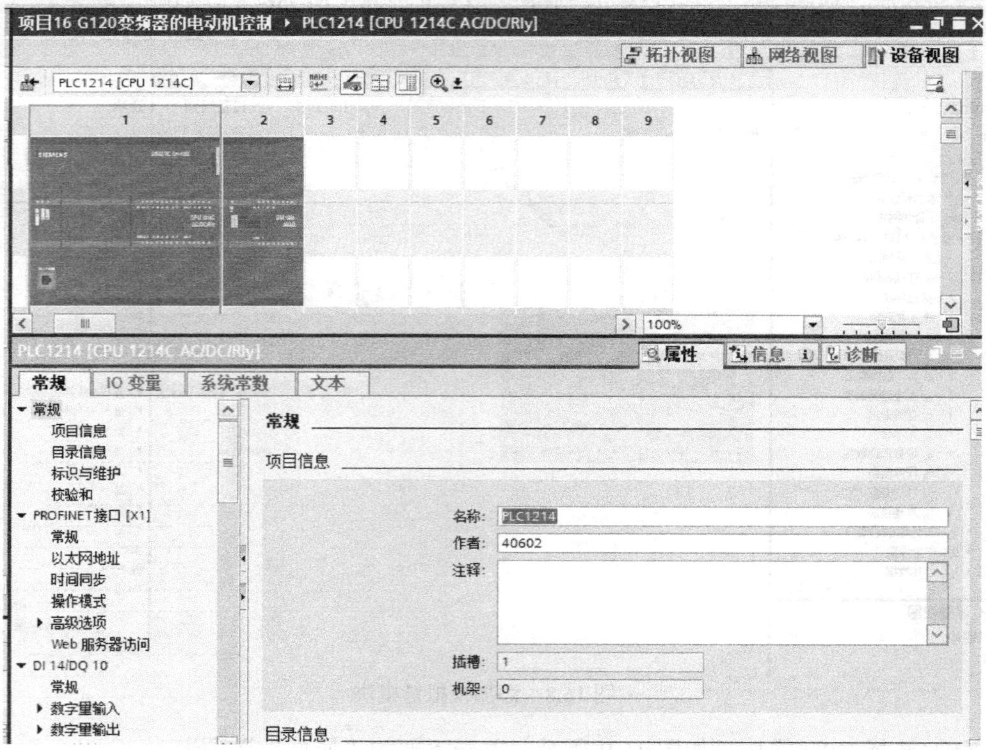

图 16.10　修改 PLC 的名称

（7）根据实际情况修改以太网地址，如图 16.11 所示。

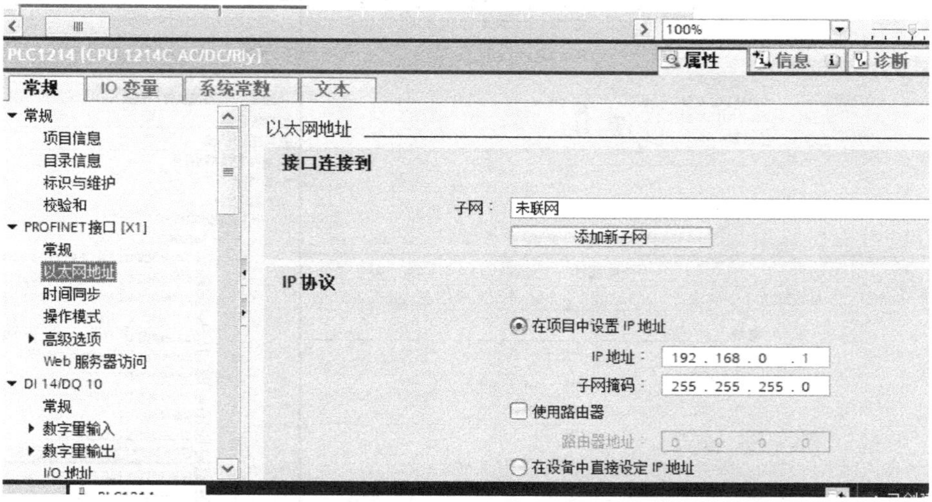

图 16.11　修改以太网地址

（8）添加变频器，单击上部的“网络视图”选项卡，在硬件目录中搜索 G120 变频器，订货号选择“6SL3244-0BB13-1FA0”，如图 16.12 所示。

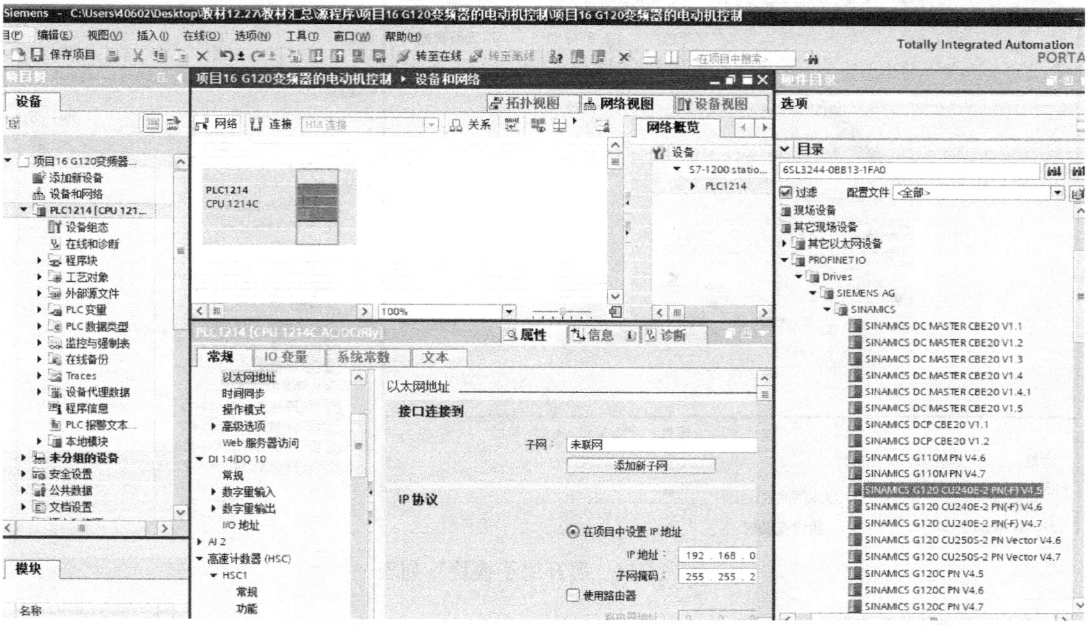

图 16.12　添加变频器

（9）选择变频器，单击“网络视图”选项卡，如图 16.13 所示。

（10）在“设备视图”中展开硬件目录中的“子模块”列表，如图 16.14 所示，双击“标准报文 1，PZD-2/2”。

图 16.13　设备视图

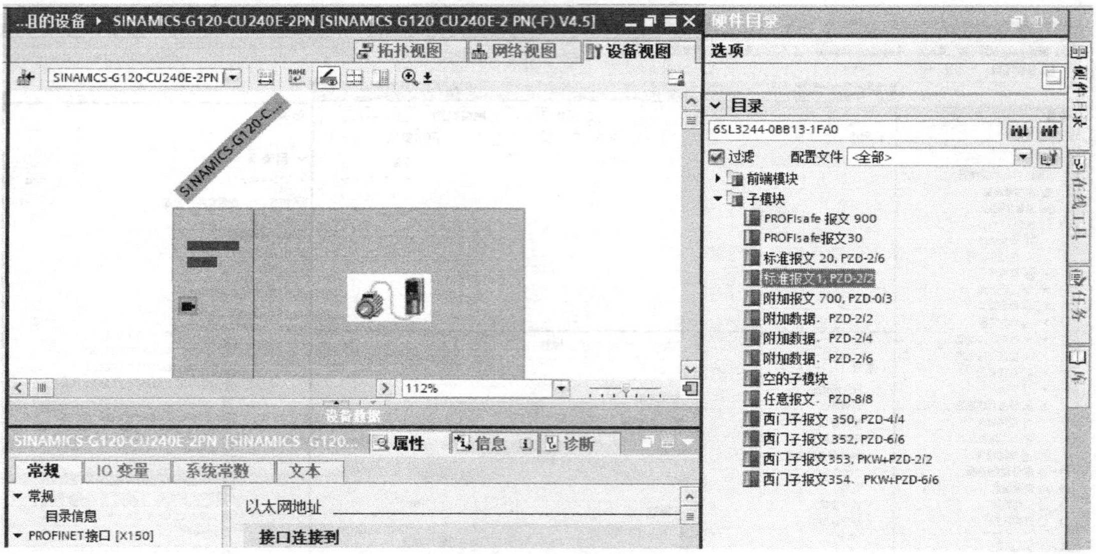

图 16.14　展开“子模块”列表

（11）选择变频器，如图 16.15 所示，单击下部的“属性”选项卡。

（12）在“属性”选项卡中，根据实际情况修改以太网地址，如图 16.16 所示。

（13）取消对“自动生成 PROFINET 设备名称”复选项的选择，将 PROFINET 设备名称修改为“变频器”，如图 16.17 所示。

（14）在上部的“设备视图”选项卡中选择“标准报文 1，PZD-2/2”选项，如图 16.18 所示，再单击下部的“属性”选项卡。

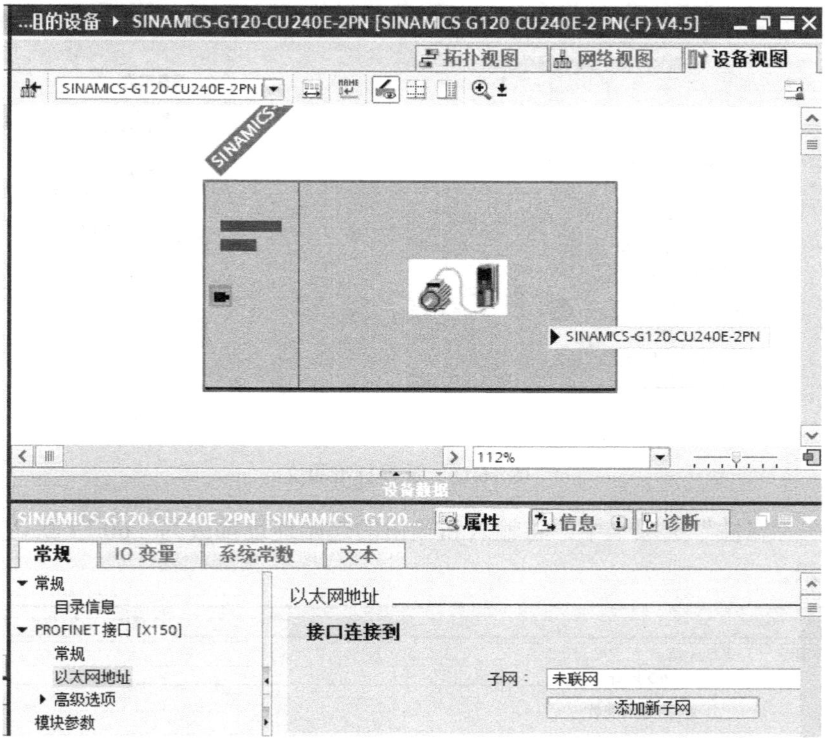

图 16.15　选择变频器

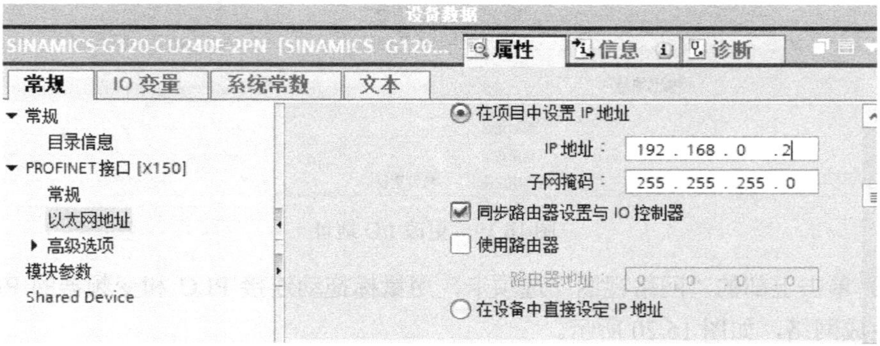

图 16.16　修改以太网地址

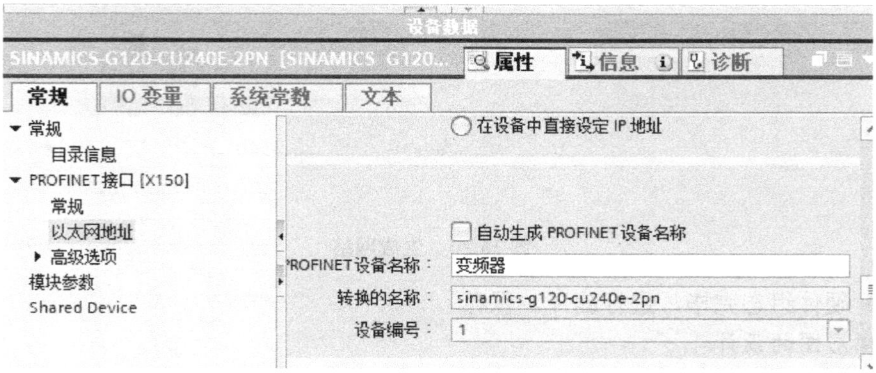

图 16.17　修改 PROFINET 设备名称

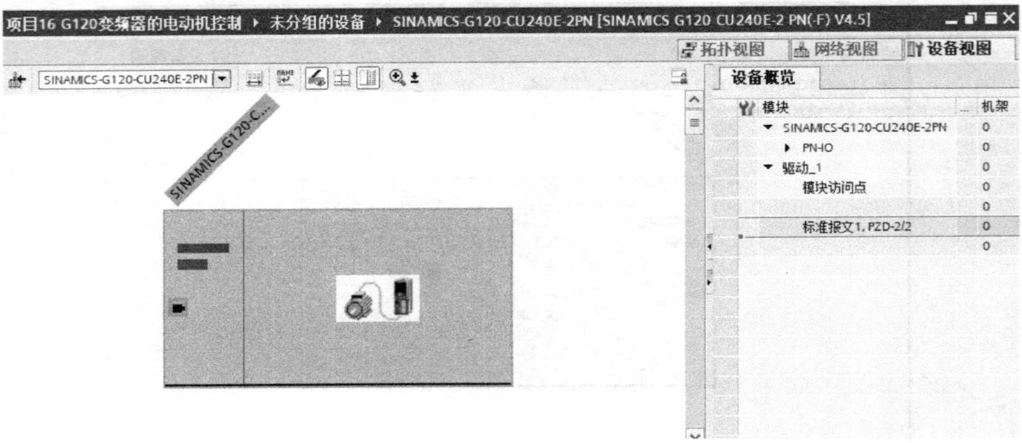

图 16.18　选择标准报文

（15）在“属性”选项卡中，将输入和输出的起始地址都改为“60”（默认为 256），如图 16.19 所示。

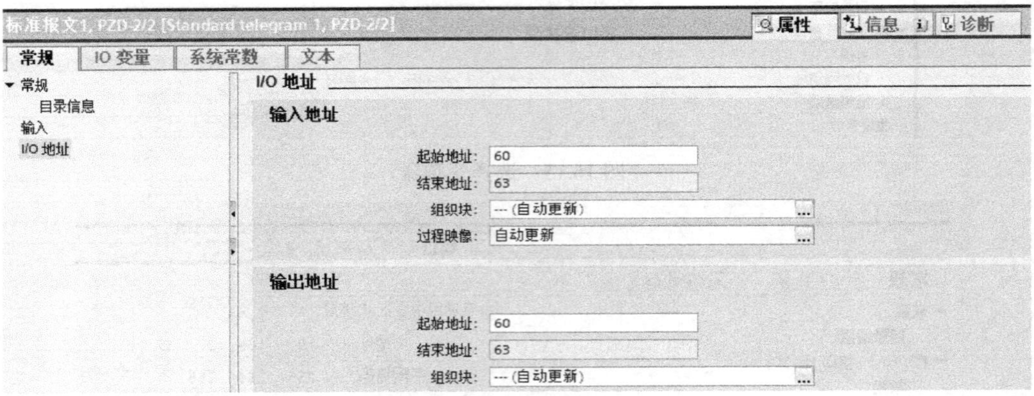

图 16.19　更改 I/O 地址

（16）单击上部的“网络视图”选项卡，用鼠标拖动连接 PLC 和变频器的 PROFINET 接口而生成网络，如图 16.20 所示。

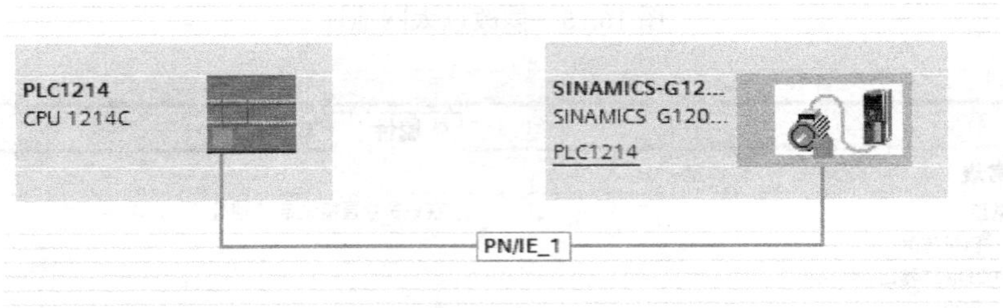

图 16.20　生成网络

（17）硬件组态完毕，进行编译、保存。

3）梯形图的设计

根据控制要求，编写 G120 变频器的电动机控制 PLC 梯形图，如图 16.21 所示。

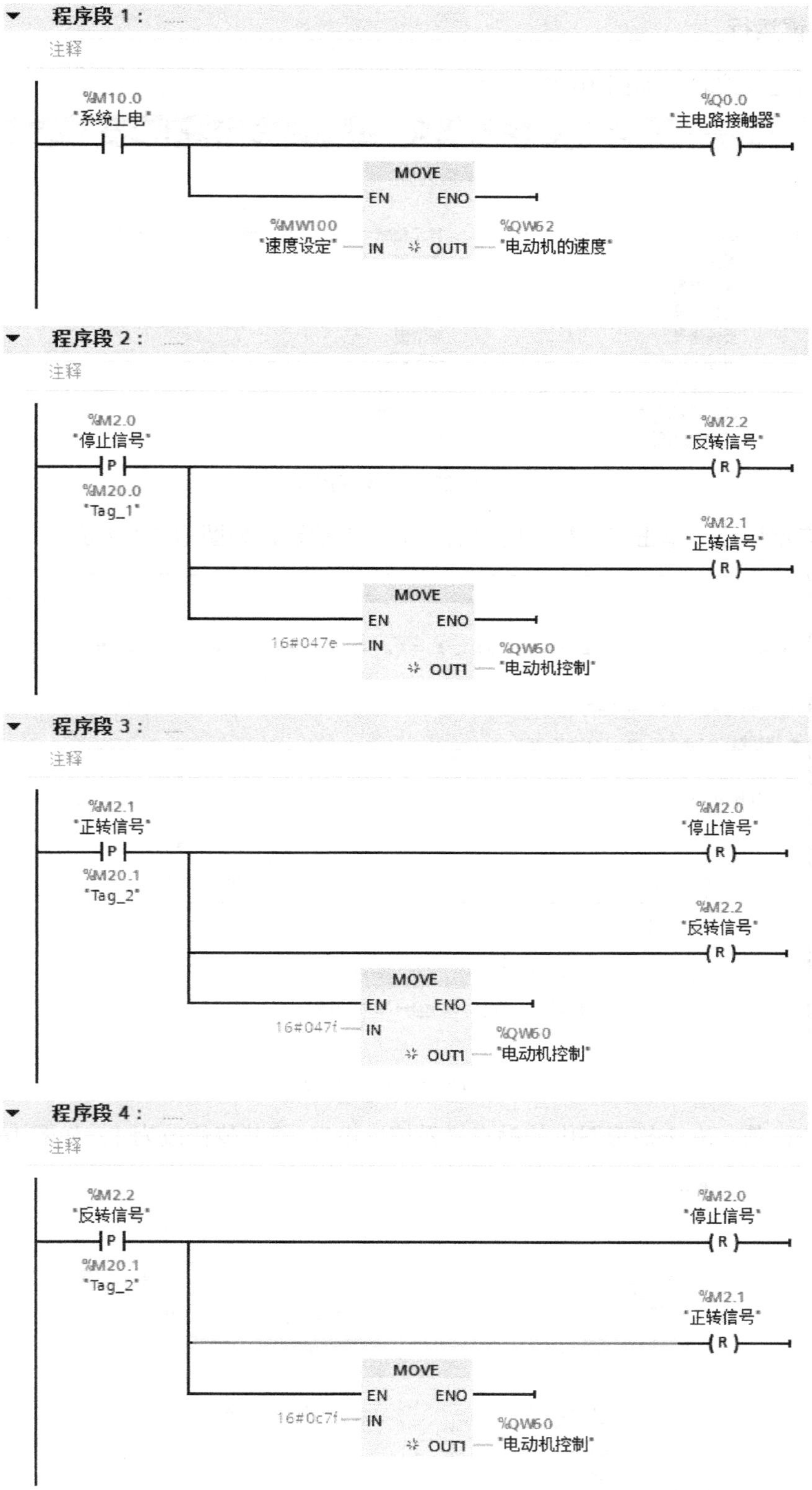

图 16.21　G120 变频器的电动机控制 PLC 梯形图

4. 调试运行

（1）新建监控表，如图 16.22 所示。

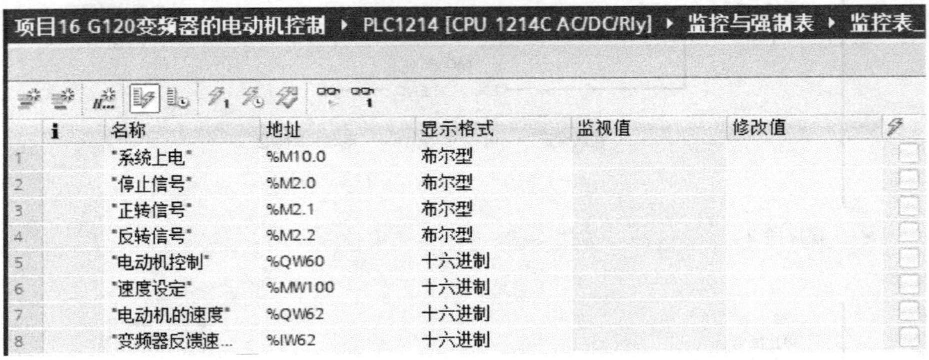

图 16.22　新建监控表

（2）启用监控，单击工具栏中的“启用监控”按钮，如图 16.23 所示。

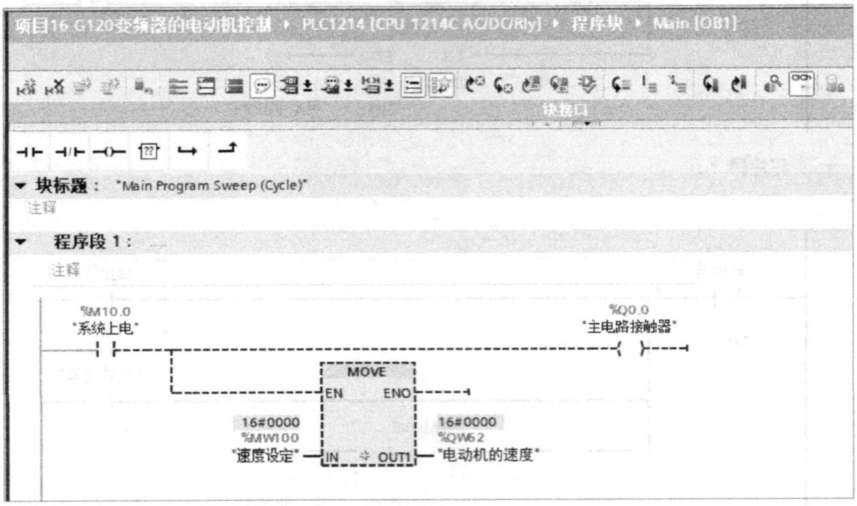

图 16.23　启用监控

（3）修改值，右击梯形图中的触点“系统上电”，将其值修改为 1，如图 16.24 所示。

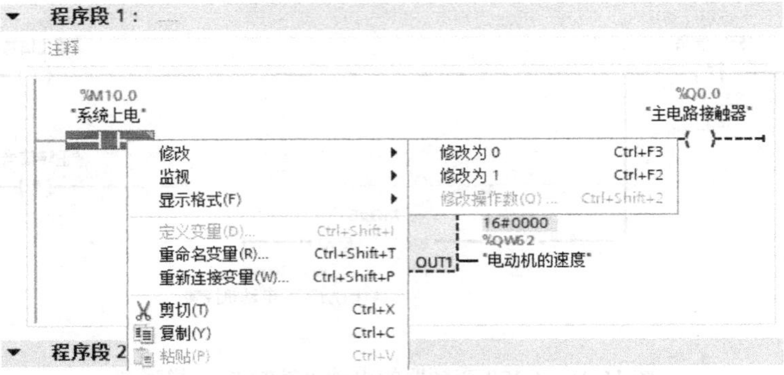

图 16.24　修改值

（4）赋值，将寄存器 MW100 的数据“16#4000”赋值给 QW62，如图 16.25 所示。此时变频器的频率为 50Hz。寄存器 QW62 的值决定变频器的频率，其中十六进制的 0 对应于变频器的 0Hz，十六进制的 4000 对应于变频器的 50Hz，线性相关。

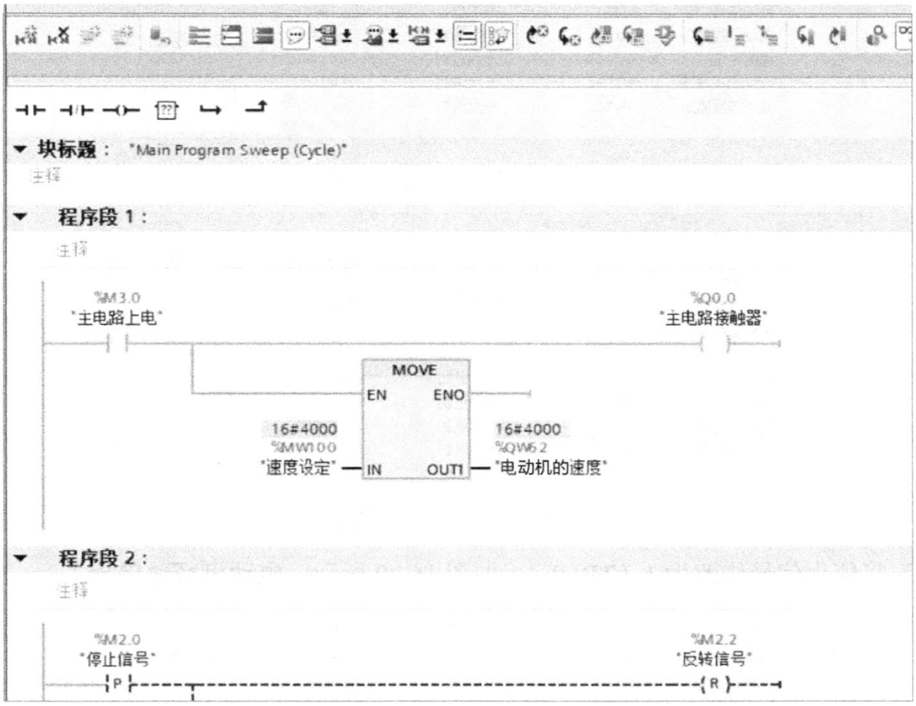

图 16.25　赋值

（5）监视并修改正转信号为 1（TRUE），电动机正向启动，如图 16.26 所示。

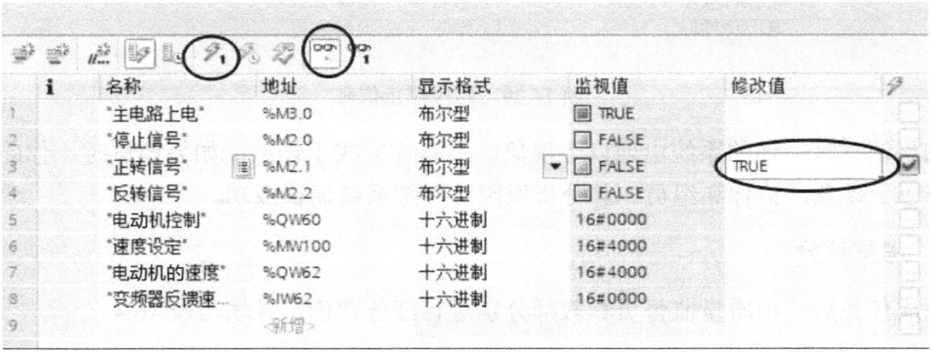

	i	名称	地址	显示格式	监视值	修改值
1		"主电路上电"	%M3.0	布尔型	TRUE	
2		"停止信号"	%M2.0	布尔型	FALSE	
3		"正转信号"	%M2.1	布尔型	FALSE	TRUE
4		"反转信号"	%M2.2	布尔型	FALSE	
5		"电动机控制"	%QW60	十六进制	16#0000	
6		"速度设定"	%MW100	十六进制	16#4000	
7		"电动机的速度"	%QW62	十六进制	16#4000	
8		"变频器反馈速...	%IW62	十六进制	16#0000	
9			<新增>			

图 16.26　修改正转信号

（6）修改速度设定，修改寄存器 MW100 的数据为 “16#1000”， 如图 16.27 所示，则变频器的频率将为 12.5Hz，电动机减速。

（7）将反转信号修改为 1（TRUE），如图 16.28 所示，则电动机先减速至停止运行，然后反向启动并运行。

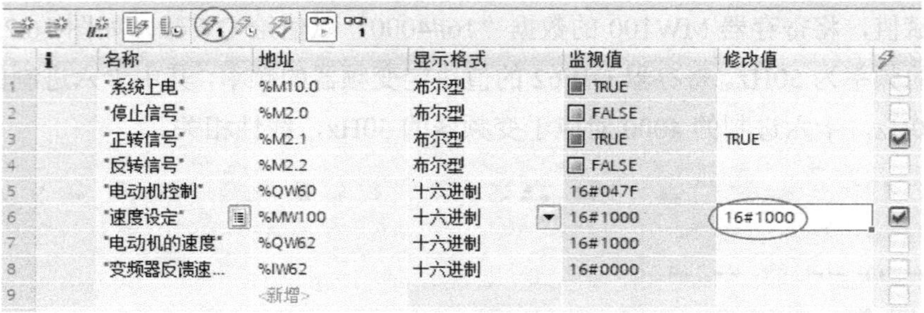

图 16.27　修改速度设定

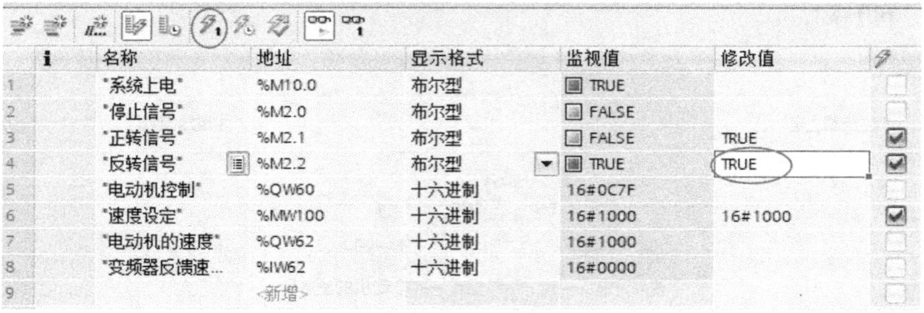

图 16.28　修改反转信号

（8）将停止信号修改为 1（TRUE），如图 16.29 所示，电动机减速停止。

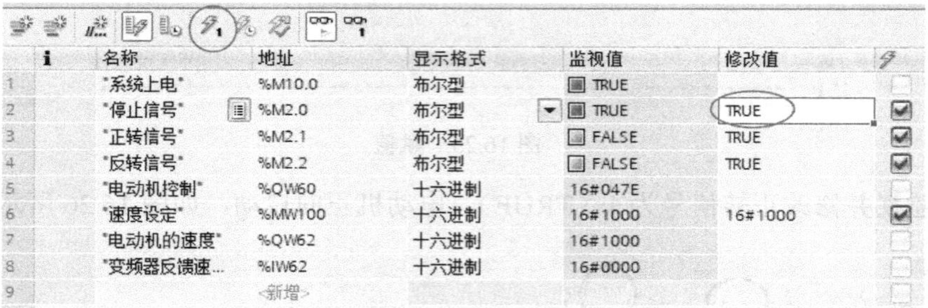

图 16.29　修改停止信号

如果调试时，你的系统出现以上现象，恭喜你完成了任务；如果调试时，你的系统没有出现以上现象，请你和组员一起分析原因，并把系统调试成功。

5. 考核评分

完成任务后，由质量监督员和教师分别进行任务评价，并填写表 16.4。

表 16.4　G120 变频器的电动机控制项目评分表

项目	评分点	配分	质量监督员评分	教师评分	备注
控制系统电路设计	主电路接线图设计正确	5			
	控制电路接线图设计正确	5			
	导线颜色和线号标注正确	2			
	绘制的电气系统图美观	3			
	电气元件的图形符号符合标准	5			

续表

项目	评分点	配分	质量监督员评分	教师评分	备注
控制系统电路布置、连接工艺与调试	低压电气元件安装布局合理	5			
	电气元件安装牢固	3			
	接线头工艺美观、牢固，且无露铜过长现象	5			
	线槽工艺规范，所有连接线垂直进线槽，无明显斜向进线槽	2			
	导线颜色正确，线径选择正确	3			
	整体布线规范、美观	5			
控制功能实现	系统初步上电安全检查，上电后，初步检测的结果为各电气元件正常工作	2			
	G120 变频器参数设置正确	5			
	PLC 通过 PROFINET 控制 G120 变频器	10			
	利用 G120 变频器实现对电动机启停和转向的控制	10			
职业素养	小组成员间沟通顺畅	3			
	小组有决策计划	5			
	小组内部各岗位分工明确	2			
	安装完成后，工位无垃圾	5			
	职业操守好，完工后，工具和配件摆放整齐	5			
安全事项	在安装过程中，无损坏元器件及人身伤害现象	5			
	在通电调试过程中，无短路现象	5			
评分合计					

16.5　实训工单

请你和组员一起按照所扮演的岗位角色，填写好如下实训工单。

项目 16　实训工单（1）

<table>
<tr><td>项目名称</td><td colspan="5">G120 变频器的电动机控制</td></tr>
<tr><td>派工岗位</td><td>技术员（硬件）</td><td>施工地点</td><td></td><td>施工时间</td><td></td></tr>
<tr><td>学生姓名</td><td></td><td>班级</td><td></td><td>学号</td><td></td></tr>
<tr><td>班组名称</td><td>电气施工____组</td><td>同组成员</td><td colspan="3"></td></tr>
<tr><td>实训目标</td><td colspan="5">（1）能用 G120 变频器面板设置相关参数。
（2）能用 TIA 博途软件编写及调试 G120 变频器的电动机控制 PLC 程序。
（3）能达到 G120 变频器的电动机控制要求。
（4）能排除程序调试过程中出现的故障</td></tr>
<tr><td colspan="6">一、项目控制要求</td></tr>
<tr><td colspan="6">（1）PLC 通过 PROFINET 控制 G120 变频器。
（2）利用 G120 变频器实现对电动机启停和转向的控制</td></tr>
<tr><td colspan="6">二、接受岗位任务</td></tr>
<tr><td colspan="6">（1）在 G120 变频器上设置好参数。
（2）使用绘图工具或软件绘制主电路、控制电路的接线图。
（3）安装元器件，完成电路的接线。
（4）与负责软件部分的技术员一起完成项目的调试。
（5）场地 6S 整理</td></tr>
<tr><td colspan="6">三、任务准备</td></tr>
<tr><td colspan="6">（1）实施平台：TIA 博途软件 V15.1、编程计算机、安装了西门子 S7-1200 系列 PLC 的实训台或实训单元等。
（2）穿戴设施：绝缘鞋、安全帽、工作服等。
（3）常用工具：电工钳、斜口钳、剥线钳、压线钳、一字螺丝刀、十字螺丝刀、万用表、多股铜芯线（BV-0.75）、冷压头、安装板、线槽、空气开关、按钮、热继电器、交流接触器等。
（4）技术材料：工作计划表、PLC 编程手册、相关电气安装标准手册等</td></tr>
<tr><td colspan="6">四、实施过程</td></tr>
<tr><td colspan="6">（1）设置 G120 变频器的参数。</td></tr>
</table>

续表

（2）绘制主电路、控制电路的接线图。   （3）展示电路接线完工图。   （4）展示系统调试成功效果图。

续表

五、遇到的问题及其解决措施	
遇到的问题： 解决措施：	
六、收获与反思	
收获： 反思：	
七、综合评分	

项目 16　实训工单（2）

<table>
<tr><td>项目名称</td><td colspan="5">G120 变频器的电动机控制</td></tr>
<tr><td>派工岗位</td><td>技术员（软件）</td><td>施工地点</td><td></td><td>施工时间</td><td></td></tr>
<tr><td>学生姓名</td><td></td><td>班级</td><td></td><td>学号</td><td></td></tr>
<tr><td>班组名称</td><td>电气施工____组</td><td>同组成员</td><td colspan="3"></td></tr>
<tr><td>实训目标</td><td colspan="5">（1）能用 G120 变频器面板设置相关参数。
（2）能用 TIA 博途软件编写及调试 G120 变频器的电动机控制 PLC 程序。
（3）能达到 G120 变频器的电动机控制要求。
（4）能排除程序调试过程中出现的故障</td></tr>
<tr><td colspan="6">一、项目控制要求</td></tr>
<tr><td colspan="6">（1）PLC 通过 PROFINET 控制 G120 变频器。
（2）利用 G120 变频器实现对电动机启停和转向的控制</td></tr>
<tr><td colspan="6">二、接受岗位任务</td></tr>
<tr><td colspan="6">（1）在 TIA 博途软件中，对 PLC 变量进行定义。
（2）编写 G120 变频器的电动机控制 PLC 程序。
（3）下载程序，与负责硬件部分的技术员一起完成项目的调试。
（4）场地 6S 整理</td></tr>
<tr><td colspan="6">三、任务准备</td></tr>
<tr><td colspan="6">（1）实施平台：TIA 博途软件 V15.1、编程计算机、安装了西门子 S7-1200 系列 PLC 的实训台或实训单元等。
（2）穿戴设施：绝缘鞋、安全帽、工作服等。
（3）常用工具：电工钳、斜口钳、剥线钳、压线钳、一字螺丝刀、十字螺丝刀、万用表、多股铜芯线（BV-0.75）、冷压头、安装板、线槽、空气开关、按钮、热继电器、交流接触器等。
（4）技术材料：工作计划表、PLC 编程手册、相关电气安装标准手册等</td></tr>
<tr><td colspan="6">四、实施过程</td></tr>
<tr><td colspan="6">（1）对 PLC 变量进行定义。

（2）编写 PLC 程序。

</td></tr>
</table>

续表

（3）展示程序调试成功效果图。
五、遇到的问题及其解决措施
遇到的问题：   解决措施：
六、收获与反思
收获：   反思：

七、综合评分	

项目 16　实训工单（3）

<table>
<tr><td>项目名称</td><td colspan="5">G120 变频器的电动机控制</td></tr>
<tr><td>派工岗位</td><td>工艺员</td><td>施工地点</td><td></td><td>施工时间</td><td></td></tr>
<tr><td>学生姓名</td><td></td><td>班级</td><td></td><td>学号</td><td></td></tr>
<tr><td>班组名称</td><td>电气施工____组</td><td>同组成员</td><td colspan="3"></td></tr>
<tr><td>实训目标</td><td colspan="5">（1）能用 G120 变频器面板设置相关参数。
（2）能用 TIA 博途软件编写及调试 G120 变频器的电动机控制 PLC 程序。
（3）能达到 G120 变频器的电动机控制要求。
（4）能排除程序调试过程中出现的故障</td></tr>
<tr><td colspan="6">一、项目控制要求</td></tr>
<tr><td colspan="6">（1）PLC 通过 PROFINET 控制 G120 变频器。
（2）利用 G120 变频器实现对电动机启停和转向的控制</td></tr>
<tr><td colspan="6">二、接受岗位任务</td></tr>
<tr><td colspan="6">（1）依据项目控制要求撰写小组决策计划。
（2）编写项目调试工艺流程。
（3）与负责硬件部分的技术员一起完成低压电气设备的选型。
（4）解决现场工艺问题，负责施工过程中工艺问题的预防与纠偏。
（5）场地 6S 整理</td></tr>
<tr><td colspan="6">三、任务准备</td></tr>
<tr><td colspan="6">（1）实施平台：TIA 博途软件 V15.1、编程计算机、安装了西门子 S7-1200 系列 PLC 的实训台或实训单元等。
（2）穿戴设施：绝缘鞋、安全帽、工作服等。
（3）常用工具：电工钳、斜口钳、剥线钳、压线钳、一字螺丝刀、十字螺丝刀、万用表、多股铜芯线（BV-0.75）、冷压头、安装板、线槽、空气开关、按钮、热继电器、交流接触器等。
（4）技术材料：工作计划表、PLC 编程手册、相关电气安装标准手册等</td></tr>
<tr><td colspan="6">四、实施过程</td></tr>
<tr><td colspan="6">（1）撰写小组决策计划。

（2）编写项目调试工艺流程。

</td></tr>
</table>

续表

（3）完成低压电气设备的选型。   （4）总结施工过程中工艺问题的预防与纠偏情况。
五、遇到的问题及其解决措施
遇到的问题：   解决措施：
六、收获与反思
收获：   反思：
七、综合评分

项目 16　实训工单（4）

项目名称	G120 变频器的电动机控制				
派工岗位	质量监督员	施工地点		施工时间	
学生姓名		班级		学号	
班组名称	电气施工____组	同组成员			
实训目标	（1）能用 G120 变频器面板设置相关参数。 （2）能用 TIA 博途软件编写及调试 G120 变频器的电动机控制 PLC 程序。 （3）能达到 G120 变频器的电动机控制要求。 （4）能排除程序调试过程中出现的故障				

一、项目控制要求

（1）PLC 通过 PROFINET 控制 G120 变频器。

（2）利用 G120 变频器实现对电动机启停和转向的控制

二、接受岗位任务

（1）监督项目施工过程中各岗位的爱岗敬业情况。

（2）监督各岗位工作完成质量的达标情况。

（3）完成项目评分表的填写。

（4）总结所监督对象的工作过程情况，完成质量报告的撰写。

（5）场地 6S 检查

三、任务准备

（1）实施平台：TIA 博途软件 V15.1、编程计算机、安装了西门子 S7-1200 系列 PLC 的实训台或实训单元等。

（2）穿戴设施：绝缘鞋、安全帽、工作服等。

（3）常用工具：电工钳、斜口钳、剥线钳、压线钳、一字螺丝刀、十字螺丝刀、万用表、多股铜芯线（BV-0.75）、冷压头、安装板、线槽、空气开关、按钮、热继电器、交流接触器等。

（4）技术材料：工作计划表、PLC 编程手册、相关电气安装标准手册等

四、实施过程

（1）监督项目施工过程中各岗位的爱岗敬业情况。

（2）监督各岗位工作完成质量的达标情况。

（3）负责场地 6S 检查。

续表

（4）完成项目评分表的评分。   （5）总结所监督对象的工作过程情况，简要撰写质量报告。
五、遇到的问题及其解决措施
遇到的问题：   解决措施：
六、收获与反思
收获：   反思：
七、综合评分

项目 17　西门子 S7-1200 PLC 的以太网通信

知识目标

（1）了解 S7-1200 PLC 的以太网通信技术有关概念。
（2）掌握 S7-1200 PLC 的开放式用户通信的通信协议、常用指令及编程方法。
（3）掌握 S7-1200 PLC 的 S7 通信的通信协议、常用指令及编程方法。

能力目标

（1）能实现 S7-1200 PLC 与 S7-1200 PLC 以太网通信的网络组态、编程和仿真调试。
（2）能实现 S7-1200 PLC 与 S7-300 PLC 以太网通信的网络组态、编程和仿真调试。
（3）能排除程序调试过程中出现的故障。

素质目标

（1）激发学生在学习过程中的自主探究意识。
（2）培养学生按国家标准或行业标准从事专业技术活动的职业习惯。
（3）提升学生综合运用专业知识的能力，培养学生精益求精的工匠精神。
（4）提升学生的团队协作能力和沟通能力。

17.1　项目导入

PLC 的通信包括 PLC 与 PLC 之间、PLC 与计算机之间、PLC 与其他智能设备之间的通信。PLC 与计算机可以直接同通信处理器、通信连接器相连构成网络，以实现信息的交换，可以构成“集中管理、分散控制”的分布式控制系统，满足工厂自动化系统发展的需要，将各 PLC 或远程 I/O 模块按功能各自放置在生产现场进行分散控制，然后用网络将它们连接起来，构成集中管理的分布式网络系统。请你与组员一起完成以下 2 个任务，即分别使用开放式用户通信指令和 S7 通信指令实现 S7-1200 PLC 的以太网通信，具体控制要求如下：

任务 1：在 2 台 S7-1200 PLC 之间采用开放式用户通信指令，实现从 PLC1 发送 4 个字节的数据给 PLC2，并且接收从 PLC2 发来的 4 个字节的数据。

任务 2：采用 S7 通信指令实现从 S7-1200 PLC 发送 4 个字节的数据给 S7-300 PLC，同时从 S7-300 PLC 发送 4 个字节的数据给 S7-1200 PLC。

17.2 项目分析

由上述控制要求可知，在任务 1 中需采用开放式用户通信指令，将 PLC1 发送数据区数据块中 4 个字节的数据发送到 PLC2 接收数据区数据块中，同时 PLC1 的某个字节接收来自 PLC2 的数据。在任务 2 中完成 S7-1200 PLC 与 S7-300 PLC 之间的通信时，需采用 S7 通信指令实现，S7 通信中的 S7-1200 PLC 只能做客户端，要实现本任务的功能，就需要对 S7-1200 PLC 进行编程设置。在 S7-1200 PLC 的主程序中，使用 S7 通信下的 PUT 函数和 GET 函数，在本项目中做相应配置即可。PUT 函数用于发送数据，GET 函数用于接收数据。

17.3 相关知识

1. S7-1200 PLC 的以太网通信概述

S7-1200 PLC 的 CPU 集成了一个 PROFINET 通信口，支持以太网和基于 TCP/IP、UDP 的通信标准。这个 PROFINET 通信口是支持 10/100Mbit/s 的 RJ45 接口，支持电缆交叉自适应，因此一个标准的或交叉的以太网线都可以用于这个接口。使用这个通信口可以实现 S7-1200 PLC 的 CPU 与编程计算机设备、触摸屏，以及其他 S7 系列 PLC 的 CPU 之间的通信。

PROFINET 是过程现场总线（PROcess FIeld BUS，PROFIBUS）国际组织推出的基于工业以太网的开放的现场总线标准（IEC 61158 中的类型 10）。PROFINET 通过工业以太网连接从现场层到管理层的设备，可以实现从公司管理层到现场层的直接、透明的访问，PROFINET 融合了自动化世界和信息技术（IT）世界，PROFINET 可以用于对实时性要求更高的自动化解决方案。

PROFINET 使用以太网和 TCP/UDP/IP 作为通信基础，TCP/UDP/IP 是 IT 领域通信协议事实上的标准。TCP/UDP/IP 为以太网设备提供了通过本地网络和分布式网络的透明通道进行数据交换的基础。对快速性没有严格要求的数据使用 TCP/IP，响应时间在 100ms 数量级，可以满足工厂控制级的应用。PROFINET 能同时用一条工业以太网电缆满足三个自动化领域的需求，包括 IT 集成化领域、实时自动化领域和同步实时运动控制领域，它们不会相互影响。

PROFINET 的实时通信功能适用于对信号传输时间有严格要求的场合，例如用于传感器和执行器的数据传输。通过 PROFINET，分布式现场设备可以直接连接到工业以太网，与 PLC 等设备进行通信。其响应时间与 PROFIBUS-DP 等现场总线相同或者更短，典型的更新循环时间为 1～10ms，完全能满足现场级的要求。PROFINET 的实时性可以用标准组件来实现。

PROFINET 的同步实时功能用于高性能的同步运动控制。同步实时功能提供了等时执行周期，以确保信息始终以相等的时间间隔进行传输。同步实时功能的响应时间为 0.25～1ms，波动时间小于 1μs。同步实时通信需要特殊交换机的支持，等时同步数据传输的实现基于硬件更完善的功能。

S7-1200 PLC 的 CPU 有以下 2 种使用 PROFINET 接口通信的方式：

（1）直接连线通信方式：在连接单个 CPU 的编程设备、触摸屏或另一个 CPU 时，采用直接连接通信方式。例如，PC 与单个 PLC 的 CPU 之间、触摸屏与单个 PLC 的 CPU 之间、两个 PLC 的 CPU 之间的通信可采用此通信方式。

（2）网络连接通信方式：在连接两个以上的设备（如 CPU、触摸屏、编程设备和非西门子设备）时，采用以太网交换机进行网络连接通信。

2．开放式用户通信与 S7 通信介绍

西门子 PLC 集成了 PROFINET 接口，可以采用开放式用户通信方式，通过用户程序控制通信过程。用户程序可以用 TCON、TDISCON 指令建立、断开连接，而 TSEND、TRCV 指令仅有发送、接收功能。对于 S7-1200/1500 PLC 的通信，若采用紧凑型指令（TSEND_C、TRCV_C 指令），则除了具有发送、接收功能，还具有建立、断开连接的功能。开放式用户通信基于 TCP 协议、ISO-on-TCP 协议和 UDP 协议。要注意的是，上述通信指令只能在主程序 OB1 中调用。

S7 通信协议是西门子股份公司专门为优化产品而设计的通信协议，是面向连接的协议。面向连接的协议安全性高，在进行数据交换之前，必须建立与通信伙伴的连接。S7 连接需要组态静态连接，静态连接针对的是专用 CPU 的连接资源，S7-1200 PLC 仅支持 S7 单向连接。单向连接中的客户机是向服务器请求服务的设备，客户机调用 GET/PUT 指令读/写服务器的存储区。服务器在通信中是被动方，用户不能编写服务器的 S7 通信程序。

17.4　项目实施

1．岗位派工

为达到控制要求，本项目引入技术员、工艺员和质量监督员三个岗位。请各小组成员分别扮演其中一个岗位角色，并参与项目实施。各岗位工作任务如表 17.1 所示，请各岗位人员按要求完成任务，并在本项目的实训工单中做好记录。

表 17.1　各岗位工作任务

岗位名称	角色任务
技术员（硬件）	（1）使用绘图工具或软件绘制网络拓扑图。 （2）安装元器件，完成电路接线和网线连接。 （3）与负责软件部分的技术员一起完成项目的调试。 （4）场地 6S 整理

续表

岗位名称	角色任务
技术员（软件）	（1）在 TIA 博途软件中，对 PLC 等进行组态。 （2）编写用于实现通信功能的 PLC 程序。 （3）下载程序，与负责硬件部分的技术员一起完成项目的调试。 （4）场地 6S 整理
工艺员	（1）依据项目控制要求撰写小组决策计划。 （2）编写项目调试工艺流程。 （3）与负责硬件部分的技术员一起完成低压电气设备的选型。 （4）解决现场工艺问题，负责施工过程中工艺问题的预防与纠偏。 （5）场地 6S 整理
质量监督员	（1）监督项目施工过程中各岗位的爱岗敬业情况。 （2）监督各岗位工作完成质量的达标情况。 （3）完成项目评分表的填写。 （4）总结所监督对象的工作过程情况，完成质量报告的撰写。 （5）场地 6S 检查

2．硬件电路设计与安装接线

1）网络拓扑图

在本项目中，两台 S7-1200 PLC 之间通信的网络拓扑图如图 17.1 所示，S7-1200 PLC 与 S7-300 PLC 之间通信的网络拓扑图如图 17.2 所示。

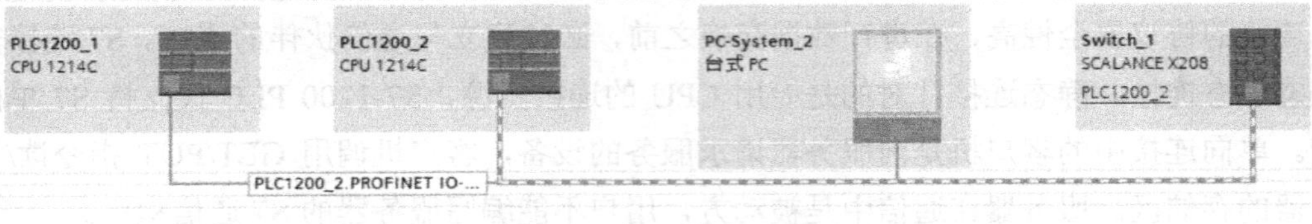

图 17.1　两台 S7-1200 PLC 之间通信的网络拓扑图

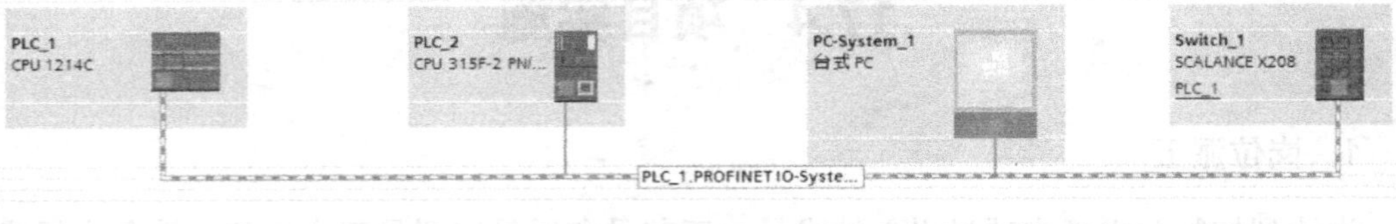

图 17.2　S7-1200 PLC 与 S7-300 PLC 之间通信的网络拓扑图

2）安装元器件并连接电路

根据图 17.1 和图 17.2，用网线连接各元器件，确保实现各 PLC 和 PC、交换机之间的硬件连接准确。

3．软件设计

任务 1：两台 S7-1200 PLC 之间的通信

1）组态设备

（1）打开 TIA 博途软件，单击“创建新项目”图标，输入项目名称，创建新项目，如

图 17.3 所示。

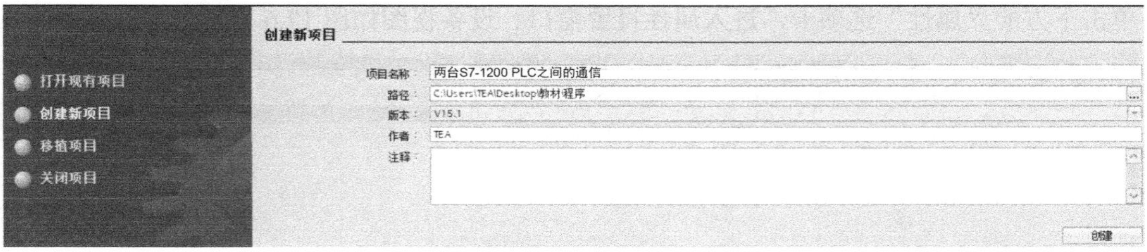

图 17.3　创建新项目

（2）单击“项目视图”按钮，进入“项目视图”界面，项目视图（部分）如图 17.4 所示。

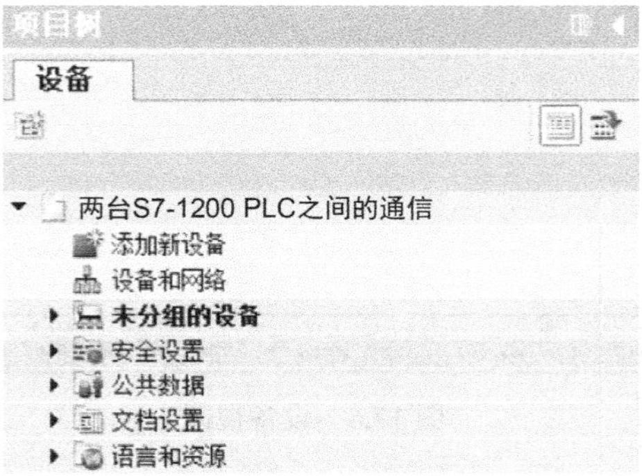

图 17.4　项目视图（部分）

（3）双击项目树窗格中的“添加新设备”图标，选择订货号为“6ES7214-1AG40-0XB0”的控制器，如图 17.5 所示，单击“确定”按钮。

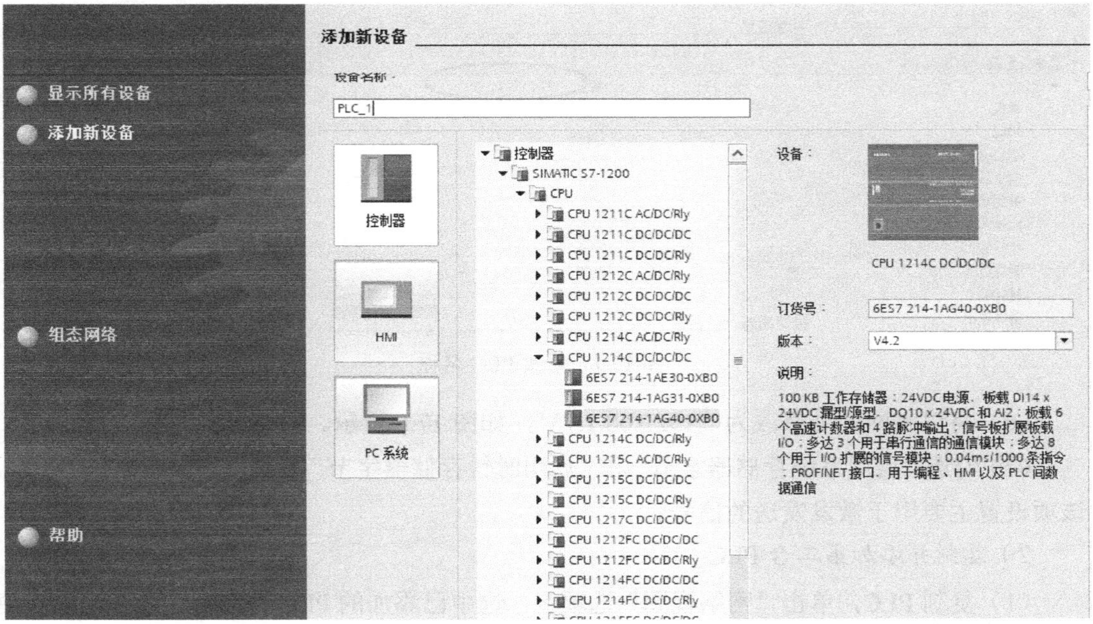

图 17.5　添加新设备

（4）选中新加入的 PLC，单击“设备视图”选项卡。在设备视图中，选中 PLC，然后单击下方的“属性”选项卡，进入属性设置窗口。设备视图如图 17.6 所示。

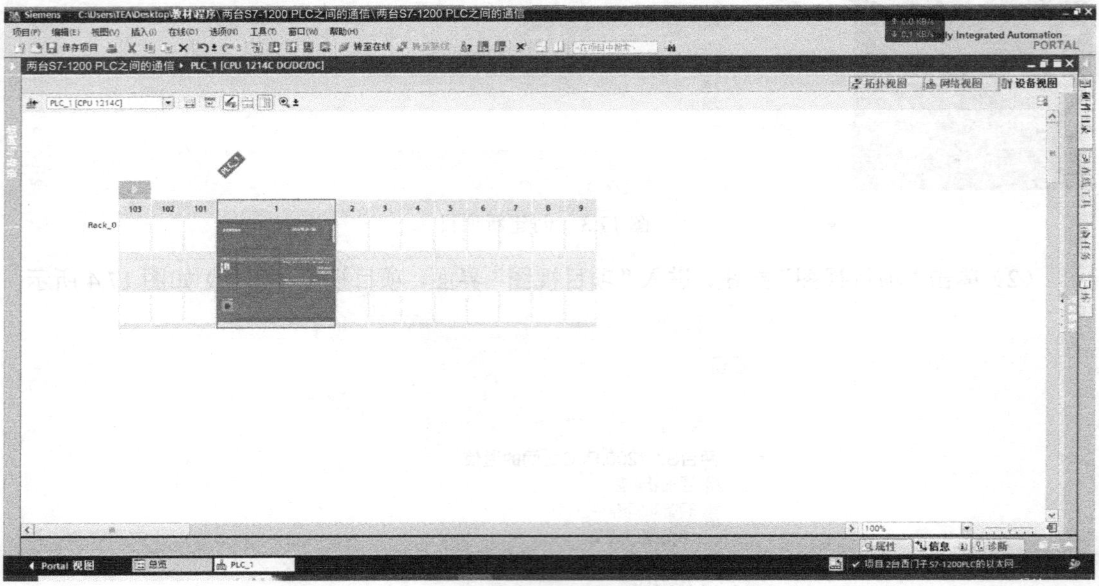

图 17.6　设备视图

（5）在属性窗口中，将 PLC 名称修改为“PLC1200_1”，如图 17.7 所示。

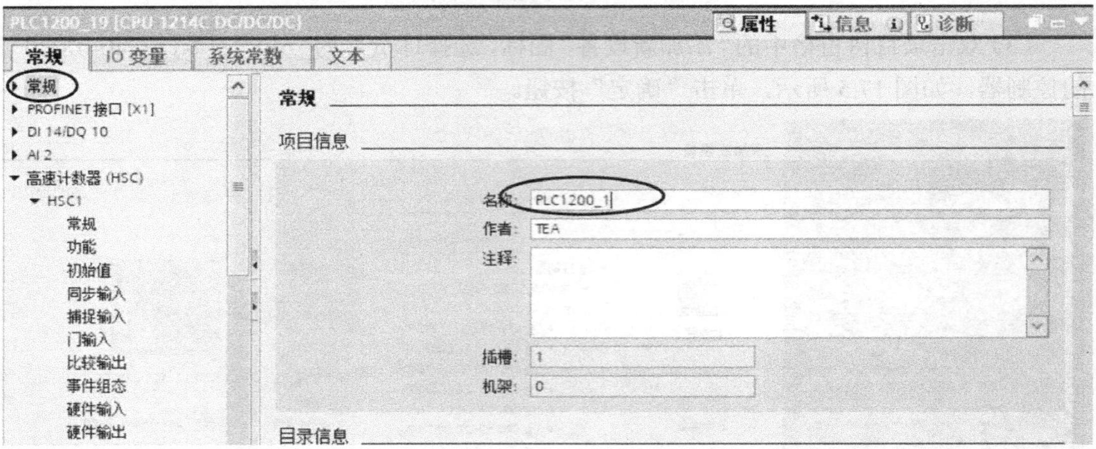

图 17.7　修改 PLC 名称

（6）将以太网地址修改为“192.168.1.73”，如图 17.8 所示。

（7）勾选“启用系统存储器字节”和“启用时钟存储器字节”复选项，如图 17.9 所示。该项设置主要用于激发发送的信号。

2）复制并添加第二台 PLC

（1）复制 PLC，单击“网络视图”选项卡，选中已添加的 PLC 并右击，在弹出的快捷菜单中选择“复制”命令，如图 17.10 所示。

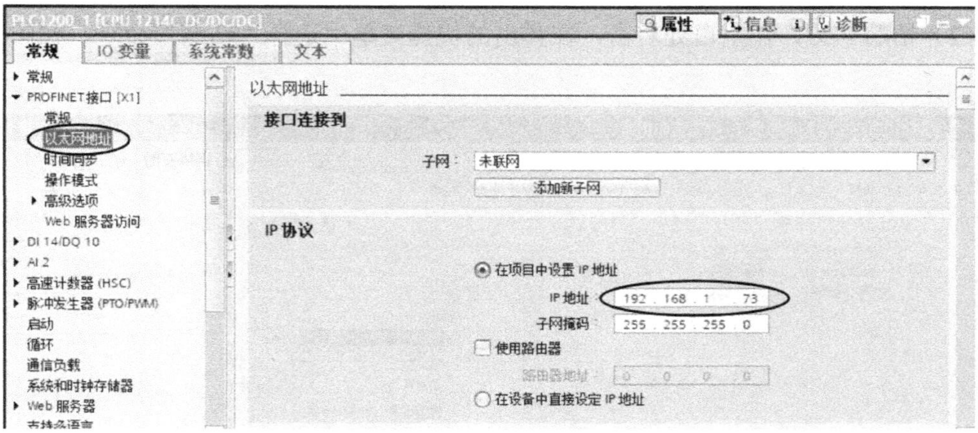

图 17.8　修改以太网地址（一）

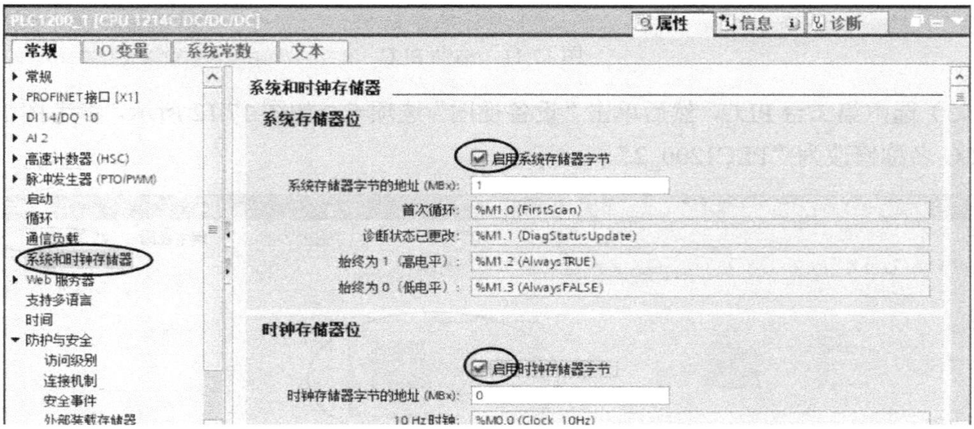

图 17.9　启用系统存储器字节和时钟存储器字节

图 17.10　复制 PLC

（2）粘贴 PLC，在空白处右击，在弹出的快捷菜单中选择“粘贴”命令，如图 17.11 所示。

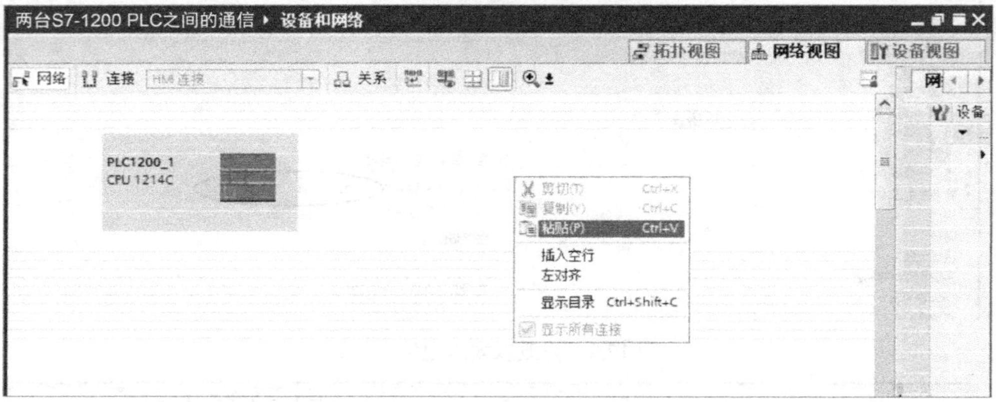

图 17.11　粘贴 PLC

（3）选中第二台 PLC，然后单击“设备视图”选项卡，如图 17.12 所示。参考图 17.7，将 PLC 名称修改为“PLC1200_2”。

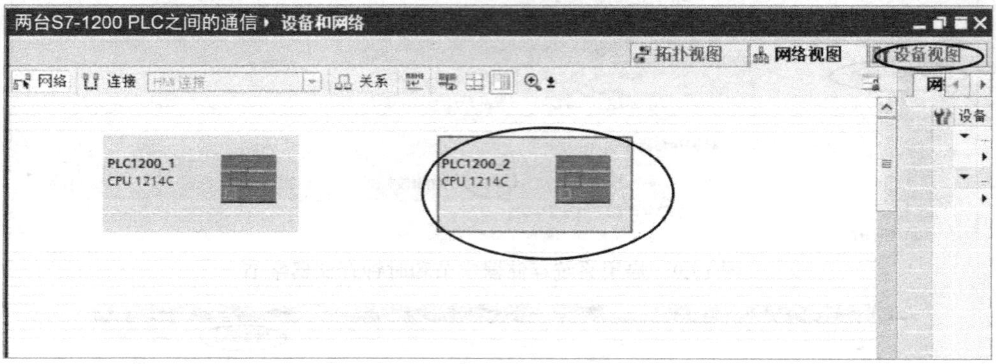

图 17.12　选中第二台 PLC

（4）在进入设备视图后，选中 PLC，单击下部的“属性”选项卡，将以太网地址修改为“192.168.1.123”，如图 17.13 所示。

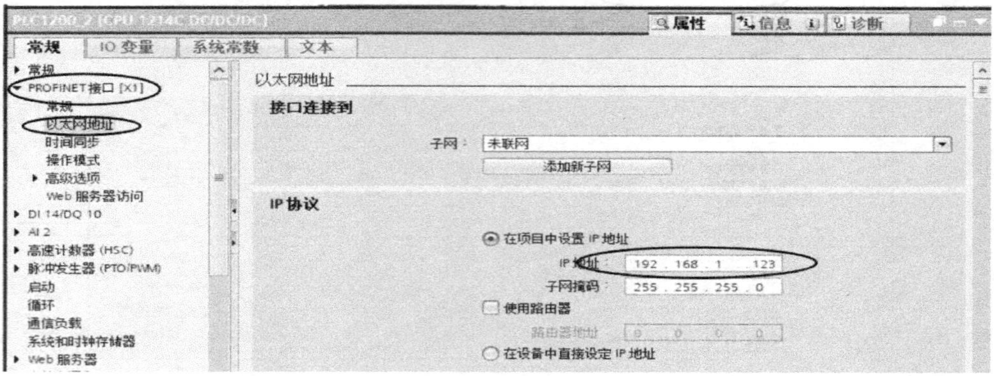

图 17.13　修改以太网地址（二）

3）网络连接

单击“网络视图”选项卡，用鼠标将 PLC1200_1 的网络接口拖动到 PLC1200_2 上，单击工具栏中的“编译”按钮，并保存项目，如图 17.14 所示。

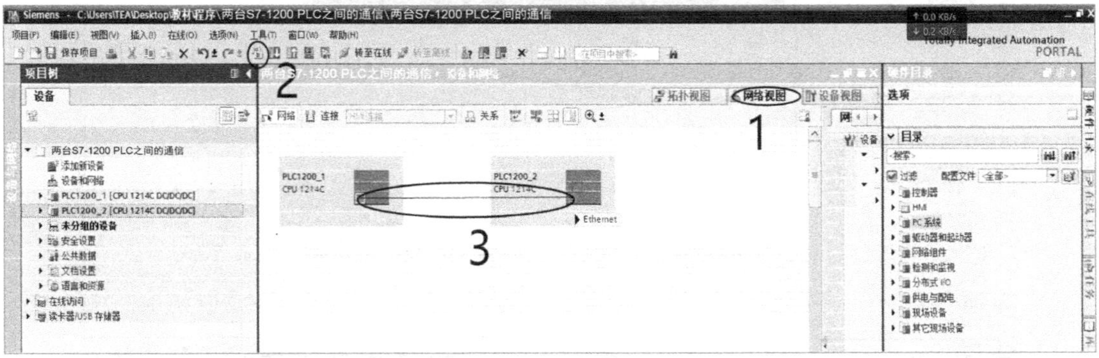

图 17.14　网络连接

4）对 PLC1200_1 的发送端组态编程

（1）建立 PLC1200_1 中的发送数据块。

① 添加新块。选择项目树窗格中的“PLC1200_1 [CPU 1214C DC/DC/DC]”→“程序块”选项，双击“添加新块”图标，在弹出的对话框中单击“数据块”图标，修改数据块的名称，然后单击“确定”按钮，如图 17.15 所示。

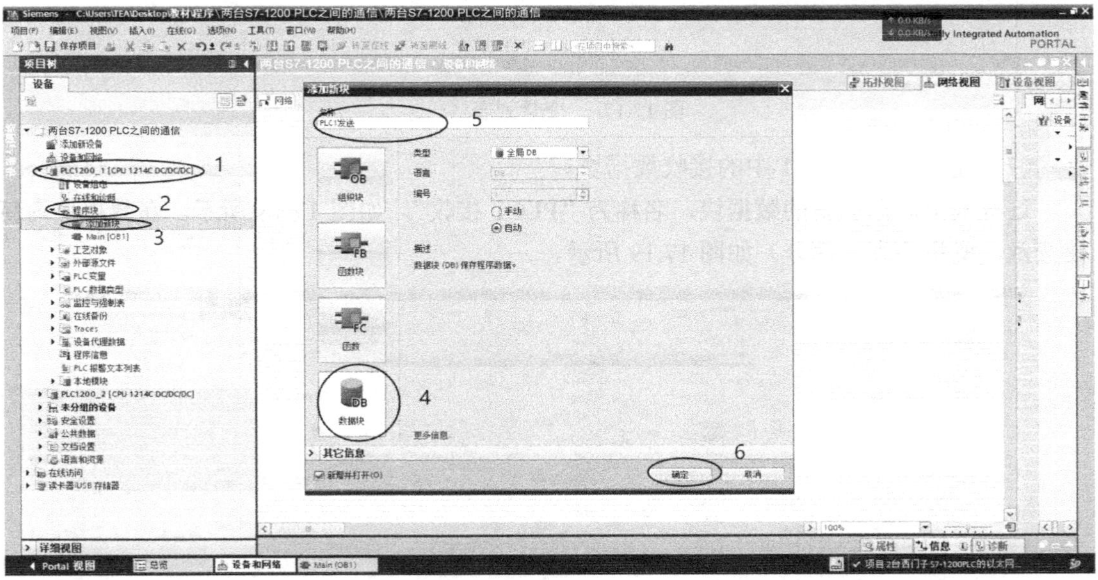

图 17.15　添加新块（一）

② 属性设置。在项目树窗格中右击新建立的数据块“PLC1 发送 [DB1]”，在弹出的对话框中单击“常规”选项卡，选择“属性”选项，取消对“优化的块访问”复选项的选择，单击“确定”按钮，如图 17.16 所示。

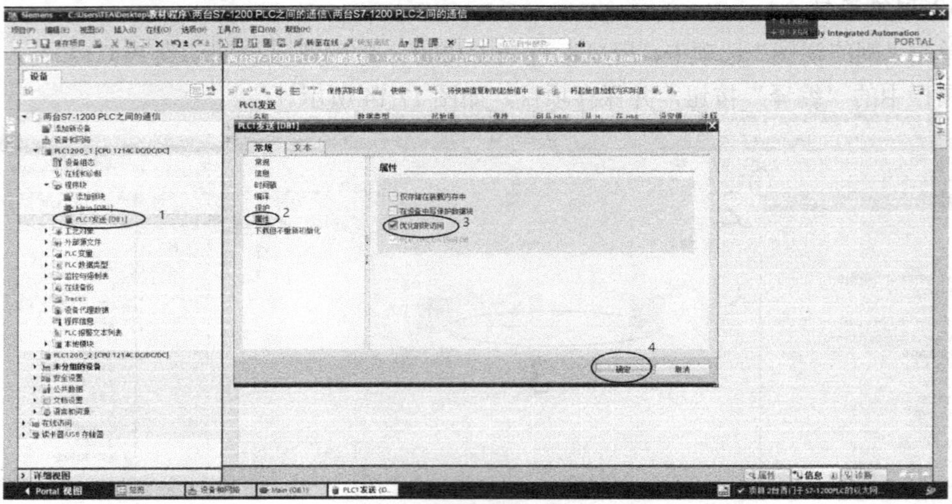

图 17.16　属性设置（一）

③ 在数据块“PLC1 发送[DB1]”内新建变量。变量列表（一）如图 17.17 所示。

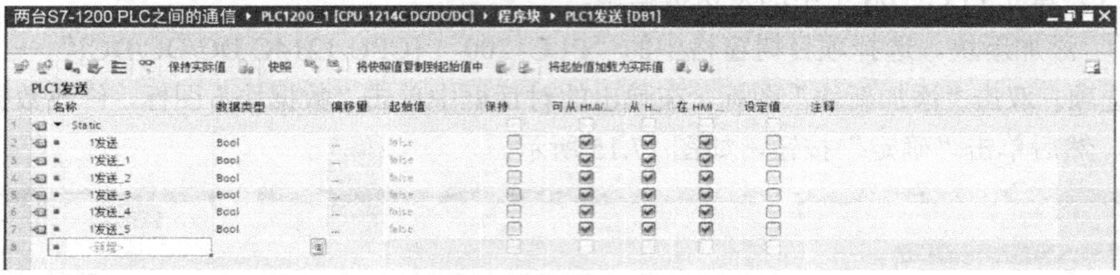

图 17.17　变量列表（一）

（2）建立 PLC1200_1 中的接收数据块。

过程同上。添加新的数据块，名称为“PLC1 接收”，如图 17.18 所示。在数据块内新建变量，变量列表（部分）如图 17.19 所示。

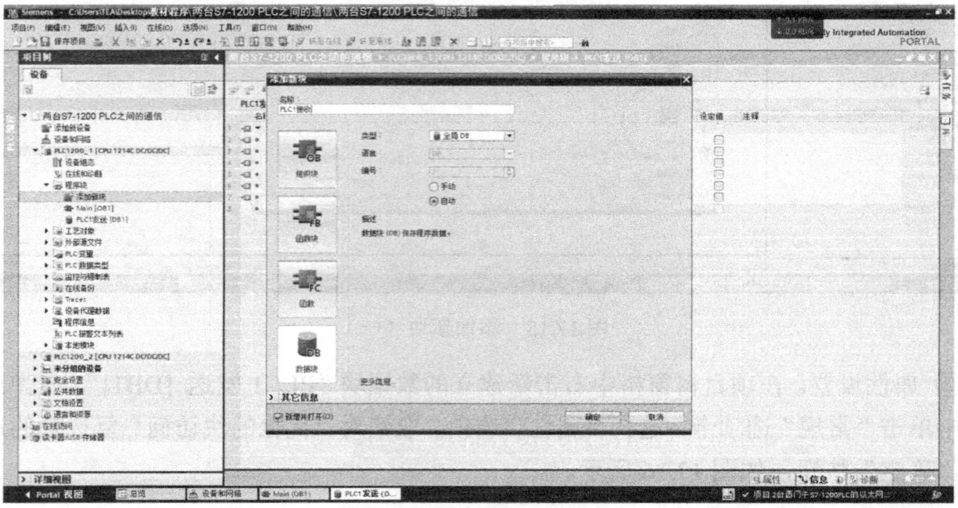

图 17.18　添加新块（二）

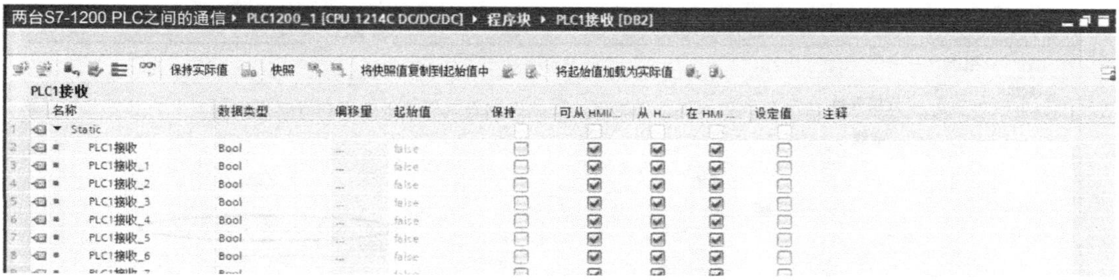

图 17.19　变量列表（部分）

（3）配置 PLC1200_1 的发送功能

① 进入主程序。在右侧窗格的“通信”列表中展开“开放式用户通信”文件夹，用鼠标将“TSEND_C”图标拖动到主程序中。TSEND_C 界面（部分）如图 17.20 所示。

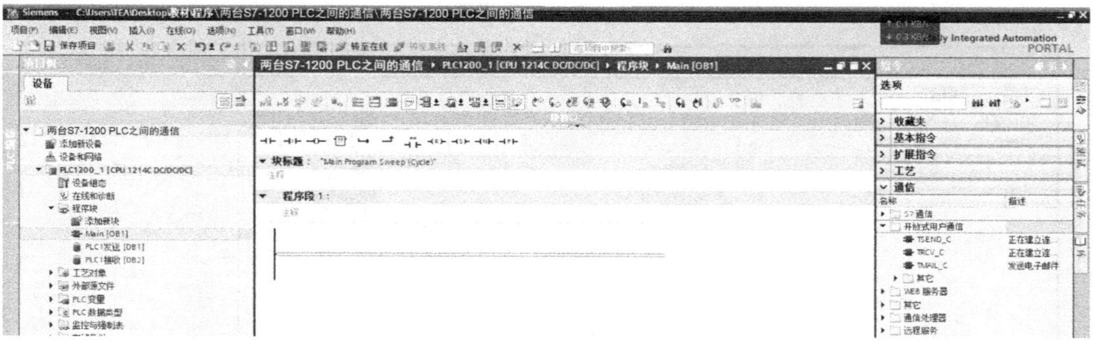

图 17.20　TSEND_C 界面（部分）

② 弹出图 17.21 所示的“调用选项”对话框（一），单击“确定”按钮。

③ 在程序中选择已生成的数据块，如图 17.22 所示，然后单击“属性”选项卡。

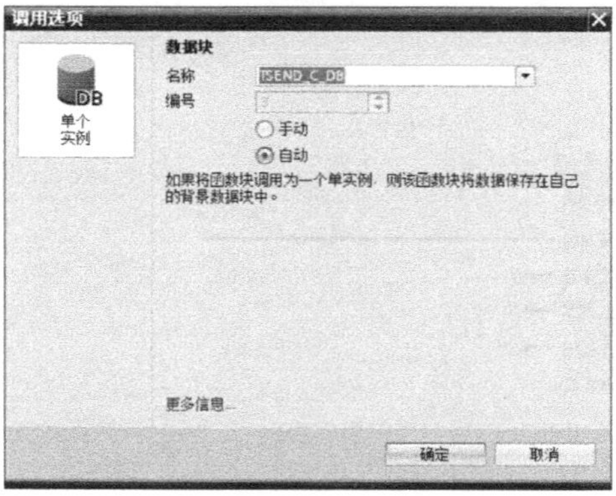

图 17.21　“调用选项”对话框（一）

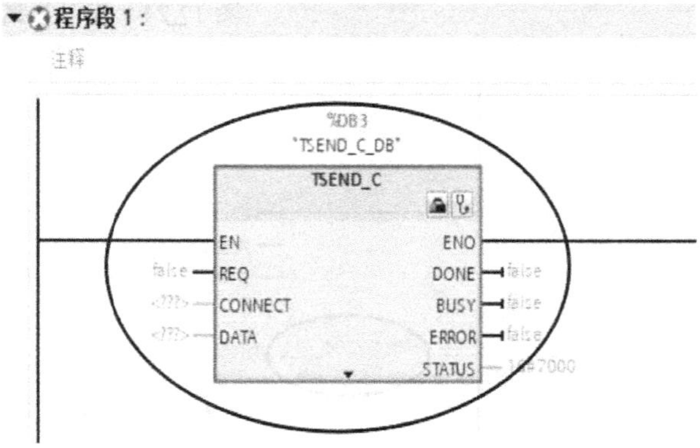

图 17.22　生成的数据块（一）

④ 连接参数设置。右击数据块，在弹出的快捷菜单中选择“属性”命令，在“属性”选项卡中选择通信伙伴“PLC1200_2 [CPU_1214C DC/DC/DC]”，如图 17.23 所示。

⑤ “连接数据”项选择“<新建>”，如图 17.24 所示。

⑥ 程序中 TSEND_C 数据块的 CONNECT 引脚参数会自动填好，如图 17.25 所示。

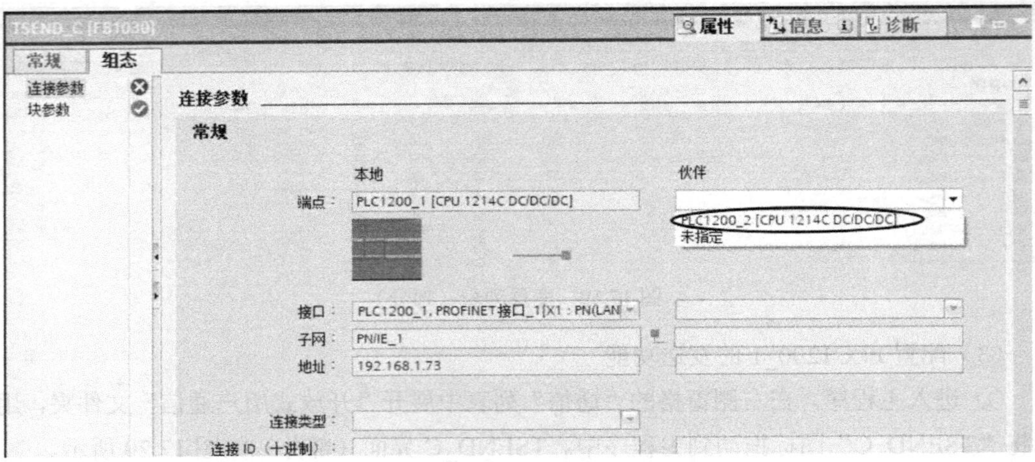

图 17.23　连接参数设置（一）

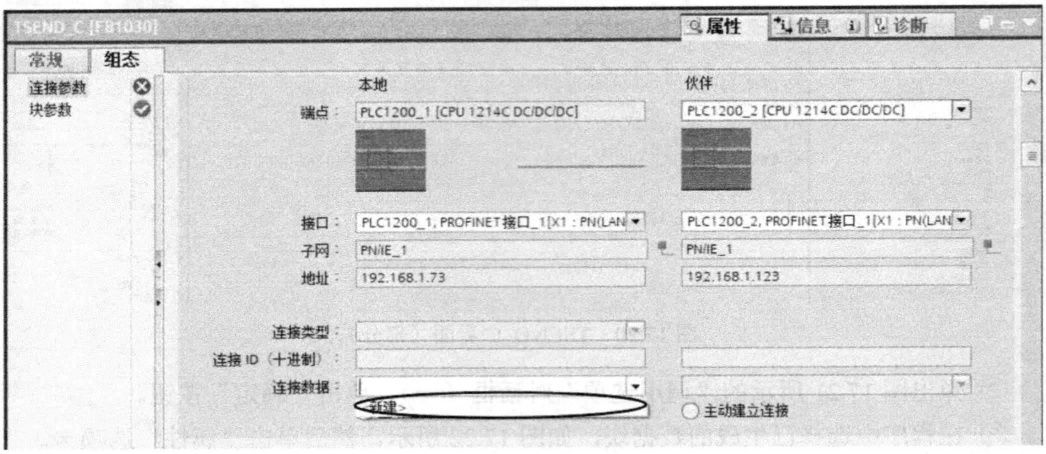

图 17.24　连接数据选择（一）

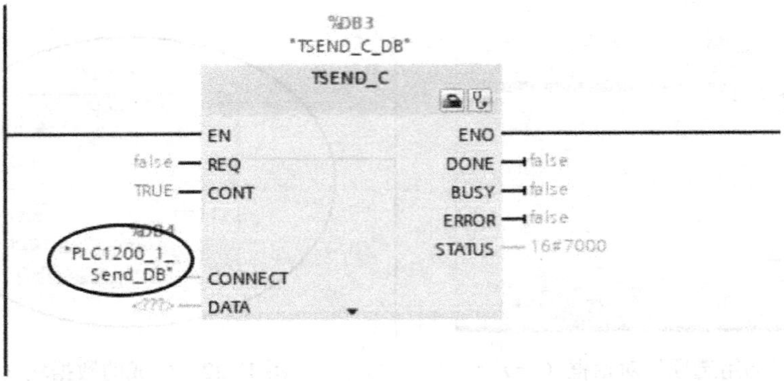

图 17.25　引脚参数（一）

⑦ 继续对第二台 PLC 进行连接参数设置，如图 17.26 所示。

⑧ 回到主程序中，按图 17.27 所示填写相关引脚。

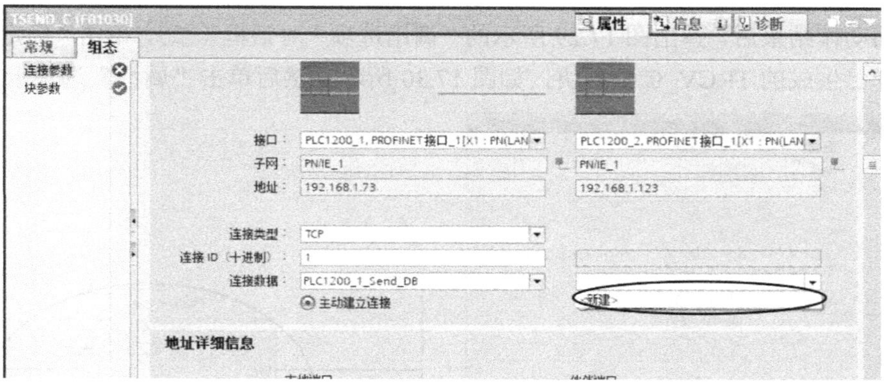

图 17.26　连接参数设置（二）

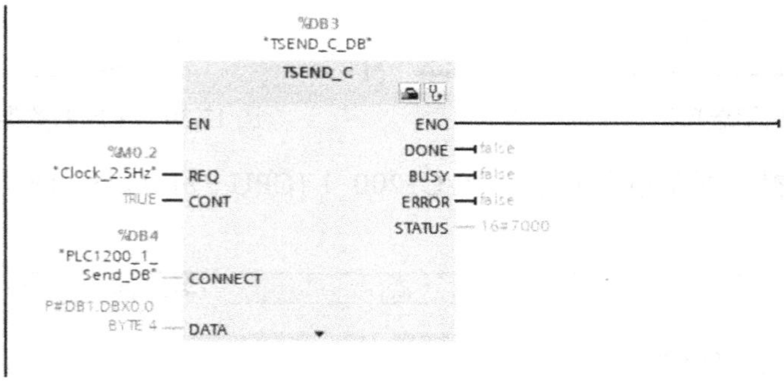

图 17.27　引脚填写（一）

5）对 PLC1200_2 的接收端组态编程

（1）新建 PLC1200_2 中的接收数据块。

打开 PLC1200_2 的主程序。在右侧窗格的“通信”列表中展开“开放式用户通信”文件夹，用鼠标将“TRCV_C”图标拖动到主程序中，TRCV_C 界面如图 17.28 所示。

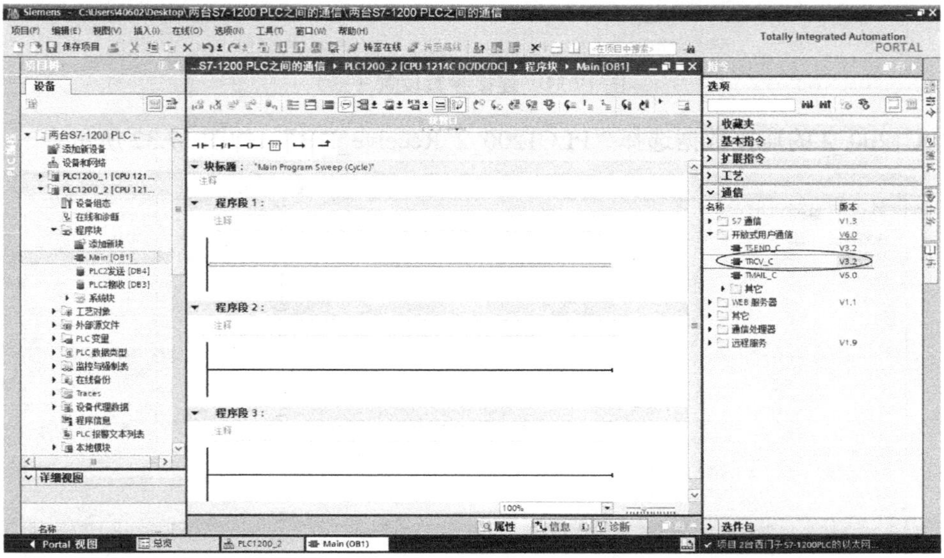

图 17.28　TRCV_C 界面

拖动动作结束后，弹出图 17.29 所示的“调用选项”对话框（二），单击“确定”按钮。选择已生成的 TRCV_C 数据块，如图 17.30 所示，然后单击“属性”选项卡。

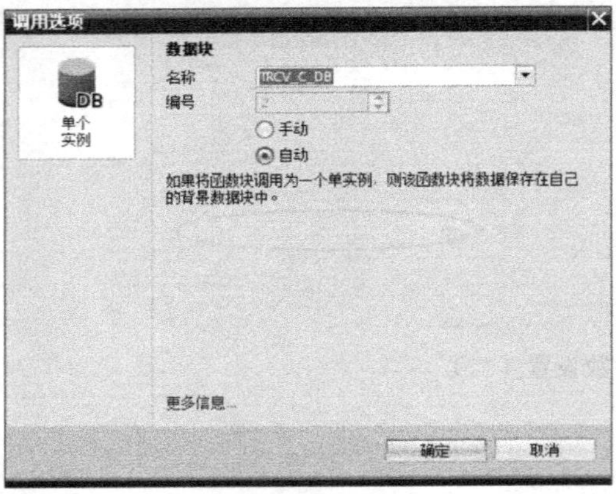

图 17.29 “调用选项”对话框（二）

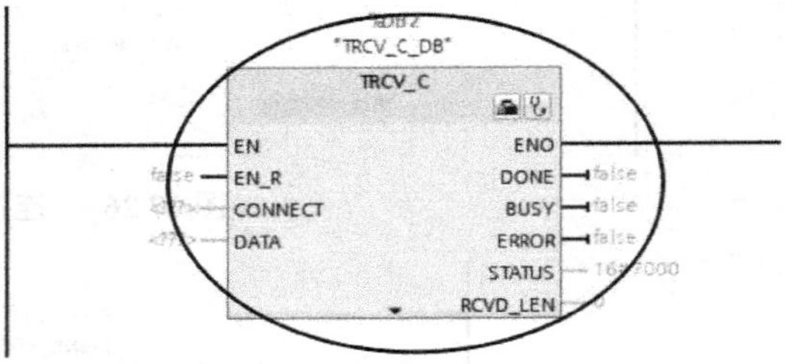

图 17.30 生成的数据块（二）

连接参数设置。通信伙伴选择“PLC1200_1 [CPU 1214C DC/DC/DC]”，如图 17.31 所示。

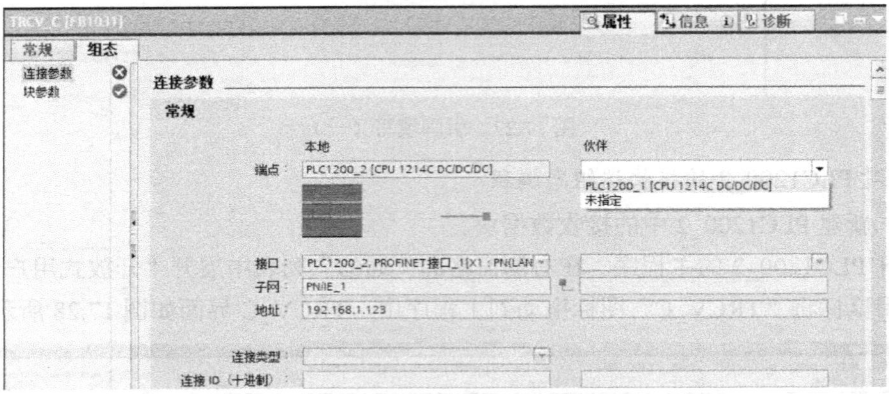

图 17.31 连接参数设置（三）

PLC1200_2 的连接数据选择“PLC1200_2_Receive_DB”，如图 17.32 所示。

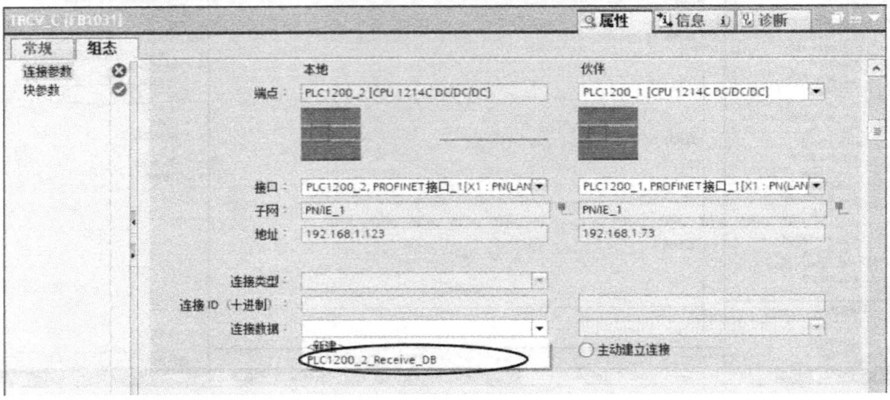

图 17.32 连接数据选择（二）

设置完毕的“属性”选项卡如图 17.33 所示。

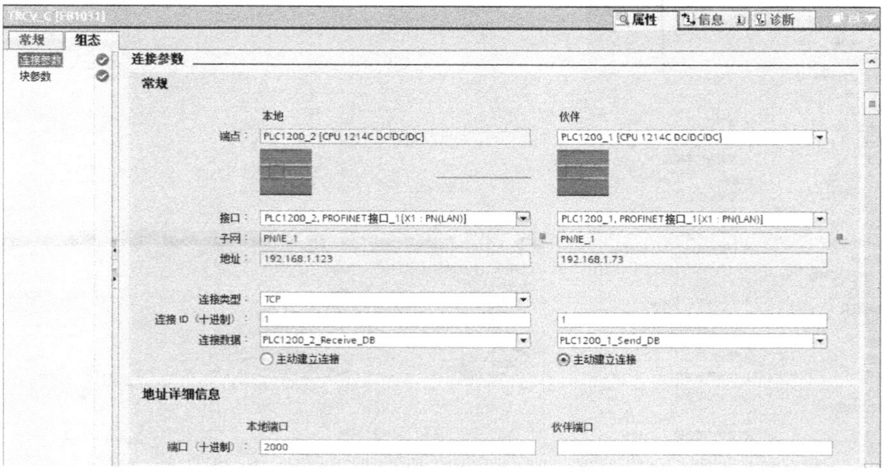

图 17.33　设置完毕的“属性”选项卡

（2）建立 PLC1200_2 中的接收数据块。

添加新块的方法类似于建立 PLC1200_1 的数据块，如图 17.34 所示。

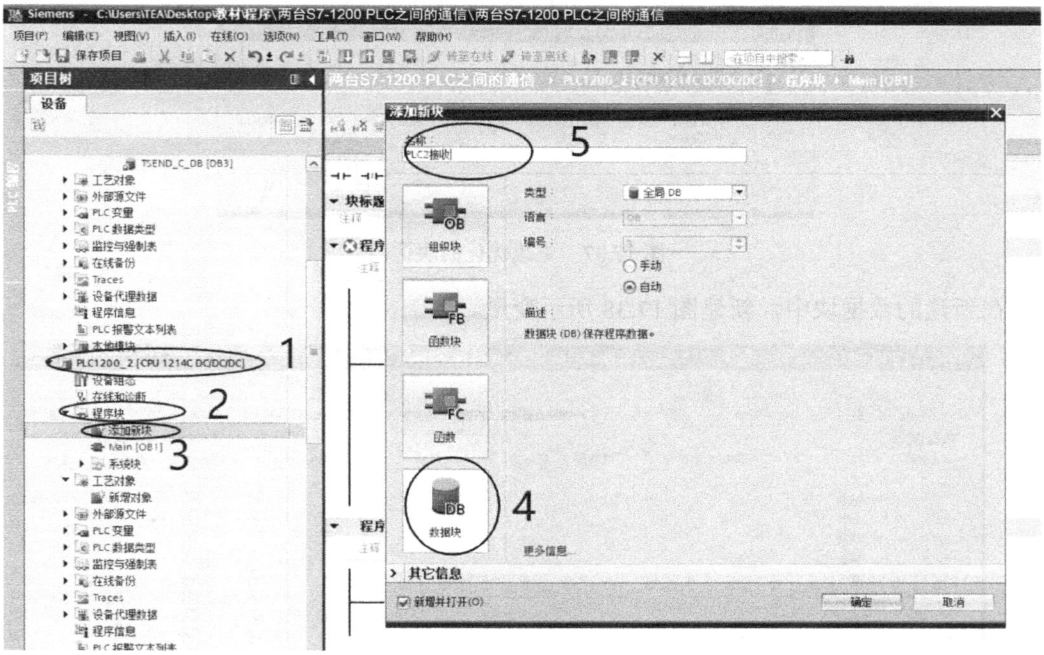

图 17.34　添加新块（三）

右击新建的数据块，在弹出的快捷菜单中选择“属性”命令，如图 17.35 所示。

属性设置。在弹出的对话框中单击“常规”选项卡，选择“属性”选项，然后取消对“优化的块访问”复选项的选择，单击“确定”按钮，如图 17.36 所示。

更改优化的块访问。如图 17.37 所示，在弹出的提示框中单击“确定”按钮，然后返回图 17.36 所示界面，单击“确定”按钮。

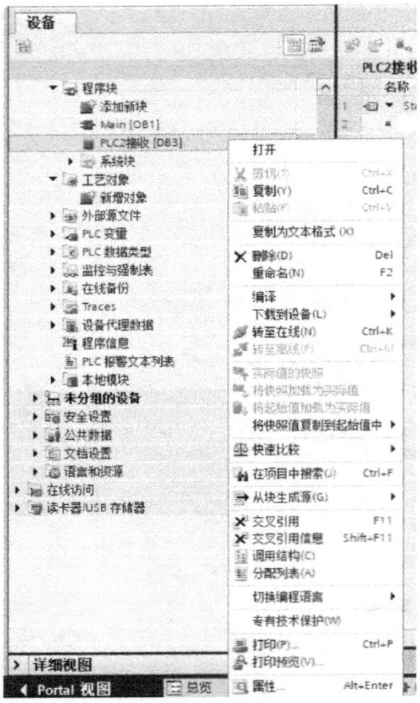

图 17.35　选择"属性"命令（一）

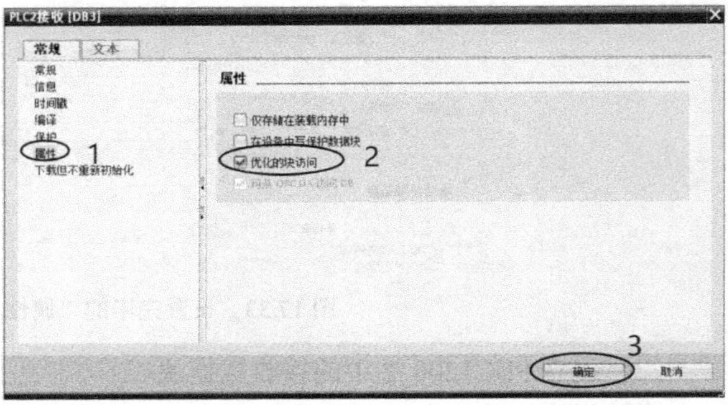

图 17.36　属性设置（二）

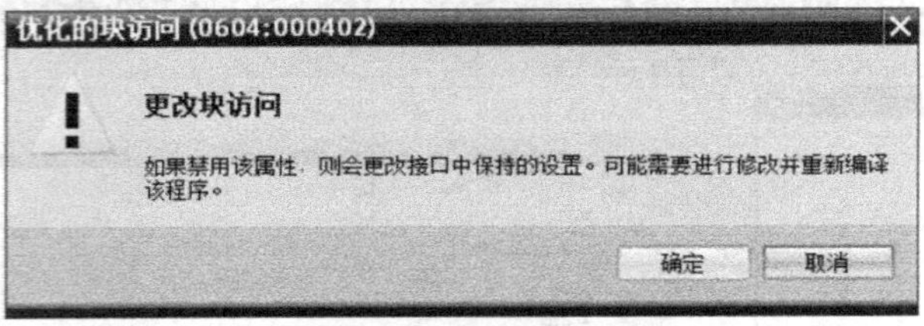

图 17.37　更改优化的块访问

在新建的数据块中，新建图 17.38 所示变量。

	名称	数据类型	偏移量	起始值	保持	可从 HMI/...	从 H...	在 HMI...	设定值	注释
1	▼ Static									
2	PLC2接收	Bool	...	false	☐	☑	☑	☑	☐	
3	PLC2接收_1	Bool	...	false	☐	☑	☑	☑	☐	
4	PLC2接收_2	Bool	...	false	☐	☑	☑	☑	☐	
5	PLC2接收_3	Bool	...	false	☐	☑	☑	☑	☐	
6	PLC2接收_4	Bool	...	false	☐	☑	☑	☑	☐	
7	PLC2接收_5	Bool	...	false	☐	☑	☑	☑	☐	
8	PLC2接收_6	Bool	...	false	☐	☑	☑	☑	☐	
9	PLC2接收_7	Bool	...	false	☐	☑	☑	☑	☐	
10	PLC2接收_8	Bool	...	false	☐	☑	☑	☑	☐	
11	PLC2接收_9	Bool	...	false	☐	☑	☑	☑	☐	
12	<新增>									

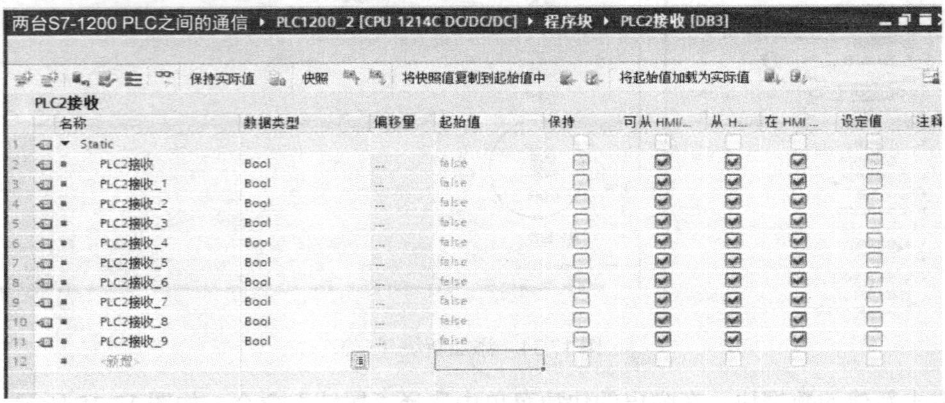

图 17.38　变量列表（二）

（3）建立 PLC1200_2 中的发送数据块（建立过程同上）。

添加新块，如图 17.39 所示。

在数据块内新建变量，如图 17.40 所示。

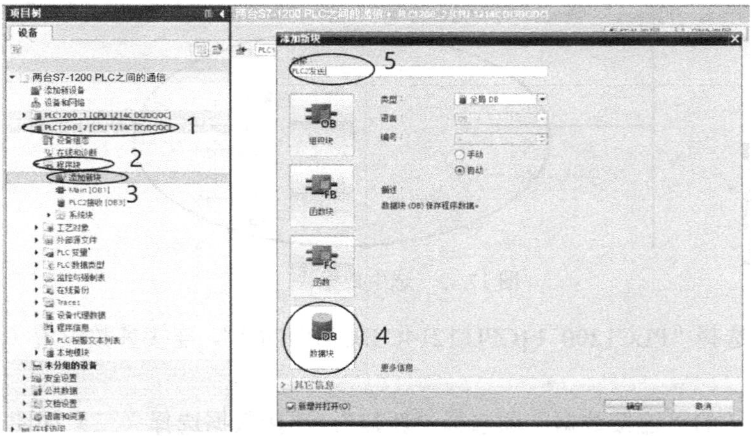

图 17.39　添加新块（四）

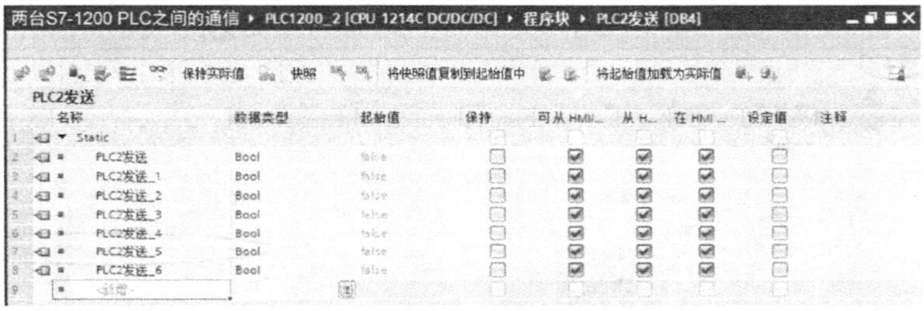

图 17.40　新建变量

6）组态 PLC1200_2 发送数据块、PLC1200_1 接收数据块

（1）组态 PLC1200_2 发送数据块给 PLC1200_1。

过程与前述类似，以下为相关步骤。

用鼠标将发送数据块 TSEND_C 拖动到 PLC200_2 的主程序中。TSEND_C 界面如图 17.41 所示。组态 PLC1200_2 发送数据块。选中数据块，如图 17.42 所示，单击“属性”选项卡。

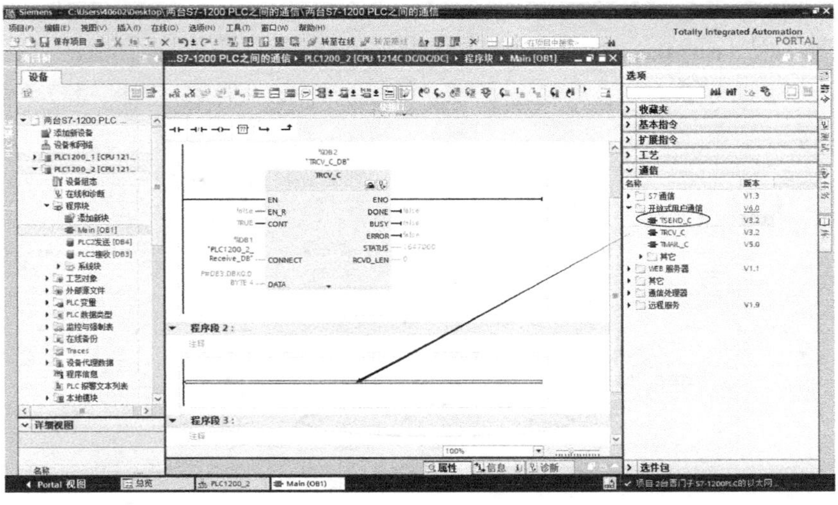

图 17.41　TSEND_C 界面

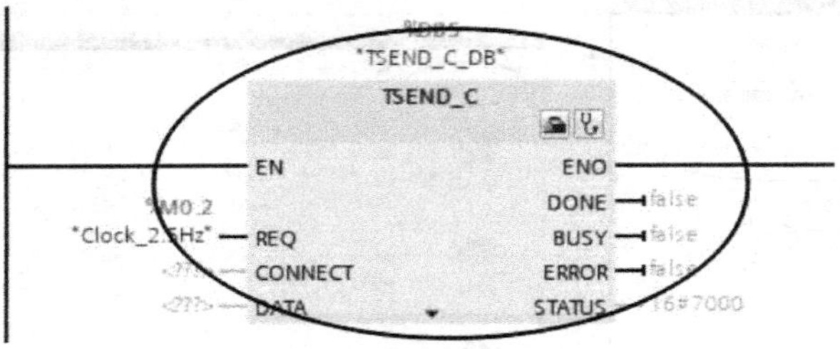

图 17.42　选中数据块（一）

通信伙伴选择“PLC1200_1 [CPU 1214C DC/DC/DC]”，连接参数设置（四）如图 17.43 所示。

PLC1200_2 的“连接数据”项选择“新建”，连接数据选择（三）如图 17.44 所示。

PLC1200_1 的“连接数据”项也选择“新建”，连接数据选择（四）如图 17.45 所示。

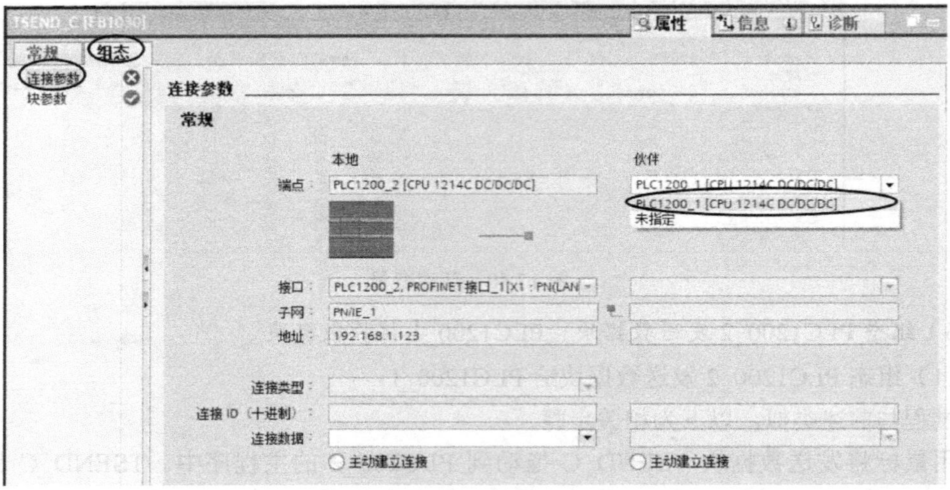

图 17.43　连接参数设置（四）

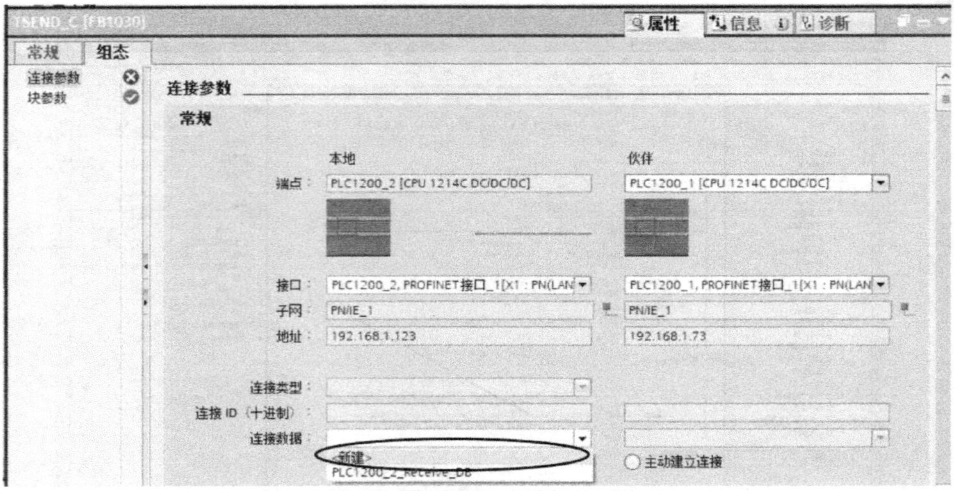

图 17.44　连接数据选择（三）

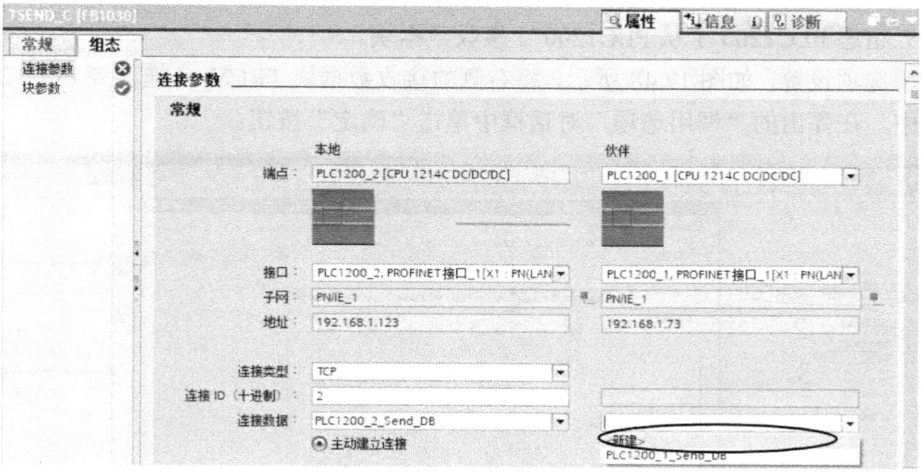

图 17.45　连接数据选择（四）

组态设置完成后的界面（部分）（一）如图 17.46 所示。

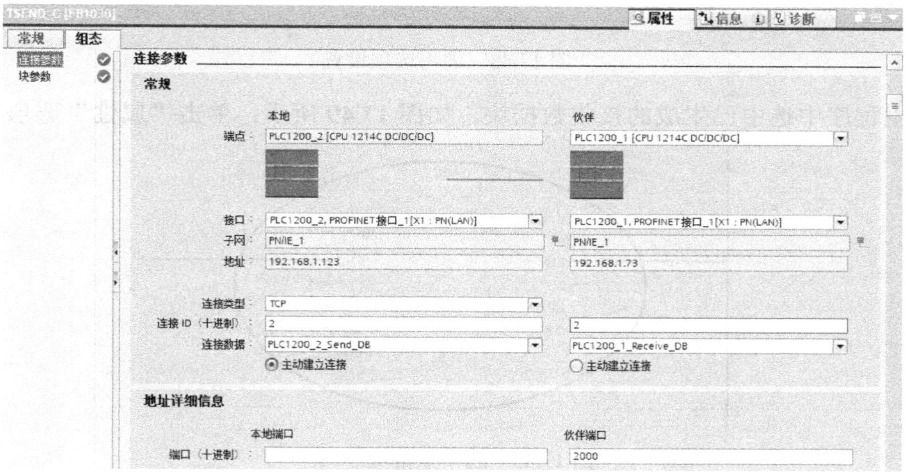

图 17.46　组态设置完成后的界面（部分）（一）

回到 PLC1200_2 的主程序中，对于发送数据块，按图 17.47 所示填写引脚。

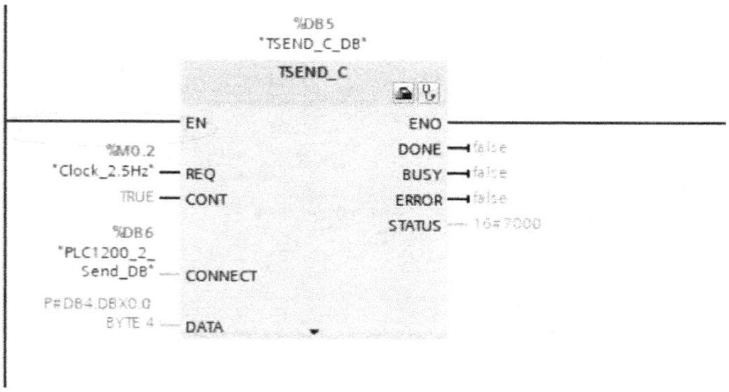

图 17.47　引脚填写（二）

（2）组态 PLC1200_1 从 PLC1200_2 接收数据块。

调用选项设置，如图 17.48 所示，将右侧的接收数据块 TRCV_C 拖动到 PLC1200_1 的主程序中，在弹出的“调用选项”对话框中单击“确定”按钮。

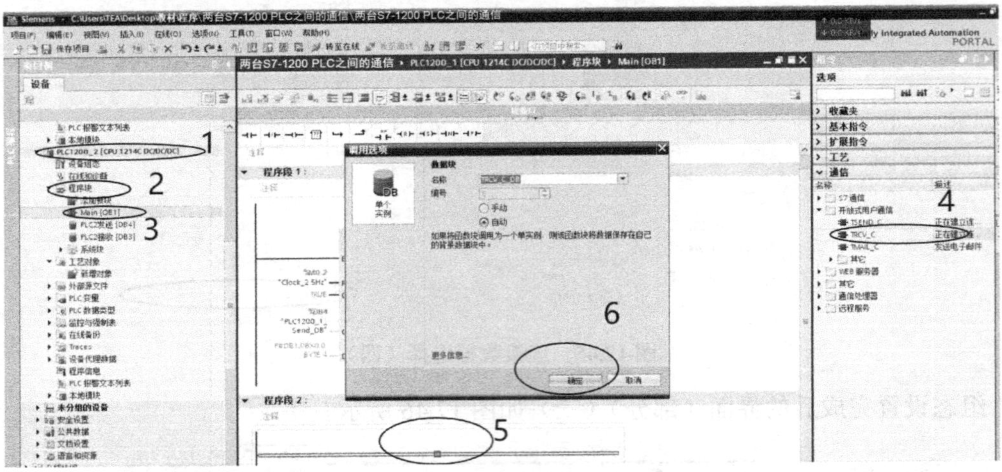

图 17.48　调用选项设置

在主程序中选中已生成的接收数据块，如图 17.49 所示，单击“属性”选项卡。

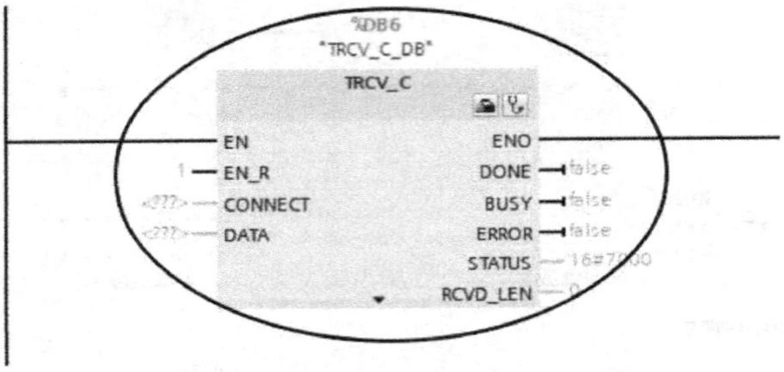

图 17.49　选中数据块（二）

选择通信伙伴“PLC1200_2”，连接参数设置（五）如图 17.50 所示。

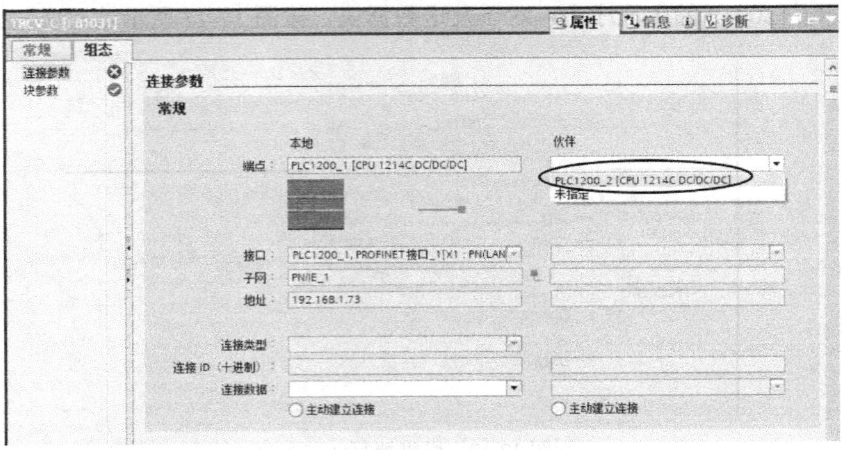

图 17.50　连接参数设置（五）

PLC1200_1 的“连接数据”项选择“PLC1200_1_Receive_DB”，连接数据选择（五）如图 17.51 所示。

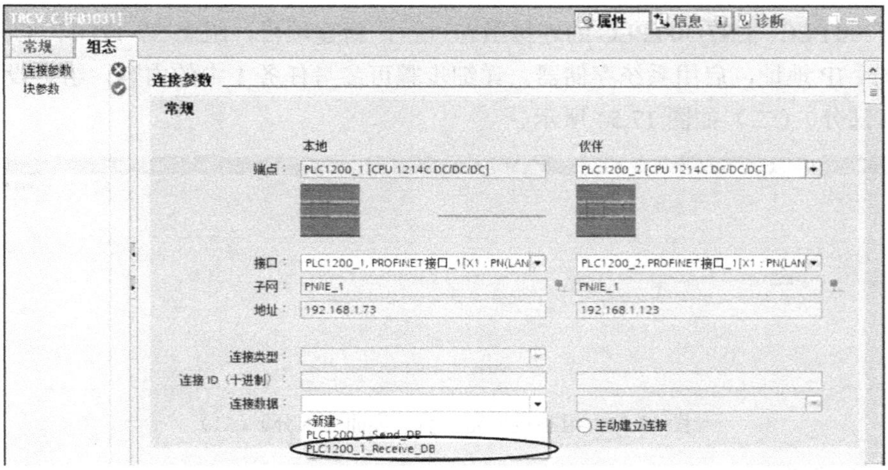

图 17.51　连接数据选择（五）

PLC1200_1 中的接收数据块组态完成后的连接参数如图 17.52 所示。

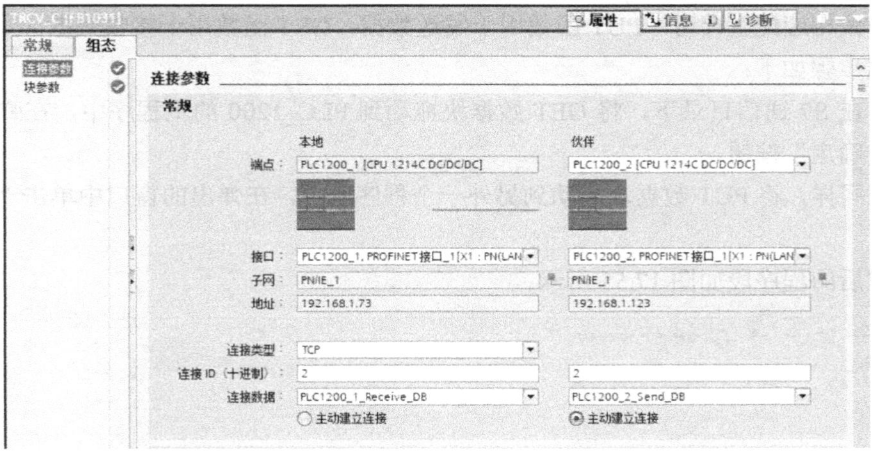

图 17.52　PLC1200_1 中的接收数据块组态完成后的连接参数

回到主程序中，填写 PLC1200_1 中的接收数据块的引脚，如图 17.53 所示。

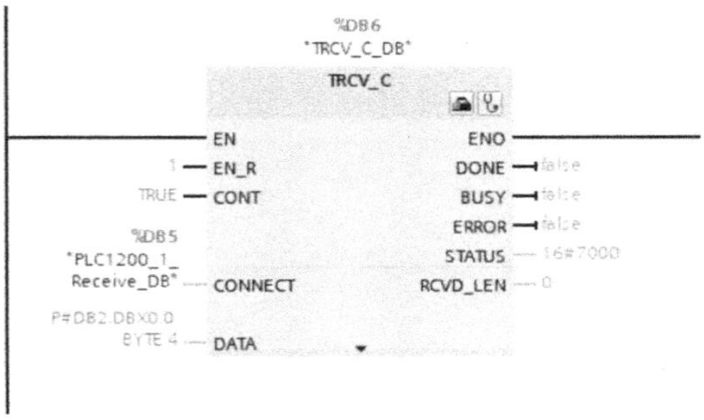

图 17.53　引脚填写（三）

任务 2：S7-1200 PLC 与 S7-300 PLC 之间的通信

1）连接组态

S7-1200 PLC 与 S7-300 PLC 的连接组态过程：新建项目，组态 S7-1200 PLC 和 S7-300 PLC，修改 IP 地址，启用系统存储器。详细步骤可参考任务 1 中的内容，组态设置完成后的界面（部分）（二）如图 17.54 所示。

图 17.54　组态设置完成后的界面（部分）（二）

2）编写程序

在 S7 通信中，S7-1200 PLC 只能做客户端，要实现本任务的功能就需要对 S7-1200 PLC 进行编程设置。在 S7-1200 PLC 的主程序中，使用 S7 通信下的 PUT 函数和 GET 函数，在本任务中做相应配置即可。PUT 函数用于发送数据，GET 函数用于接收数据。

具体步骤如下：

（1）在 S7 通信目录下，将 GET 数据块拖动到 PLC_1200 的主程序中，在弹出的窗口中单击“确定”按钮。

（2）同样，将 PUT 数据块拖动到另外一个程序段中，在弹出的窗口中单击“确定”按钮。

完成后的程序段如图 17.55 所示。

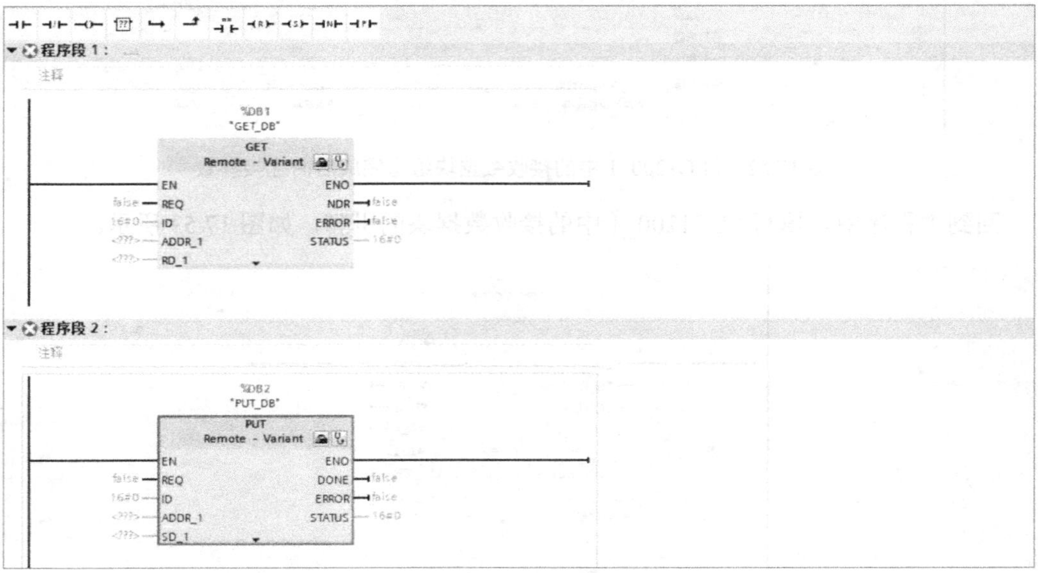

图 17.55　完成后的程序段

只需正确配置这两个数据块的引脚参数，就可以实现通信。在配置这两个数据块的引脚参数前，还需要建立 PLC_1200 中的发送数据块和接收数据块，以及建立 PLC_315 中的发送数据块和接收数据块，以下为具体过程。

（1）新建 PLC_1200 中的发送数据块名为“PLC1200 发送数据”，如图 17.56 所示。

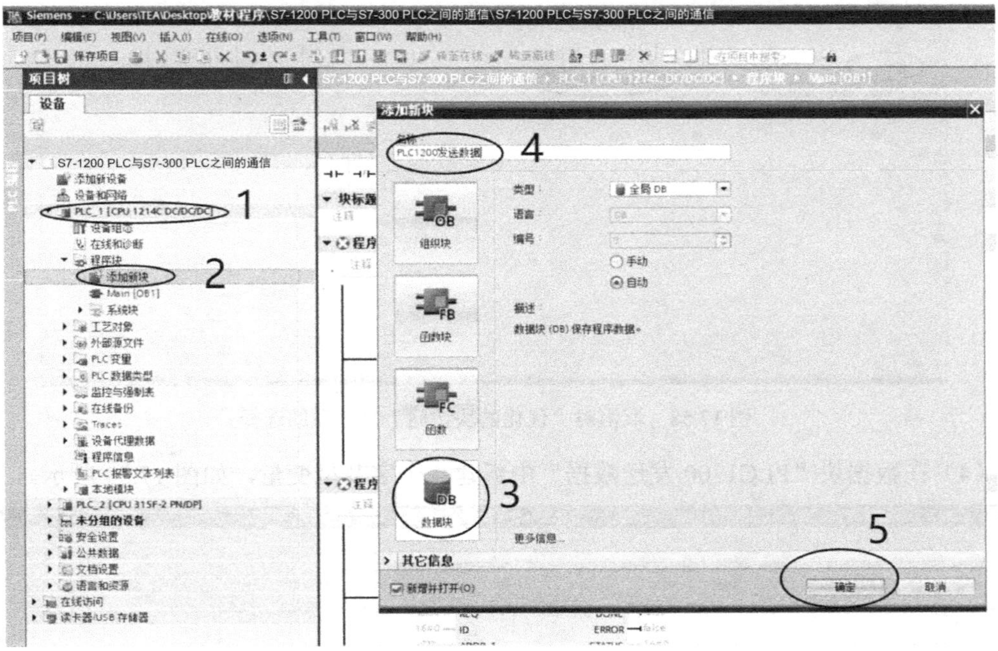

图 17.56　添加新块（五）

（2）右击新建的数据块，在弹出的快捷菜单中选择“属性”命令，如图 17.57 所示。

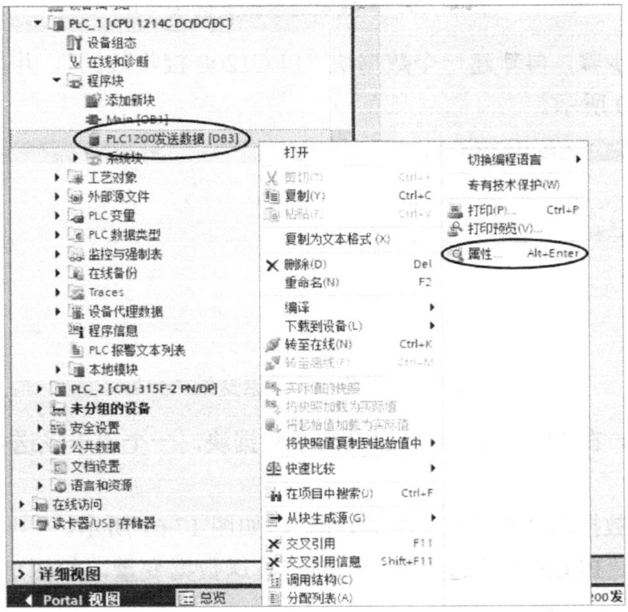

图 17.57　选择“属性”命令（二）

（3）在弹出的对话框中，取消对“优化的块访问”复选项的选择，如图 17.58 所示。

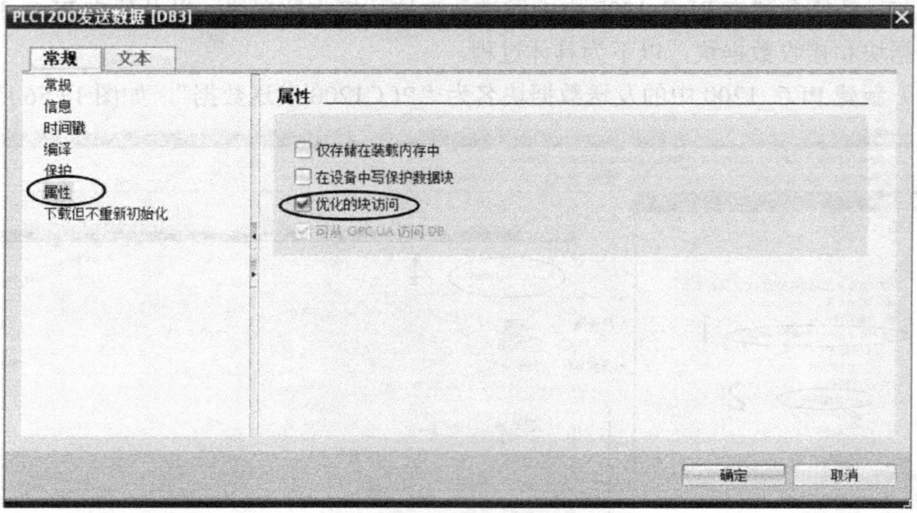

图 17.58　取消对“优化的块访问”复选项的选择

（4）在数据块“PLC1200 发送数据”中新建 4 个字节型变量，如图 17.59 所示。

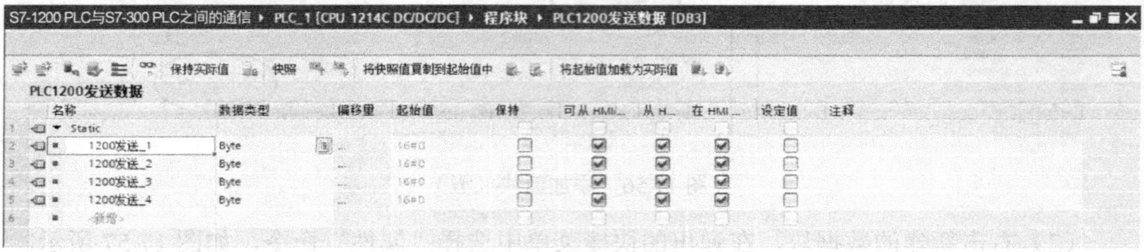

图 17.59　新建发送数据变量（一）

（5）按类似的步骤，再新建一个数据块“PLC1200 接收数据”，并在其中新建 4 个字节型变量，如图 17.60 所示。

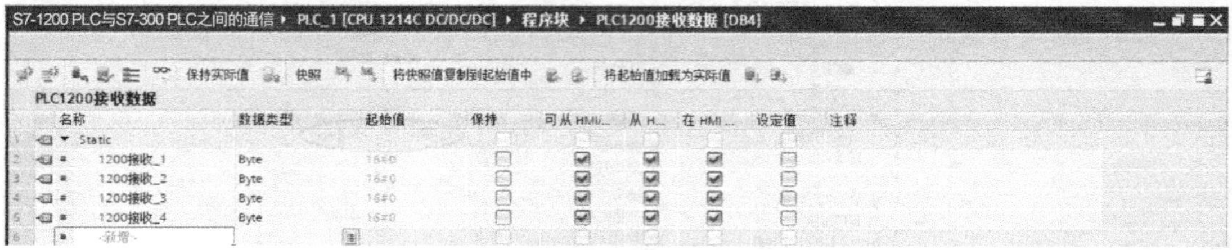

图 17.60　新建接收数据变量（一）

按类似的步骤，在 PLC_315 中也建立两个数据块，一个用于发送数据，一个用于接收数据。

（6）建立发送数据块“PLC315 发送数据”，如图 17.61 所示。

（7）在数据块“PLC315 发送数据”中新建发送数据变量，如图 17.62 所示。

图 17.61 添加新块（六）

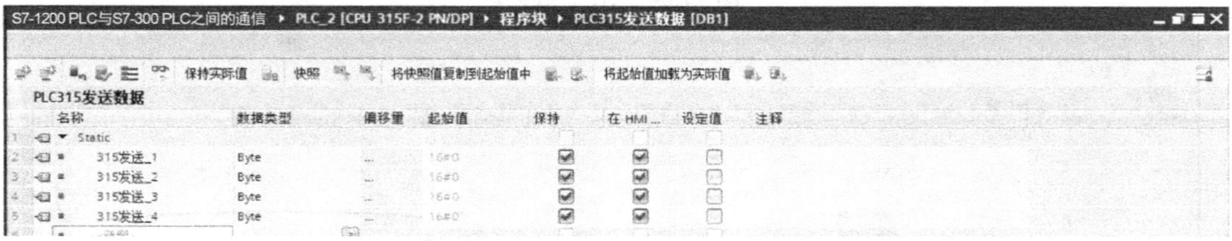

图 17.62 新建发送数据变量（二）

（8）按类似的步骤，新建接收数据块“PLC315 接收数据”，并在其中新建接收数据变量，如图 17.63 所示。

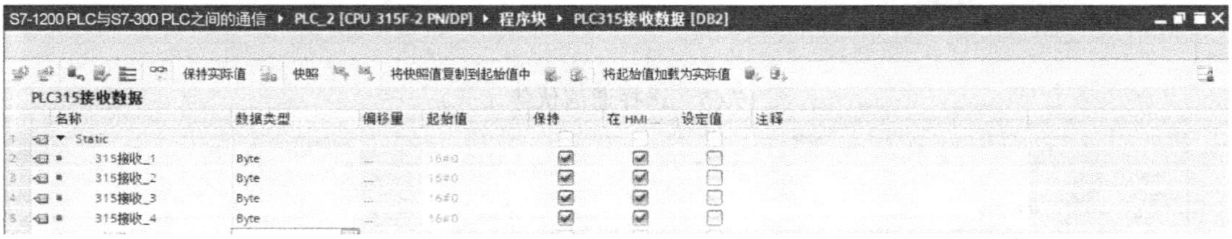

图 17.63 新建接收数据变量（二）

（9）回到 PLC_1200 的主程序中，对 GET 数据块进行配置。右击 GEy 数据块，在弹出的快捷菜单中选择“属性”命令。GET 数据块如图 17.64 所示。

（10）在“属性”选项卡中选择“组态”→“连接参数”选项，通信伙伴选择“PLC_315”，如图 17.65 所示。

（11）接收数据变量，自动生成连接参数，如图 17.66 所示。

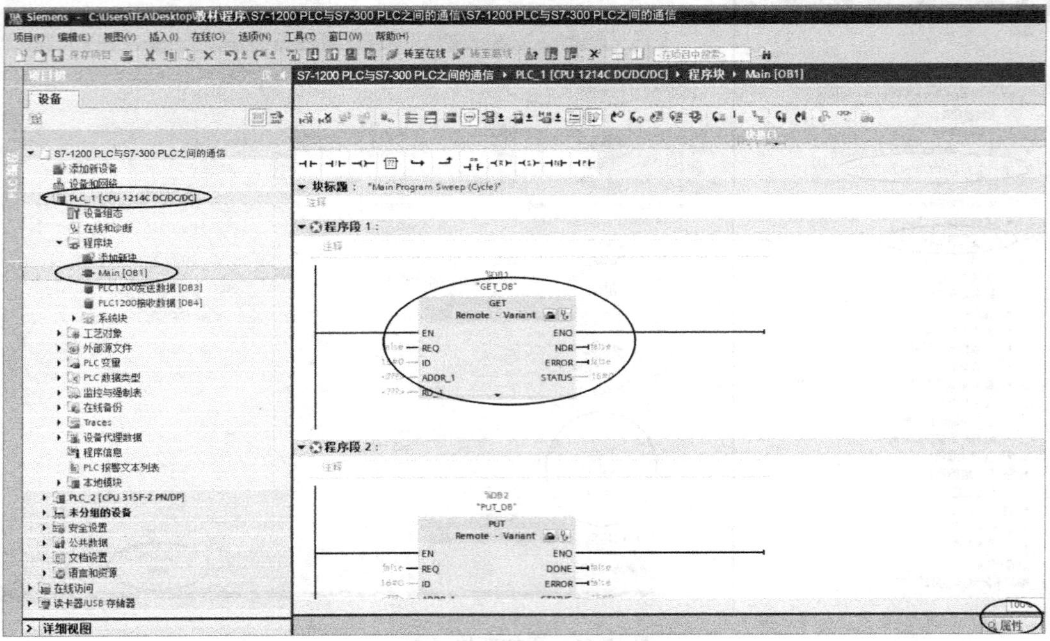

图 17.64 GET 数据块

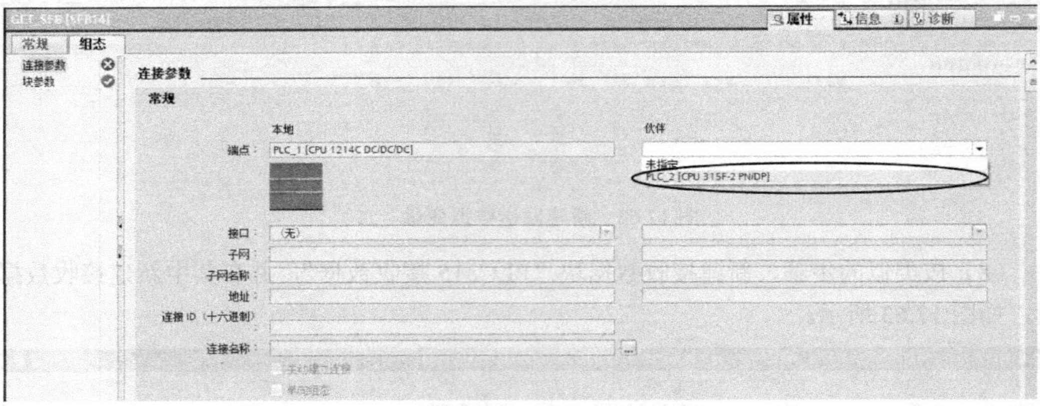

图 17.65 选择通信伙伴（一）

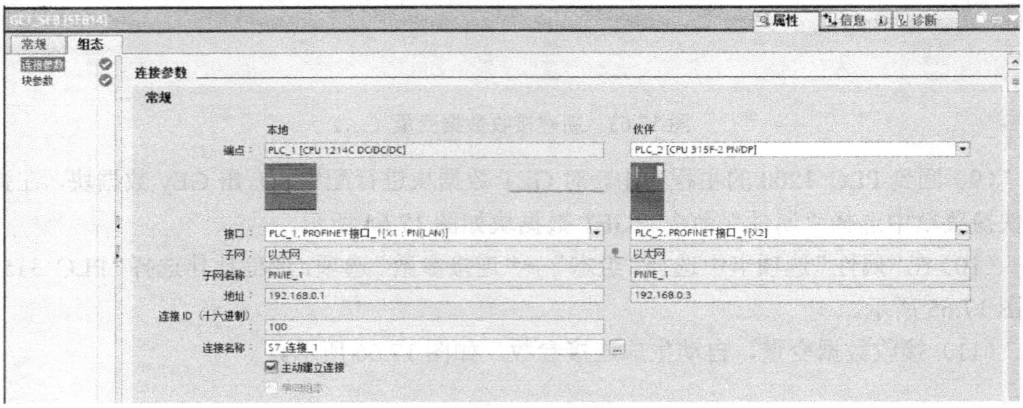

图 17.66 接收数据变量，自动生成连接参数

（12）主程序中 GET 数据块的 ID 引脚参数会自动填好，如图 17.67 所示。

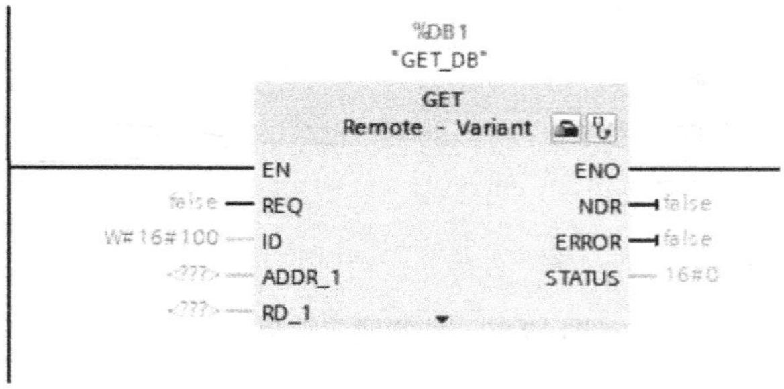

图 17.67　引脚参数（二）

（13）配置 GET 数据块其他引脚的参数，如图 17.68 所示。

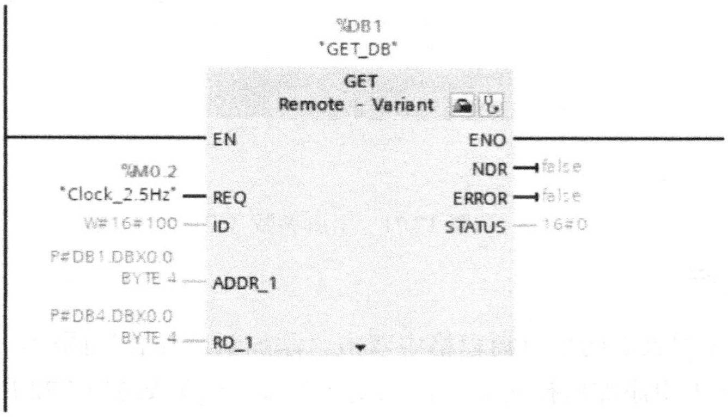

图 17.68　其他引脚的参数

（14）按类似的步骤对 PUT 数据块进行配置。右击 PUT 数据块，在弹出的快捷菜单中选择“属性”命令。PUT 数据块如图 17.69 所示。

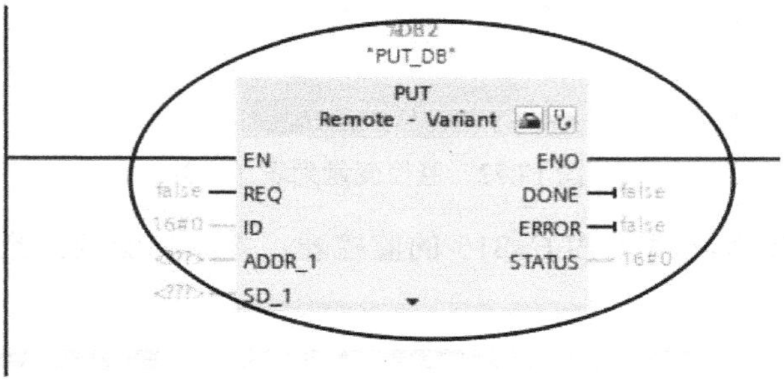

图 17.69　PUT 数据块

（15）在“属性”选项卡中选择“组态”→“连接参数”选项，通信伙伴选择“PLC_315”，如图 17.70 所示，自动生成一系列参数。

（16）配置 PUT 数据块的引脚参数，如图 17.71 所示。

至此，本任务的程序编写完毕。将硬件和软件组态分别下载到 PLC 中。

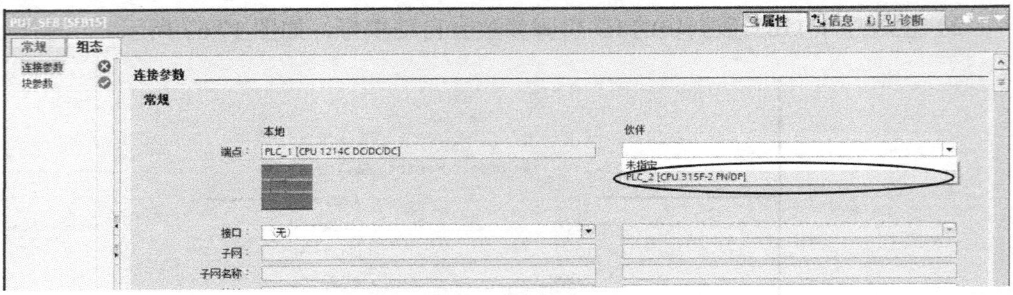

图 17.70　选择通信伙伴（二）

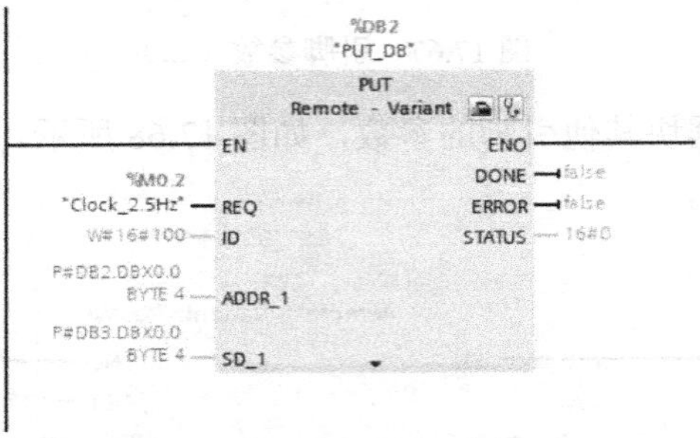

图 17.71　引脚参数（三）

4．调试运行

（1）在 PLC_1200 的项目树窗格中双击“添加新监控表”图标，新建监控表“监控表_1”。在监控表_1 中添加监控变量。监控变量列表（一）如图 17.72 所示。

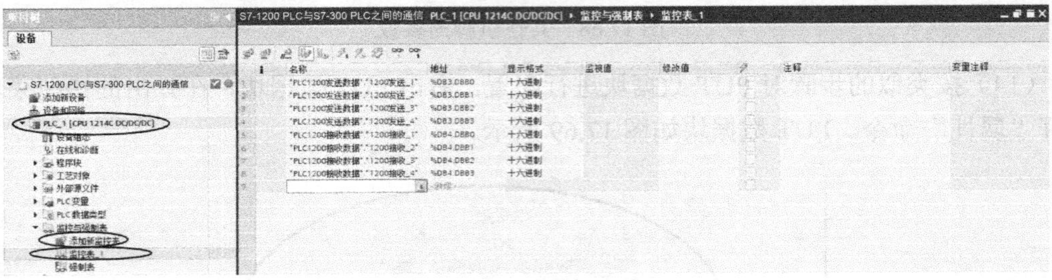

图 17.72　监控变量列表（一）

（2）按类似的步骤，建立 PLC_315 的监控表，并添加变量。监控变量列表（二）如图 17.73 所示。

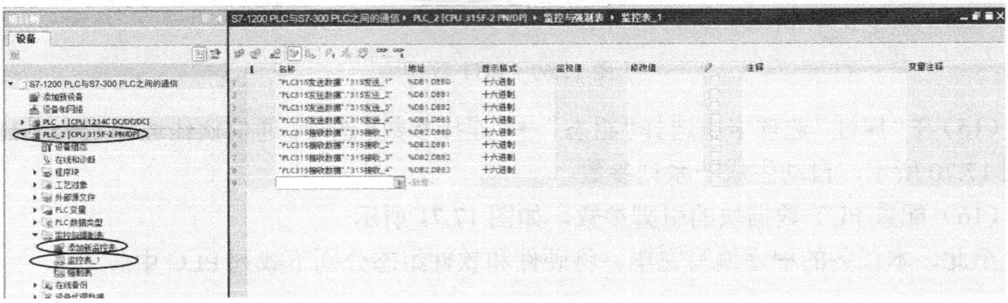

图 17.73　监控变量列表（二）

（3）在“修改值”列输入数据，然后单击工具栏中的“修改”按钮和“监视”按钮，如图 17.74 所示。

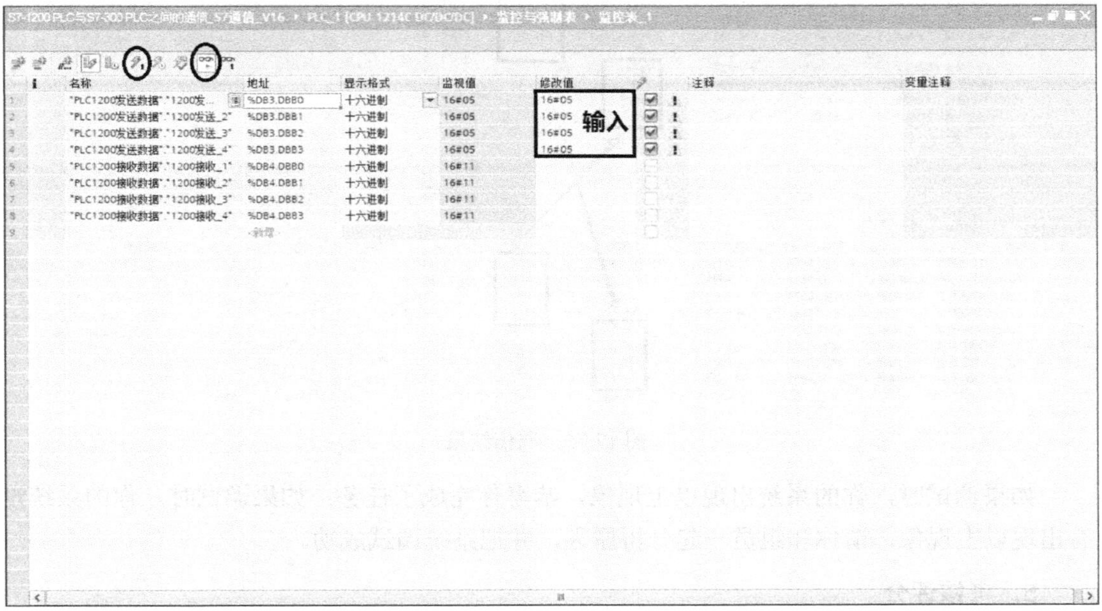

（a）

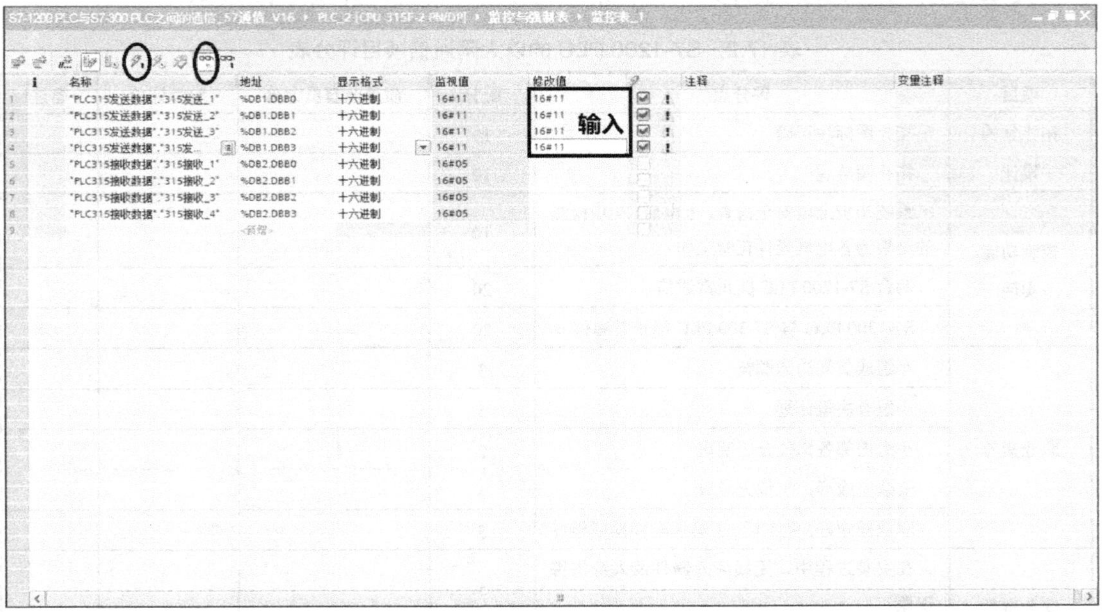

（b）

图 17.74　修改数值

（4）产生通信结果，如图 17.75 所示。

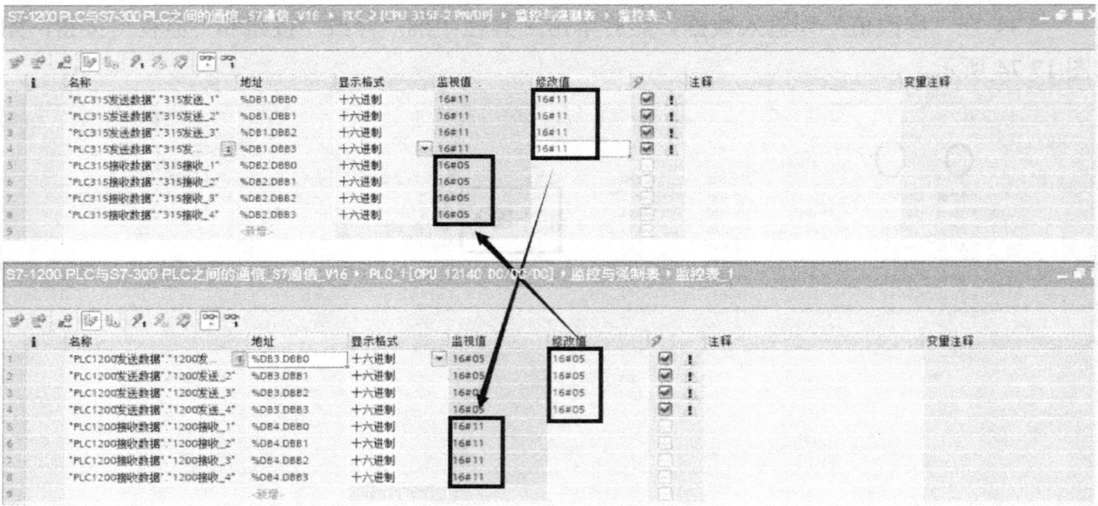

图 17.75　通信结果

如果调试时，你的系统出现以上现象，恭喜你完成了任务；如果调试时，你的系统没有出现以上现象，请你和组员一起分析原因，并把系统调试成功。

5．考核评分

完成任务后，由质量监督员和教师分别进行任务评价，并填写表 17.2。

表 17.2　S7-1200 PLC 的以太网通信项目评分表

项目	评分点	配分	质量监督员评分	教师评分	备注
拓扑结构设计	拓扑图标注正确	10			
	拓扑图美观	10			
控制功能实现	系统初步上电安全检查，上电后，初步检测的结果为各电气元件正常工作	10			
	两台 S7-1200 PLC 能正常通信	20			
	S7-1200 PLC 与 S7-300 PLC 能正常通信	20			
职业素养	小组成员间沟通顺畅	3			
	小组有决策计划	5			
	小组内部各岗位分工明确	2			
	安装完成后，工位无垃圾	5			
	职业操守好，完工后，工具和配件摆放整齐	5			
安全事项	在安装过程中，无损坏元器件及人身伤害现象	5			
	在通电调试过程中，无短路现象	5			
评分合计					

17.5　实训工单

请你和组员一起按照所扮演的岗位角色，填写好如下实训工单。

项目 17　实训工单（1）

<table>
<tr><td>项目名称</td><td colspan="5">S7-1200 PLC 的以太网通信</td></tr>
<tr><td>派工岗位</td><td>技术员（硬件）</td><td>施工地点</td><td></td><td>施工时间</td><td></td></tr>
<tr><td>学生姓名</td><td></td><td>班级</td><td></td><td>学号</td><td></td></tr>
<tr><td>班组名称</td><td>电气施工____组</td><td>同组成员</td><td colspan="3"></td></tr>
<tr><td>实训目标</td><td colspan="5">（1）能实现 S7-1200 PLC 与 S7-1200 PLC 以太网通信的网络组态、编程和仿真调试。
（2）能实现 S7-1200 PLC 与 S7-300 PLC 以太网通信的网络组态、编程和仿真调试。
（3）能排除程序调试过程中出现的故障</td></tr>
<tr><td colspan="6">一、项目控制要求</td></tr>
<tr><td colspan="6">任务 1：2 台 S7-1200 PLC 之间采用开放式用户通信指令，实现从 PLC1 发送 4 个字节的数据给 PLC2，并且接收从 PLC2 发来的 4 个字节的数据。
任务 2：采用 S7 通信指令实现从 S7-1200 PLC 发送 4 个字节的数据给 S7-300 PLC，同时从 S7-300 PLC 发送 4 个字节的数据给 S7-1200 PLC</td></tr>
<tr><td colspan="6">二、接受岗位任务</td></tr>
<tr><td colspan="6">（1）使用绘图工具或软件绘制网络拓扑图。
（2）安装元器件，完成电路接线和网线连接。
（3）与负责软件部分的技术员一起完成项目的调试。
（4）场地 6S 整理</td></tr>
<tr><td colspan="6">三、任务准备</td></tr>
<tr><td colspan="6">（1）实施平台：TIA 博途软件 V15.1、编程计算机、安装了西门子 S7-1200 系列 PLC 的实训台或实训单元等。
（2）穿戴设施：绝缘鞋、安全帽、工作服等。
（3）常用工具：电工钳、斜口钳、剥线钳、压线钳、一字螺丝刀、十字螺丝刀、万用表、多股铜芯线（BV-0.75）、冷压头、安装板、线槽、空气开关、按钮、热继电器、交流接触器等。
（4）技术材料：工作计划表、PLC 编程手册、相关电气安装标准手册等</td></tr>
<tr><td colspan="6">四、实施过程</td></tr>
<tr><td colspan="6">（1）绘制网络拓扑图（一）。</td></tr>
</table>

续表

（2）绘制网络拓扑图（二）。
（3）展示电路接线完工图。
（4）展示系统调试成功效果图。

续表

五、遇到的问题及其解决措施	
遇到的问题： 解决措施：	
六、收获与反思	
收获： 反思：	
七、综合评分	

项目 17　实训工单（2）

项目名称	S7-1200 PLC 的以太网通信				
派工岗位	技术员（软件）	施工地点		施工时间	
学生姓名		班级		学号	
班组名称	电气施工____组	同组成员			
实训目标	（1）能实现 S7-1200 PLC 与 S7-1200 PLC 以太网通信的网络组态、编程和仿真调试。 （2）能实现 S7-1200 PLC 与 S7-300 PLC 以太网通信的网络组态、编程和仿真调试。 （3）能排除程序调试过程中出现的故障				

一、项目控制要求

任务 1：2 台 S7-1200 PLC 之间采用开放式用户通信指令，实现从 PLC1 发送 4 个字节的数据给 PLC2，并且接收从 PLC2 发来的 4 个字节的数据。

任务 2：采用 S7 通信指令实现从 S7-1200 PLC 发送 4 个字节的数据给 S7-300 PLC，同时从 S7-300 PLC 发送 4 个字节的数据给 S7-1200 PLC

二、接受岗位任务

（1）在 TIA 博途软件中，对 PLC 等进行组态。

（2）编写用于实现通信功能的 PLC 程序。

（3）下载程序，与负责硬件部分的技术员一起完成项目的调试。

（4）场地 6S 整理

三、任务准备

（1）实施平台：TIA 博途软件 V15.1、编程计算机、安装了西门子 S7-1200 系列 PLC 的实训台或实训单元等。

（2）穿戴设施：绝缘鞋、安全帽、工作服等。

（3）常用工具：电工钳、斜口钳、剥线钳、压线钳、一字螺丝刀、十字螺丝刀、万用表、多股铜芯线（BV-0.75）、冷压头、安装板、线槽、空气开关、按钮、热继电器、交流接触器等。

（4）技术材料：工作计划表、PLC 编程手册、相关电气安装标准手册等

四、实施过程

（1）对 PLC 等进行组态。

（2）编写 PLC 程序。

续表

（3）展示程序调试成功效果图。
五、遇到的问题及其解决措施
遇到的问题： 解决措施：
六、收获与反思
收获： 反思：

七、综合评分	

项目 17　实训工单（3）

项目名称	S7-1200 PLC 的以太网通信				
派工岗位	工艺员	施工地点		施工时间	
学生姓名		班级		学号	
班组名称	电气施工____组	同组成员			
实训目标	（1）能实现 S7-1200 PLC 与 S7-1200 PLC 以太网通信的网络组态、编程和仿真调试。 （2）能实现 S7-1200 PLC 与 S7-300 PLC 以太网通信的网络组态、编程和仿真调试。 （3）能排除程序调试过程中出现的故障				

一、项目控制要求

任务 1：2 台 S7-1200 PLC 之间采用开放式用户通信指令，实现从 PLC1 发送 4 个字节的数据给 PLC2，并且接收从 PLC2 发来的 4 个字节的数据。

任务 2：采用 S7 通信指令实现从 S7-1200 PLC 发送 4 个字节的数据给 S7-300 PLC，同时从 S7-300 PLC 发送 4 个字节的数据给 S7-1200 PLC

二、接受岗位任务

（1）依据项目控制要求撰写小组决策计划。

（2）编写项目调试工艺流程。

（3）与负责硬件部分的技术员一起完成低压电气设备的选型。

（4）解决现场工艺问题，负责施工过程中工艺问题的预防与纠偏。

（5）场地 6S 整理

三、任务准备

（1）实施平台：TIA 博途软件 V15.1、编程计算机、安装了西门子 S7-1200 系列 PLC 的实训台或实训单元等。

（2）穿戴设施：绝缘鞋、安全帽、工作服等。

（3）常用工具：电工钳、斜口钳、剥线钳、压线钳、一字螺丝刀、十字螺丝刀、万用表、多股铜芯线（BV-0.75）、冷压头、安装板、线槽、空气开关、按钮、热继电器、交流接触器等。

（4）技术材料：工作计划表、PLC 编程手册、相关电气安装标准手册等

四、实施过程

（1）撰写小组决策计划。

（2）编写项目调试工艺流程。

续表

（3）完成低压电气设备的选型。 （4）总结施工过程中工艺问题的预防与纠偏情况。
五、遇到的问题及其解决措施
遇到的问题： 解决措施：
六、收获与反思
收获： 反思：
七、综合评分

项目 17　实训工单（4）

<table>
<tr><td>项目名称</td><td colspan="5">S7-1200 PLC 的以太网通信</td></tr>
<tr><td>派工岗位</td><td>质量监督员</td><td>施工地点</td><td></td><td>施工时间</td><td></td></tr>
<tr><td>学生姓名</td><td></td><td>班级</td><td></td><td>学号</td><td></td></tr>
<tr><td>班组名称</td><td>电气施工____组</td><td>同组成员</td><td colspan="3"></td></tr>
<tr><td>实训目标</td><td colspan="5">（1）能实现 S7-1200 PLC 与 S7-1200 PLC 以太网通信的网络组态、编程和仿真调试。
（2）能实现 S7-1200 PLC 与 S7-300 PLC 以太网通信的网络组态、编程和仿真调试。
（3）能排除程序调试过程中出现的故障</td></tr>
<tr><td colspan="6">一、项目控制要求</td></tr>
<tr><td colspan="6">任务 1：2 台 S7-1200 PLC 之间采用开放式用户通信指令，实现从 PLC1 发送 4 个字节的数据给 PLC2，并且接收从 PLC2 发来的 4 个字节的数据。
任务 2：采用 S7 通信指令实现从 S7-1200 PLC 发送 4 个字节的数据给 S7-300 PLC，同时从 S7-300 PLC 发送 4 个字节的数据给 S7-1200 PLC</td></tr>
<tr><td colspan="6">二、接受岗位任务</td></tr>
<tr><td colspan="6">（1）监督项目施工过程中各岗位的爱岗敬业情况。
（2）监督各岗位工作完成质量的达标情况。
（3）完成项目评分表的填写。
（4）总结所监督对象的工作过程情况，完成质量报告的撰写。
（5）场地 6S 检查</td></tr>
<tr><td colspan="6">三、任务准备</td></tr>
<tr><td colspan="6">（1）实施平台：TIA 博途软件 V15.1、编程计算机、安装了西门子 S7-1200 系列 PLC 的实训台或实训单元等。
（2）穿戴设施：绝缘鞋、安全帽、工作服等。
（3）常用工具：电工钳、斜口钳、剥线钳、压线钳、一字螺丝刀、十字螺丝刀、万用表、多股铜芯线（BV-0.75）、冷压头、安装板、线槽、空气开关、按钮、热继电器、交流接触器等。
（4）技术材料：工作计划表、PLC 编程手册、相关电气安装标准手册等</td></tr>
<tr><td colspan="6">四、实施过程</td></tr>
<tr><td colspan="6">（1）监督项目施工过程中各岗位的爱岗敬业情况。

（2）监督各岗位工作完成质量的达标情况。

</td></tr>
</table>

续表

（3）负责场地 6S 检查。   （4）完成项目评分表的评分。   （5）总结所监督对象的工作过程情况，简要撰写质量报告。
五、遇到的问题及其解决措施
遇到的问题：   解决措施：

续表

六、收获与反思	
收获： 反思：	
七、综合评分	

参考文献

[1] 李可成，杨铨，全鸿伟．西门子 S7-1200 PLC 设计与应用[M]．武汉：华中科技大学出版社，2020．

[2] 吴繁红，雷宁，陈岭，等．西门子 S7-1200 PLC 应用技术项目教程[M]．2 版．北京：电子工业出版社，2021．

[3] 刘华波，刘丹，赵岩岭，等．西门子 S7-1200 PLC 编程与应用[M]．北京：机械工业出版社，2011．

[4] 王春峰，段向军，贺道坤等．可编程控制器应用技术项目式教程（西门子 S7-1200）[M]．北京：电子工业出版社，2019．

[5] 廖常初．S7-1200 PLC 编程及应用[M]．3 版．北京：机械工业出版社，2017．

[6] 史宜巧，侍寿永．PLC 应用技术（西门子）[M]．北京：高等教育出版社，2016．

[7] 王赛，张强，赖华．PLC 控制系统组建与调试（基于 S7-1200）[M]．北京：中国轻工业出版社，2021．

[8] 叶建雄，贾昊，张朝兰．电气控制与 PLC 应用技术[M]．成都：电子科技大学出版社，2019．

[9] 亚龙 YL-158GA1 现代电气控制系统安装与调试用户说明书（西门子版）[Z]，2021．